König/Folkerts, Elektrischer Strom als Umweltfaktor

W0306908

Herbert L. König / Enno Folkerts

Elektrischer Strom als Umweltfaktor

Elektrobiologie • 50-Hz-Felder • Gesundheitsaspekte • Elektroinstallation

Mit 82 Abbildungen und 16 Tabellen

2., völlig neu bearbeitete und erweiterte Auflage

Pflaum Verlag München

Die Deutsche Bibliothek – CIP-Einheitsaufnahme

Elektrischer Strom als Umweltfaktor: Elektrobiologie, 50-Hz-Felder, Gesundheitsaspekte, Elektroinstallation; mit 16 Tabellen / Herbert L. König/Enno Folkerts. – 2., völlig neu bearb. und erw. Aufl. – München; Bad Kissingen; Berlin; Düsseldorf; Heidelberg: Pflaum, 1997
ISBN 3-7905-0677-X

Hinweis

Die Schaltungen in diesem Buch werden ohne Rücksicht auf die Patentlage mitgeteilt. Eine gewerbliche Nutzung darf nur mit Genehmigung des etwaigen Lizenzinhabers erfolgen.
Trotz aller Sorgfalt, mit der die Abbildungen und der Text dieses Buches erarbeitet und vervielfältigt wurden, lassen sich Fehler nicht völlig ausschließen. Es wird deshalb darauf hingewiesen, daß weder der Verlag noch der Autor eine Haftung oder Verantwortung für Folgen welcher Art auch immer übernimmt, die auf etwaige fehlerhafte Angaben zurückzuführen sind. Für die Mitteilung möglicherweise vorhandener Fehler ist der Verlag dankbar.

ISBN 3-7905-0677-X

© 1997 by Richard Pflaum Verlag GmbH & Co. KG, München • Bad Kissingen • Berlin • Düsseldorf Heidelberg.
Alle Rechte, insbesondere die der Übersetzung, des Nachdrucks, der Entnahme von Abbildungen, der Funksendung, der Wiedergabe auf fotomechanischem oder ähnlichem Wege und der Speicherung in Datenverarbeitungsanlagen bleiben, auch bei nur auszugsweiser Verwertung, vorbehalten.
Druck: Offsetdruck Peter Heinzelmann, München.
Buchbinderische Verarbeitung: VSB Unterschleißheim.

Vorwort

Für die Lebensqualität oder gar die Gesundheit des Einzelnen haben Umwelteinflüsse eine entscheidende Bedeutung. In den letzten Jahren wurde das öffentliche Bewußtsein für diesen Zusammenhang zunehmend sensibler: Müllentsorgung, Chemie in Böden und Wasser, Luftverschmutzung und Lärmbelästigung sind einige Beispiele.

Sieht man von dem Reaktorunfall in Tschernobyl ab, so ist die ständig zunehmende Belastung durch Strahleneinwirkung verschiedenster Art bislang relativ unbekannt geblieben. Dies mag primär seine Ursache darin haben, daß von medizinischer Seite die Bedeutung der Einwirkung auf die Gesundheit des Menschen noch nicht hinreichend geklärt ist. Sicher spielt es aber auch eine wesentliche Rolle, daß zur Einschätzung dieser Gefahr Kenntnisse über physikalische Zusammenhänge gehören,, die nur kompetente Fachleute besitzen. Immerhin – die Zeit völliger Verharmlosung und der Abqualifizierung aller warnenden Stimmen scheint überwunden zu sein. Das vorliegende Buch möchte seinen Teil zur Versachlichung und Fundierung der Diskussion über dieses wichtige Thema beitragen.

Beschränkt man die allgemeine Umweltproblematik auf den unmittelbaren Wohn- und Lebensbereich des Menschen, so hat sich der von Palm [1] geprägte Begriff der „Baubiologie" eingebürgert. Der Begriff „Elektrobiologie" bezieht sich auf einen bestimmten Teilbereich der „Baubiologie", nämlich die Belastung des Menschen durch elektromagnetische Strahlung. Obwohl solche Begriffe sinngemäß nicht ganz treffend sind, haben wir sie beibehalten, um keine neuen Wortschöpfungen vorzunehmen. Elektromagnetische Strahlung tritt in erster Linie dort auf, wo Anlagen zur Versorgung mit oder zum Verbrauch von elektrischem Strom vorhanden sind.

Der erste Teil des Buches führt ein in die physikalischen und biologischen Grundlagen, die zum Verständnis der Wirkungen von elektromagnetischen Strahlen auf biologische Organismen notwendig sind, und ist durch einen Abschnitt über Feldkompensation ergänzt. Von besonderer Bedeutung sind hierbei offensichtlich die praktisch alles durchdringenden Magnetfelder. Ihre Abschirmung im klassischen Sinn ist mit einem vertretbaren Aufwand nicht möglich. Es werden daher neu erarbeitete Methoden zur Magnetfeldkompensation vorgestellt, die sich in der Praxis bereits bewährt haben.

Im zweiten Teil werden praktische Hinweise für eine an der Baubiologie orientierten Elektroinstallation gegeben. Ziel einer „biologischen Elektroinstallation" ist, die Einwirkung magnetischer und elektrischer Felder aus der elektrischen Hausinstallation auf den Menschen (gegebenenfalls auch auf Haustiere) nach Möglichkeit zu vermeiden, mindestens jedoch zeitlich oder/und räumlich zu begrenzen.

Prof. Dr. Herbert L. König

1925 bis 1996

Sein Name wird untrennbar mit der Erforschung der „Extremely low Frequencies" und deren Auswirkungen auf biologische Systeme verbunden bleiben. Mit seinen wissenschaftlichen Arbeiten, Auftritten in Fernsehsendungen und zahlreichen Vorträgen hat er wesentlich dazu beigetragen, daß eine breite Öffentlichkeit heute für diese Problematik sensibilisiert ist.
Schon seine Doktorarbeit befaßte sich experimentell damit, die Resonanzfrequenz des Systems Erde/Ionosphäre nachzuweisen, die Professor W. O. Schumann berechnet hatte. Diese „Schumann-Resonanzen", wie sie heute genannt werden, konnte er trotz der damaligen Schwierigkeiten bei der Empfangstechnik für die niedrigen Frequenzen von 10 bis 20 Hertz und trotz starker Störquellen einwandfrei nachweisen und erklären. Seit dieser Arbeit, die er 1959 abschloß, beschäftigte ihn die Frage, ob derartige Wellen, die durch Blitze irgendwo in der Atmosphäre ausgelöst werden und dann die Erde umrunden, nicht biologische Wirkungen hervorrufen könnten.
1966 habilitierte er für das Lehrgebiet „Elektrophysik". In dieser Habilitationsarbeit zur Herzschallmessung kooperierte er interdisziplinär mit Medizinern. Es folgte eine Einladung an die University of Rhode Island in Kingston/USA, wo er auch niederfrequente Wellenmessungen durchführte und Vorlesungen hielt. Als Extraordinarius im Fach „Elektrophysik" wurde er 1974 an die Technische Universität München berufen.
In vielen Fachartikeln und Vorträgen über die Wellenausbreitung und die Strahlungseinwirkung auf biologische Systeme hat er seine Erkenntnisse publiziert. Als Co-Autor hat er mitgewirkt an folgenden Büchern: „Electromagnetic Bio-Information" (München, 1977); „Mensch – Wünschelrute – Krankheit" (St. Gallen, 1985). 1985 erschien die erste Auflage seines Buches „Unsichtbare Welt". 1989 veröffentlichte er mit Prof. Dr. H.-D. Betz den wissenschaftlichen Untersuchungsbericht „Der Wünschelruten-Report". An diesem staatlich geförderten Forschungsprojekt nahmen 14 Wissenschaftler von neun verschiedenen Instituten teil. Die Experimente zeigten, daß der umstrittene Kern des Phänomens durchaus real ist. Mit Ing. Enno Folkerts verfaßte er 1992 das Buch „Elektrischer Strom als Umweltfaktor". Trotz fortschreitender Krankheit während der Aktualisierung für die nun vorliegende zweite Auflage konnte er diese Arbeit, wenn auch mit großer Mühe, noch abschließen.

Der Verlag erinnert sich an Prof. König als verantwortungsbewußten Wissenschaftler und engagierten, kooperativen Autor.

Inhaltsverzeichnis

I Energietechnische Felder
Physikalische Zusammenhänge – Mögliche Gesundheitsaspekte

Herbert L. König

I Energietechnische Felder

Physikalische Zusammenhänge – mögliche Gesundheitsaspekte

Herbert L. König

1 Elektromagnetische Strahlung

Um welche Art des physikalischen Umweltfaktors geht es hierbei? Der inzwischen überall eingebürgerte Begriff „Elektrosmog“ beschreibt physikalisch gesehen nur unzureichend, daß hier im Sinne eines Oberbegriffs die rein elektrische Komponente sowie auch aus deren Kombination die elektromagnetische Wellenstrahlung angesprochen wird. Der Begriff „elektromagnetisch“ weist zwar bereits auf elektrische und magnetische Zusammenhänge hin. Trotzdem gibt im Rahmen der sogenannten Elektrobiologie der oft benutzte Begriff „elektromagnetische Strahlung“ immer wieder zu Mißverständnissen Anlaß. Gemeint sind Vorgänge, die klassisch als „Elektromagnetismus“ bezeichnet werden, also die Erzeugung eines Magnetfeldes durch den (fließenden) elektrischen Strom. Dagegen versteht man unter „elektromagnetischer Strahlung“ im technischen Bereich die Erscheinung der „elektromagnetischen Welle“. Diese weist jedoch zu dem durch einen elektrischen Strom erzeugten Magnetfeld zumindest im Rahmen der Elektrobiologie, wo es im allgemeinen nur um energietechnische Felder geht, keine unmittelbaren physikalischen Zusammenhänge auf. Hierauf wird nachfolgend noch näher eingegangen.

Eindeutig beschreibt jedenfalls der Begriff „Strahlung“ einen Vorgang, bei dem ein Einfluß von einer an einer bestimmten Stelle im Raum befindlichen Strahlungsquelle ausgeht und sich an einer anderen Stelle im Raum auswirkt. Man unterscheidet dabei zwischen masseloser Strahlung und Materiestrahlung bzw. massebehafteter Strahlung. Letztere hat eine Ausbreitungsgeschwindigkeit, die immer kleiner als Lichtgeschwindigkeit ist.

Im Unterschied hierzu versteht man im allgemeinen unter dem Begriff „elektromagnetische Strahlung“ eine masselose Strahlung und damit eine sich mit Lichtgeschwindigkeit ausbreitende Strahlungsenergie, die auch als „elektromagnetische Welle“ bezeichnet wird. Die Frequenz bzw. Wellenlinie der elektroma-

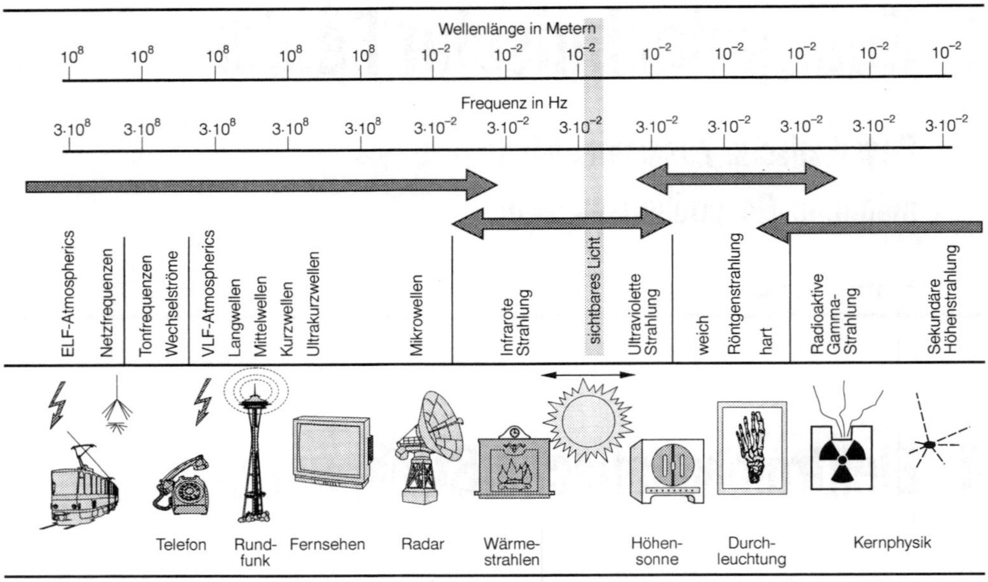

Bild 1.1 Übersicht zur Anwendung und zu den Erscheinungsformen elektromagnetischer Energien über einen weiten Frequenzbereich und Kennzeichnung gewisser Schwerpunktsbereiche (König 1986).

gnetischen Strahlung hat eine besondere Bedeutung für die sonstigen physikalischen Eigenschaften dieser Strahlung, insbesondere was deren Durchdringungsfähigkeit von Materie und damit letztlich auch die Abschirmeigenschaften von Materie gegen diese Strahlung betrifft (siehe auch *Bild 1.1*).

Die in den folgenden Kapiteln 1.1 ... 1.9 im Einzelnen angeführten Gleichungen (*Gl. 1 ... Gl. 16*) sind am Schluß dieses Kapitels in einem Formel-Anhang zusammengestellt.

1.1 Das Feld

In der Physik wurde der Begriff „Feld“ eingeführt, um damit die Wirkung einer physikalischen Größe im Raum zu beschreiben. Bei der elektromagnetischen Strahlung, die hier interessiert, kommt dieser Größe eine entscheidende Bedeutung zu: als elektrisches Feld, wie es im Bereich elektrischer Ladungen vorhanden ist, und in Form des magnetischen Feldes, wie es der elektrische Stromfluß erzeugt. In statischem Zustand, wenn sich zeitlich gesehen die Felder nicht verändern, sind diese Zusammenhänge besonders anschaulich zu beschreiben.

1.2 Das elektrostatische Feld

Befinden sich im Raum an verschiedenen Stellen elektrische Ladungen Q_1, Q_2 usw., so geht von diesen eine summarische Kraftwirkung $\vec{F}$ auf eine im Raum befindliche elektrische Ladung q aus. Eine bestimmte Größe, der im Raum zusätzlich eine Richtung zuzuordnen ist, wird in der Physik mit Hilfe des „Vektors" charakterisiert (symbolisch durch einen Pfeil auf dem Buchstaben gekennzeichnet). Das elektrische Feld $\vec{E}$ (der elektrische Feldvektor) beschreibt demnach definitionsgemäß Größe und Richtung der Kraft $\vec{F}$ auf die Ladung q (*Gl.1*, siehe Abschnitt 1.10).

Ganz allgemein gilt dabei: Zwei im Abstand r (m) im Raum vorhandene elektrisch geladene Körper mit den Ladungen Q_1 und Q_2 (As) ziehen sich je nach den Polaritätsverhältnissen betragsmäßig mit der Kraft F (N) an (*Bild 1.2*) oder stoßen sich ab (*Gl. 2*).

Dieser hier beschriebene Zusammenhang für die Ladungen Q_1 und Q_2 gilt für alle vorhandenen Paar-Kombinationen von Ladungen, wie sie in einem bestimmten Raum vorhanden sind. Jede Einzelladung hat also zu jeder anderen Einzelladung eine Kraftwirkungsbeziehung. Die Einführung des Begriffs des elektrischen Feldes vereinfacht und veranschaulicht nun die kräftemäßigen Zusammenhänge, wie sie sich z. B. für eine Vielzahl im Raum befindlichen Ladungen Q ergeben. Für jede Stelle im Raum wird hiermit summarisch die Kraftwirkung $\vec{F}$ beschrieben, wie sie sich für eine einzelne, dort befindliche Ladung q darstellt, verursacht durch das Kräftewechselspiel der von einer Vielzahl anderer im Raum befindlicher Ladungen Q ausgehenden unterschiedlichen Kraftwirkungen auf eben diese einzelne Ladung q.

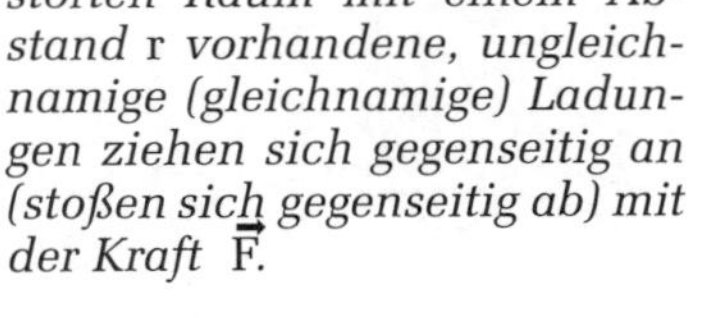

Links: Bild 1.2 Zwei im ungestörten Raum mit einem Abstand r *vorhandene, ungleichnamige (gleichnamige) Ladungen ziehen sich gegenseitig an (stoßen sich gegenseitig ab) mit der Kraft* $\vec{F}$.

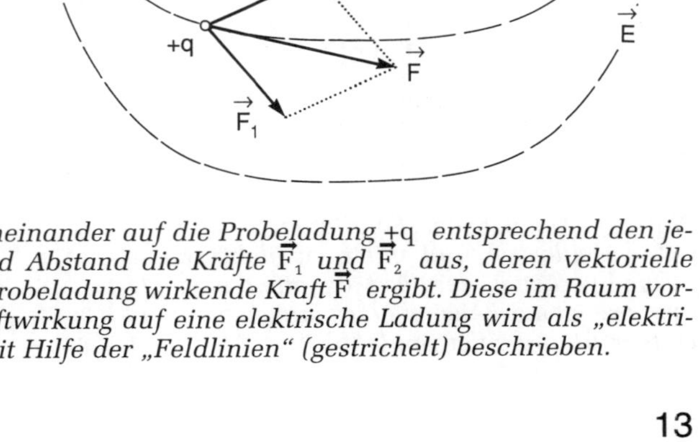

Rechts: Bild 1.3 Die Ladungen Q_1 *und* Q_2 *üben unabhängig voneinander auf die Probeladung* +q *entsprechend den jeweiligen Größen für Ladung und Abstand die Kräfte* $\vec{F}_1$ *und* $\vec{F}_2$ *aus, deren vektorielle Summe die tatsächlich auf die Probeladung wirkende Kraft* $\vec{F}$ *ergibt. Diese im Raum vorhandene Fähigkeit zu einer Kraftwirkung auf eine elektrische Ladung wird als „elektrisches Feld"* $\vec{E}$ *bezeichnet und mit Hilfe der „Feldlinien" (gestrichelt) beschrieben.*

Mit Hilfe der sogenannten Feldlinien läßt sich das so definierte elektrische Feld anschaulich beschreiben. Für einen bestimmten Punkt auf einer Feldlinie gibt die Tangente unter der Berücksichtigung der Feldlinien-Verlaufsrichtung (von der Plus- zur Minusladung) für diese Stelle die Kraftwirkungsrichtung für eine positive Probeladung +q an (*Bild 1.3*). Die an dieser Stelle vorhandene Liniendichte – die Anzahl der im Raum eine Normfläche rechtwinklig durchstoßenden Feldlinien – stellt dabei das Maß für die Stärke der Kraft dar.

1.3 Das statische Magnetfeld

Für das magnetische Feld gelten prinzipiell und im wesentlichen die selben Definitionen wie beim elektrischen Feld, nur daß es hier um die Kraftwirkung geht, die durch Magnetismus bedingt ist. In einem Punkt unterscheidet sich jedoch das Magnetfeld wesentlich vom elektrischen: Die magnetischen Feldlinien haben keinen Anfang und kein Ende; sie sind in sich geschlossen. Das ist z. B. mit Hilfe einer Kompaßnadel bei dem Magnetfeld einer Luftspule nachvollziehbar (*Bild 1.4*). Im Zuge eines geschlossenen Umlaufs orientiert sich die Nadel beim Abtasten des Feldes auch im Bereich innerhalb der Luftspule tangential zum Feldlinienverlauf längs einer bestimmten Feldlinie. Dieser Umstand bildet die Gedankenbrücke zu dem Zusammenhang mit dem „magnetischen Fluß", der als in sich geschlossen vorstellbar ist, vergleichbar mit einem geschlossenen Stromkreis, wie ihn ein fließender elektrischer Strom erfordert. Die daraus abzuleitende sogenannte magnetische Flußdichte (auch als „magnetische

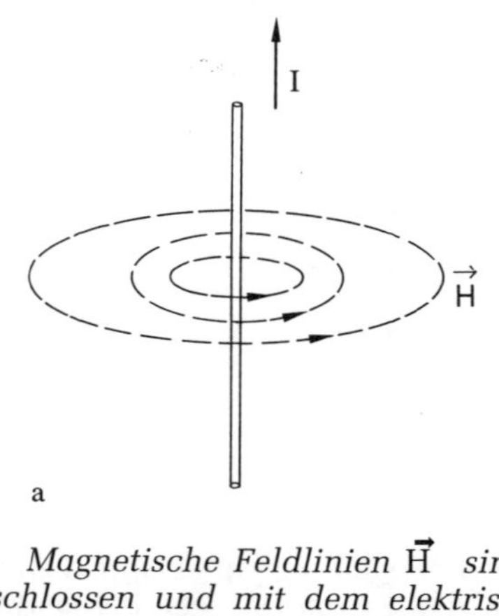

a

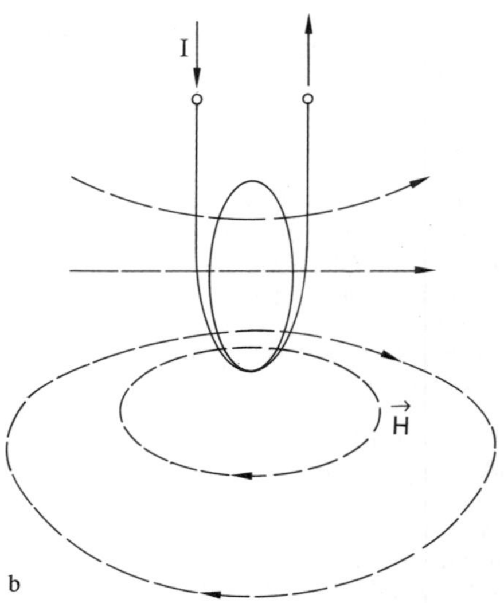

b

Bild 1.4 Magnetische Feldlinien $\vec{H}$ *sind in sich geschlossen und mit dem elektrischen Strom* I *verkettet, der das Magnetfeld erzeugt, hier gezeigt am Beispiel eines langen geraden Leiters (a) und einer Spule (b).*

Induktion" bezeichnet) wird durch die Anzahl der magnetischen Feldlinien repräsentiert, die im rechten Winkel die Normfläche von 1 m^2 durchdringen, und stellt ein wesentliches Hilfsmittel dar, um physikalisch den Magnetismus zu beschreiben. Der Zusammenhang zwischen der magnetischen Induktion B und der magnetischen Feldstärke H ist durch die magnetische Permeabilität μ gegeben (*Gl. 4*). Die Permeabilität (magnetische Leitfähigkeit) beschreibt materialmäßig bzw. stofflich die für den Magnetismus interessierenden Eigenschaften eines Mediums (z. B. Eisen oder Luft). Im vorliegenden Fall ist speziell der Wert in Luft ($\mu = \mu_0$) von Bedeutung, und zwar wegen der in diesem Fall sich ergebenden Beziehung zwischen beiden Größen.

1.4 Zeitabhängigkeit

Polt sich ein elektrisches oder magnetisches Feld periodisch innerhalb bestimmter Zeitintervalle symmetrisch um, spricht man von einem klassischen Wechselfeld. Dies gilt insbesondere für den Fall eines sinusförmigen zeitlichen Verlaufs des Umpolungsvorgangs. Schon im vorigen Jahrhundert berechnete Maxwell, daß im freien Raum ein derartiges Wechselfeld der einen Art hierbei ein Feld der anderen Art erzeugt, was dann als elektromagnetische Welle bezeichnet wird, die sich mit Lichtgeschwindigkeit ausbreitet.

Mittels der Frequenz f wird die Anzahl (pro Zeiteinheit stattfindender) periodischer Vorgänge angegeben, hier die Anzahl der vollständigen Umpolungszyklen. Bildet die Sekunde das Zeitmaß, so beschreibt die Einheit Hertz (Hz) die Frequenz f. Durch die Anzahl f (Hz) der pro Sekunde gegebenen periodischen Vorgänge ist folglich die Zeit der Periodendauer T (Sekunden) bestimmt (*Gl. 5*).

Für eine sich mit Lichtgeschwindigkeit c ausbreitende elektromagnetische Welle während der einer Periode zuzuordnenden Zeitdauer T ergibt sich eine zurückgelegte Strecke λ (*Gl. 6*). Diese Strecke λ wird als „Wellenlänge" bezeichnet, der in einigen Zusammenhängen eine entscheidende Bedeutung zukommt und wegen der Verknüpfung der Periodendauer T mit der Frequenz f folglich gleichermaßen für beide Größen gilt.

Im Rahmen der hier angesprochenen Thematik kommt der speziell interessierenden Frequenz von 50 Hz (in den USA 60 Hz) unserer elektrischen Energieversorgung eine entsprechende Bedeutung zu. Einer elektromagnetischen Welle mit der Frequenz 50 Hz ist nämlich eine Wellenlänge von 6000 km zuzuordnen. Für elektromagnetische Strahlung, die auf derartigen Zusammenhängen basiert, scheiden zumindest praktisch gesehen energietechnische Anlagen aus, da deren räumliche Ausmaße (noch) wesentlich kleiner sind, bzw. zumindest das jeweilige Nahfeld doch deutlich dominiert. Dies bedeutet in der Praxis, daß bei diesen Anlagen nicht von der Entstehung elektromagnetischer Wellen einer praktisch interessierenden Stärke auszugehen ist und somit das elektrische und das magnetische Feld in keinem durch den Wellenwiderstand charakterisierten Zusammenhang bezüglich ihrer jeweiligen Stärke stehen. Die Felder unterliegen anderen Gesetzmäßigkeiten: Zumindest im Frequenzbereich von 50 Hz sind die Gegebenheiten des elektrischen und die des magnetischen Feldes getrennt und unabhängig voneinander zu betrachten. Es geht bei der von energietechnischen Anlagen erzeugten Strahlung also um unabhängige elektrische und magnetische Wechselfelder, die letztlich getrennt wie statische Felder behandelt werden können.

Ursächlich bestimmt somit die Betriebsspannung solcher Anlagen die in deren Umgebung vorhandene elektrische Feldstärke, während ein in den Leitungen fließender Strom hierauf überhaupt keinen Einfluß hat. Demgegenüber hängt die Stärke des Magnetfeldes (manchmal etwas irreführend auch als „elektromagnetisches Feld" bezeichnet) praktisch einzig von der Stärke des fließenden Stroms ab; hier spielt die Betriebsspannung keine Rolle.

Die sich aus diesen Überlegungen ergebende Konsequenz ist weitreichend. Es zeigt sich nämlich, daß es im Zusammenhang mit dem Magnetfeld nicht nur um die von Hochspannungsanlagen ausgehende Strahlung geht, sondern hier generell auch die im Lebensbereich des Endverbrauchers durch die 230/400-V-Versorgung (früher 220/380 V) gegebene Situation in die Betrachtungen mit einzubeziehen ist.

1.5 Ausbreitung und Schirmung

Die unabhängige Existenz des elektrischen und des magnetischen Feldes ergibt die schon angesprochene Möglichkeit, derartige Felder getrennt wie statische Felder hinsichtlich ihrer Eigenschaften zu behandeln. So wird das zwischen den spannungsführenden Leitungssystemen und Erde/Masse vorhandene elektrische Feld durch jede Art nur einigermaßen geerdeter Materie, die selbst als elektrisch leitend einzustufen ist, mehr oder weniger gut abgeschirmt. Dies gilt z. B. für jede Art von Metallflächen oder Metallgittern, aber auch für Bäume, Büsche und sonstigen Bewuchs, für Hauswände und Fußböden bzw. Zimmerdecken; selbst der Körper des Menschen hat wegen seiner relativ guten Leitfähigkeit eine erhebliche Abschirmwirkung. Eine klassische Abschirmwirkung gegen das elektrische Feld besitzt im interessierenden Frequenzbereich bekanntermaßen der sogenannte Faradaykäfig. Hier wird die Tatsache ausgenutzt, daß im Innenraum elektrischer Leiter kein elektrisches Feld existiert.

1.5.1 Bahnstromversorgung

Ein historisches Relikt stellt die in Deutschland und einigen wenigen anderen europäischen Ländern übliche Versorgung der elektrisch angetriebenen Eisenbahnen mit einem Strom der Frequenz 16⅔ Hz dar. Prinzipiell gelten hier natürlich auch die für statische und für 50-Hz-Felder geltenden Gesetzmässigkeiten und Zusammenhänge. Einen wesentlichen Unterschied stellt jedoch gegenüber der auf dem Drehstromprinzip aufgebauten allgemeinen Elektroenergieversorgung der Umstand dar, daß die gesamte Bahnstromversorgung mit einem Zwei-Leiter-Prinzip arbeitet. Es gibt für den elektrischen Strom nur einen Hin- und einen Rückleiter. An den Masten der Bahnstromversorgung mit Hochspannungsleitungen hängen folglich immer „Leitungs-Paare", im Gegensatz zu den sonst üblichen „Leitungs-Drillingen" beim Drehstrom.

Dies hat zwar gewisse, aber kaum entscheidende Konsequenzen bezüglich der Feldausbreitung in der Umgebung solcher Hochspannungsleitungen im Vergleich zu den Gegebenheiten bei Drehstromsystemen. In zweifacher Hinsicht wirkt sich jedoch diese Art der Stromführung im Bereich der Schienen aus. Zum einen ist der Abstand zwischen der stromführenden Oberleitung und den stromführenden Schienen auf dem Erdboden im Vergleich zu dem, wie er bei den sonst üblichen Arten der Leitungsverlegung im Mittelspannungsbereich der Versorgung mit Drehstrom gegeben ist, wesentlich größer. Daraus resultiert für den Bereich aller Arten von elektrifizierten Bahnlinien eine wesentlich bessere Abstrahlung der jeweiligen Felder (E und H) gegenüber Leitungssystemen, die

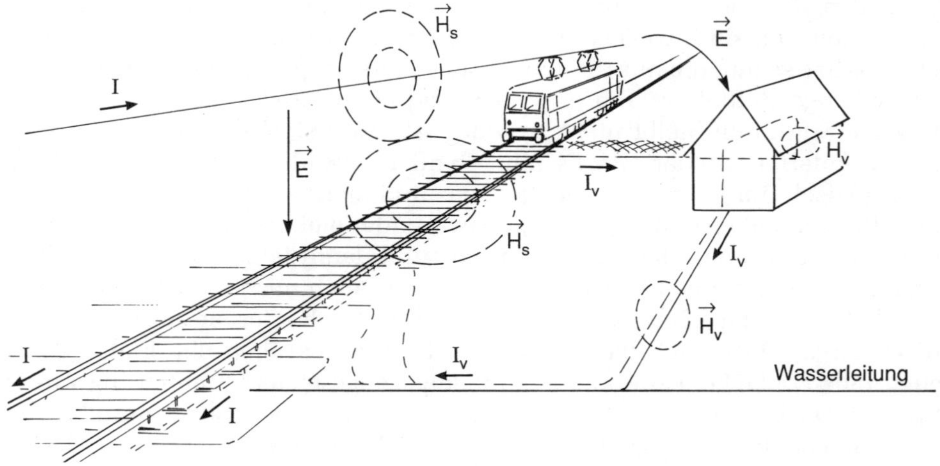

Bild 1.5 Neben einem elektrischen Feld $\vec{E}$ entstehen insbesondere vagabundierende Ströme (I_v) im Schienenbereich elektrifizierter Bahnlinien. Ein Teil des in den Schienen fließenden Bahnstroms sucht sich, verteilt über viele Schwellen, im Erdboden gut elektrisch leitende Pfade (feuchte Erde, Wasserleitungen usw.). Diese vagabundierenden Ströme erzeugen abseits vom Schienenstrang an manchen Stellen stärkere Magnetfelder ($\vec{H}_v$) als vom Schienenbereich direkt bis dorthin abgestrahlt werden ($\vec{H}_S$).

mit vergleichbar starken Spannungen und Strömen belegt sind. Dies gilt also auch für die alles durchdringenden Magnetfelder, welche durch relativ starke Ströme erzeugt werden, wie sie im Zusammenhang mit dem Zugverkehr erforderlich sind. Zum anderen isolieren die als Tragkörper der stromführenden Schienen dienenden Schwellen nicht ideal. Folglich fließen bestimmte Teile des Stromes als sogenannte vagabundierende Ströme manchmal auf den unmöglichsten Pfaden im Erdreich, in Wasserleitungen, in Häusern usw. – und nicht ausschließlich in den Schienen (*Bild 1.5*). Bekanntlich sucht sich der elektrische Strom immer dort seine Bahn, wo die größte Bodenleitfähigkeit und damit in erster Linie eine entsprechende Feuchtigkeit vorhanden ist. Es muß sich dabei nicht um ausgeprägte „Wasseradern" handeln, denn jede Zone, die sich durch eine erhöhte Bodenleitfähigkeit gegenüber der Umgebung auszeichnet, kann Anlaß für die Entstehung eines entsprechend starken Stromes im Erdboden sein, der sein eigenes Magnetfeld erzeugt.

1.6 Wechselfeld

1.6.1 Elektrisches Feld – kapazitive Ströme

Neben den Eigenschaften, wie sie den statischen und niederstfrequenten Feldern gemeinsam sind, weisen elektrische wie auch magnetische Wechselfelder Besonderheiten auf, die nur für dynamische Felder typisch sind. So bedeutet der hier wichtige Zeitfaktor: Die an einer bestimmten Elektrode vorhandene Ladungskonzentration bleibt nicht bestehen; sie baut sich ab und mit der umgekehrten Polarität wieder auf. Es muß somit notwendigerweise elektrische Ladung zyklisch (im Rhythmus der Frequenz und meist sinusförmig) zu- und wieder abfließen. Jede Art sich räumlich bewegender elektrischer Ladungen bedeutet die Existenz eines elektrischen Stroms und damit letztlich eines damit verbundenen magnetischen Wechselfeldes, mag es auch noch so schwach sein.

Die ladungsmäßige Umpolung an den Elektroden hat ferner zur Folge, daß in der gleichen Weise auch das von den Ladungen zwischen den Elektroden erzeugte elektrische Feld alternierend mit entgegengesetzter Orientierung auf- und abgebaut wird. Es entsteht somit neben dem durch den Stromzufluß zu den Elektroden bedingten magnetischen auch ein elektrisches Wechselfeld, das wiederum im Sinne der Maxwell-Theorie in dem davon betroffenen Raum ein Magnetfeld erzeugen kann, wenn die hierfür bereits angesprochenen Voraussetzungen für die Entstehung einer elektromagnetischen Welle erfüllt sind.

Technisch wird die Größe des zu den Elektroden fließenden Wechselstroms durch die Kapazität, die zwischen zwei ein elektrisches Wechselfeld erzeugenden Elektroden vorhanden ist (z. B. bei einem Kondensator), und die Frequenz des Wechselstroms bestimmt, wenn man von einer gegebenen, zwischen den beiden Elektroden vorhandenen Spannung ausgeht.

Zusammenfassend ist somit festzuhalten: Herrscht zwischen zwei Elektroden eine elektrische Wechselspannung – im vorliegenden Fall interssiert besonders die einer Frequenz von 50 Hz –, so entsteht zwischen den beiden Elektroden ein elektrisches Wechselfeld, das sich im selben Rhythmus ändert. Das eine bedingt automatisch das andere. Die fortlaufenden Ladungsänderungen an den Elektroden erfordern einen mit einem Magnetfeld gekoppelten Wechselstrom, der normalerweise, was seinen zeitlichen Verlauf betrifft, nur frequenzmäßig mit der Wechselspannung übereinstimmt; ansonsten kann er jedoch innerhalb der Periodendauer einen wesentlich anderen zeitlichen Verlauf haben (beispielsweise bedingt durch Oberwellen oder einen zeitverschobenen Beginn des periodischen Zyklus, was als Phasenverschiebung bezeichnet wird, usw.). Meist ist die Kapazität zwischen den beiden Elektroden für die Stärke des fließenden Wechselstroms von entscheidender Bedeutung. Dies gilt insbesondere dann, wenn innerhalb des geschlossenen Stromkreises, wie er hierzu nötig ist, der durch die Kapazität C und die Kreisfrequenz ω bestimmte Blindwiderstand X_c (*Gl. 7*) entsprechend groß gegenüber den sonst im Stromkreis befindlichen Widerständen ist (z. B. die jeweiligen Erdungswiderstände, Innenwiderstände von Spannungsquellen usw.).

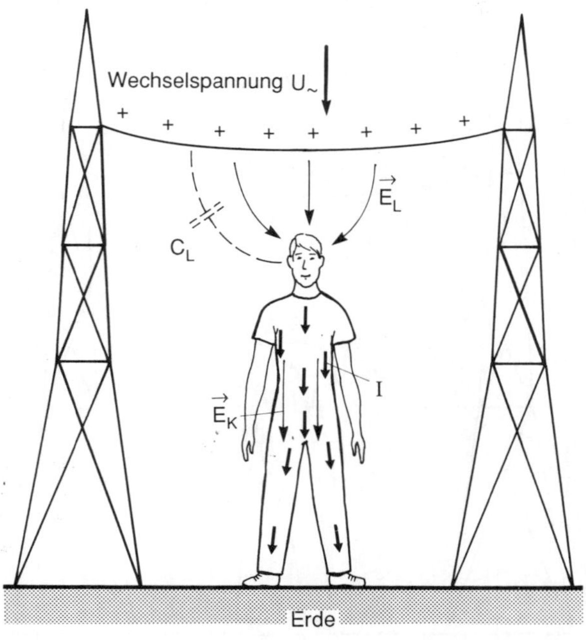

Bild 1.6 Das elektrische Feld $\vec{E}_L$ *im Bereich einer Hochspannungsleitung influenziert an der Körperoberfläche eines gut geerdeten menschlichen Körpers elektrische Ladungen, die sich wegen des Wechselfeldes (50/60 Hz) laufend umpolen (hier als Augenblickszustand dargestellt). Der dadurch bedingte Ladungszu- und -abfluß stellt einen 50/60-Hz-Wechselstrom* (I) *dar, dessen Größe durch die wirksame elektrische Feldstärke oder technisch, unter Berücksichtigung des Drehstrombetriebes, durch die Betriebsspannung* U~ *und den durch die Luftkapazität* C_L *zwischen Körper und Leitungssystem bestimmten Blindwiderstand* X_C *beschrieben wird. Der totale Strom, der hierbei durch jeden Fuß zur Erde fließt, beträgt ca.* $8 \cdot 10^{-6}$ A *pro 1* kV/m *des elektrischen Feldes* ($\vec{E}_L$). *Das entspricht im Körper einer gemittelten Stromdichte von etwa* $30 \cdot 10^{-9}$ A/cm², *die im Körper ein elektrisches Feld* $\vec{E}_K$ *erzeugt.*

Dies hat unter anderem für den Menschen Konsequenzen. Sein Körper entspricht in einem derartigen Wechselfeld, wie es beispielsweise im Bereich einer Hochspannungsleitung existiert, einer Elektrode. Folglich fließt durch seinen hinreichend geerdeten Körper ein entsprechend großer Wechselstrom I, obwohl er keinerlei körperlichen Kontakt zu irgendwelchen spannungs-/stromführenden Teilen hat (*Bild 1.6*).

1.6.2 Magnetisches Feld – Wirbelstrombildung

Zusammenhänge, wie bei einem magnetischen Wechselfeld gegeben, sind im Vergleich zum elektrischen Wechselfeld von grundsätzlich anderer Natur. Man könnte sie, technisch oberflächlich gesehen, eigentlich als wesentlich unbedeutender einstufen; sie sind in jedem Fall jedoch vor allem undurchschaubarer.

Technisch ist bekannt, daß ein sich änderndes Magnetfeld in einem elektrisch leitenden Medium zu einer Wirbelstrombildung führen kann. Polk [4] berechnete für den Fall eines 60-Hz-Magnetfeldes die Größe solcher in einem menschlichen Körper zu erwartenden Wirbelströme (*Bild 1.7*). Ausgehend von der Tatsache, wonach externe, sehr starke elektrische Felder der Frequenz f = 60 Hz (und damit auch bei 50 Hz) immerhin zumindest sehr schwache Felder in lebenden Organismen erzeugen, zeigt er, daß im Rahmen der magnetischen Induktion auch

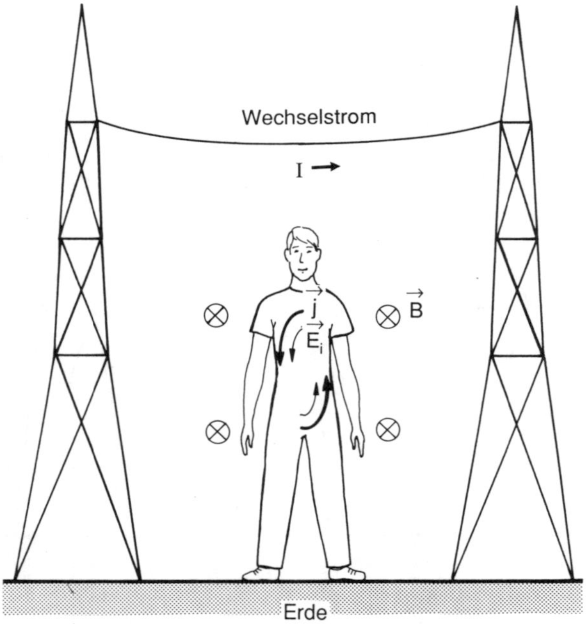

Bild 1.7 Im menschlichen Körper wird durch ein magnetisches Wechselfeld $\vec{B}$ (wie durch jede Art fließenden Stroms I erzeugt) einWirbelstrom induziert (Stromdichte $\vec{j}$; hier als Augenblickszustand dargestellt), der im Zusammenhang mit Hochspannungsleitungen größenordnungsmäßig mit dem durch das elektrische Feld erzeugten kapazitiven Körperstrom vergleichbar ist. Wesentlicher Unterschied: Das Magnetfeld durchdringt als Verursacher im Gegensatz zum elektrischen Feld jede praktisch interessierende Materie, wie z. B. Bäume, Büsche, Mauern, Betondecken und -wände, Dächer, Kellerfundamente, Erdreich und natürlich auch den menschlichen Körper weitgehend ungehindert. Es gibt also gegen Magnetfelder dieser Art praktisch keine wirksame Abschirmung.

magnetische Wechselfelder (Gl. 9) mit der Frequenz 60 Hz (50 Hz) in der Lage sind, physiologisch signifikante elektrische Felder (*Gl. 10*) und Ringströme (*Gl. 11*) zu produzieren.

Eine zahlenmäßige Abschätzung der Größenordnung der dabei zu erwartenden Werte für die Stromdichte j (A/m^2) ergibt für einen Kreisradius $r = 0{,}1$ m ,für die in den USA übliche Netzfrequenz von $f = 60$ Hz und für eine elektrische Leitfähigkeit $\kappa = 0{,}1$ S/m (= 0,1 m/($\Omega \cdot m^2$)) sowie für eine bestimmte magnetische Flußdichte B Werte von $E = 19 \cdot B$ (V/m) und $j = 1{,}9 \cdot B$ (A/m^2). Um folglich eine Stromdichte von $j = 1$ mA/m^2 (= 0,1 $\mu A/cm^2$) zu erhalten, ist eine magnetische Flußdichte $B = 0{,}53$ mT erforderlich; das dabei längs der Kreisbahn induzierte elektrische Feld beträgt $E_i = 10$ mV/m. Wie Polk [4] an anderer Stelle belegt, wäre alternativ ein externes elektrisches Feld von 250 kV/m erforderlich, um in diesem Medium eine solche Feldstärke von 10 mV/m zu erzeugen (siehe auch *Bild 1.7*).

Bei diesen Berechnungen wurde von einer rein sinusförmigen Zeitabhängigkeit ausgegangen. Die induzierte Feldstärke E_i ist proportional zur Frequenz f. Hierzu weist Polk [4] zwar einschränkend darauf hin, daß diese Frequenzproportionalität nur im Niederfrequenzbereich Gültigkeit hat. Aber um ihn geht es hier. Unter diesem Aspekt ist die Bedeutung von Oberwellen und Störungsspitzen eines das Magnetfeld erzeugenden Stroms nach völlig anderen Maßstäben zu bewerten. Ein periodischer Vorgang, beispielsweise den elektrischen Strom der Frequenz 50 Hz, der vom idealen sinusförmigen zeitlichen Verlauf abweicht, kann man in rein sinusförmige Anteile zerlegen, deren Frequenzen einem ganzzahligen Vielfachen der Grundschwingung mit einer bestimmten Amplitude entsprechen. Diese frequenzvielfachen Anteile des periodischen Vorgangs werden als Oberwellen bezeichnet. Ein klassisches Beispiel für einen nicht rein sinusförmigen Stromverlauf ergibt sich im Zusammenhang mit der sogenannten Phasenanschnittsteuerung, wie sie zur Geschwindigkeitssteuerung von E-Loks häufig Verwendung findet. Hier macht die Stromstärke während einer Halbwelle zwei ausgeprägte Sprünge, die für einen erheblichen Oberwellenanteil verantwortlich zeichnen. Wegen des frequenzproportionalen Anstiegs des induzierten Wirbelstroms kann der Oberwellenanteil effektivwertmäßig den Grundwellenanteil sogar wesentlich übersteigen. Auch einzelne, wenn nicht sogar sich rhythmisch wiederholende kurzzeitige Stromspitzen mit einem Vielfachen des Amplitudenwertes der Grundschwingung sind in gewissen Fällen ohne weiteres möglich. Unter solchen Bedingungen ist mit induzierten elektrischen Feldstärke- und Ringstromwerten zu rechnen, die sich im Vergleich zu den von Polk [4] für die Grundschwingung angegebenen 50/60-Hz-Werten um noch weit mehr als den Faktor 100 unterscheiden. Damit stehen immerhin schon Werte im Bereich von bereits 1 ... 5 μT für die magnetische Induktion als kritisch zur Diskussion; dies vor allem dann, wenn man auch noch die Grenzkurven berücksichtigt, wie sie aufgrund der Reizwirkung induzierter Wirbelströme abgeleitet wurden (Leitgeb [59]). Sie beschreiben im Bereich zwischen 10 Hz und 1000 Hz einen frequenzproportionalen Anstieg beispielsweise für die Magnetfeldempfindlichkeit bezüglich der Wahrnehmbarkeitsschwelle.

1.7 Ionisation

Eine Art „naher Verwandter“ des elektrischen und speziell des elektrostatischen Feldes ist die Luftionisation. Geht es beim elektrischen Feld um die Fernwirkung elektrischer Ladung im Sinne einer masselosen Strahlung, so spricht man demgegenüber mit der Luftionisation die eine Masse beinhaltende elektrische Ladung unmittelbar an. Einen wesentlichen Beitrag zur Entstehung einer Luftionisation auf natürliche Art liefert energiereiche (Energie > 1 eV) elektromagnetische Strahlung natürlichen Ursprungs, die entweder aus dem Weltall kommt (kosmische Ultrastrahlung, Höhenstrahlung) oder aus den obersten Schichten der Erde stammt (natürliche Radioaktivität bestimmter Gesteine oder Gase, wie beispielsweise Radon). Frequenzmäßig gesehen reicht die Energie bzw. beginnt die Fähigkeit zur Ionisation bei elektromagnetischer Strahlung im Bereich der UV-Strahlung und verbessert sich mit zunehmender Frequenz (kürzer werdender Wellenlänge), wie sie den Strahlungsbereichen Röntgenstrahlung, Gammastrahlung (radioaktive Strahlung) und kosmische Ultrastrahlung bzw. Höhenstrahlung eigen ist.

Im Rahmen der Elektrobiologie interessiert ferner die Entstehung ionisierter Luft im Zusammenhang mit der bei Hochspannungsleitungen zu beobachtenden Koronaentladung. Hierunter versteht man eine Art Glimmentladung, die im Zusammenhang mit sehr hoher elektrischer Spannung vor allem im Bereich von Nadelelektroden entsteht, also dort, wo extrem hohe elektrische Feldstärken vorhanden sind. Auch das besonders bei feuchter Luft in der Umgebung von Hochspannungsleitungen zu beobachtende mehr oder weniger unangenehme Knistern und Surren beruht auf diesem Vorgang.

Viele Ionisationsgeräte verwenden Hochspannung und Nadelelektrode zur Erzeugung ionisierter Luft. Unerwünscht ist in diesem Zusammenhang jedoch, daß dabei als Nebenprodukte giftiges Ozon und giftige Stickoxide anfallen. Entsprechend gute Ionisationsgeräte zeichnen sich diesbezüglich durch einen Prüfungsnachweis aus.

Die Entstehung derartiger Giftstoffe stellt auch bei Hochspannungsanlagen aller Art ein ernst zu nehmendes Problem dar. Seitens der für die Hochspannungsleitungen zuständigen Energieversorgungsunternehmungen (EVU) wurden die Konzentrationen dieser Gifte deshalb in der Umgebung von Hochspannungsleitungen überprüft und als ungefährlich befunden erklärt (*Leuthold* [3]). Dies mag für die üblicherweise bei solchen Anlagen gegebenen Abstandsverhältnisse, z. B. zu Wohngebäuden, zutreffen. Es wird nämlich von einer gleichmäßigen Konzentrationsverteilung in einem insgesamt 10 km breiten und 50 m hohen Luftkorridor längs der Trasse von Hochspannungsleitungen ausgegangen. Es gibt aber auch Fälle, wo Hochspannungsleitungen an Hochhäusern unmittelbar vorbeigeführt werden und die Leitungsseile bei den oberen Stockwerken im zulässigen Mindestabstand auf gleicher Höhe vor den Fenstern und Balkonen hängen. Wenn hier zusammen mit Koronaentladungen noch entsprechend ungünstige Luftbewegungen vorhanden und die Fenster in den Wohnräumen offen sind, dürften dort gefährlich erscheinende Ozon- und Stickoxidkonzentrationen nicht mehr in jedem Fall auszuschließen sein.

1.8 Maßeinheiten – Dimensionen

Um konkrete Angaben über die Stärke einer Strahlung machen zu können, wurden hierfür physikalisch sinnvolle Einheiten festgelegt. Im Rahmen der sogenannten Elektrobiologie geht es dabei um die Größe der elektrisch bedingten Strahlung (begrifflich durch das elektrische Feld festgelegt) und der magnetisch bedingten Strahlung, also um das Magnetfeld. Es muß vorausgeschickt werden, daß es für den Nichtfachmann nur schwer verständlich sein dürfte, die physikalischen und reichlich komplizierten Zusammenhänge voll zu durchblicken, warum nun das elektrische Feld in der Einheit Volt pro Meter (V/m) oder das Magnetfeld einmal in Ampere pro Meter (A/m) und dann wieder durch die magnetische Induktion bzw. die magnetische Flußdichte in Voltsekunden pro Quadratmeter (Vs/m^2), identisch mit der Bezeichnung „Tesla" (T), angegeben wird.

1.8.1 Maßeinheiten des elektrisches Feldes

Eine Erklärung für die Maßeinheit des elektrischen Feldes ist z. B. über den im Rahmen der Elektrostatik schon beschriebenen Zusammenhang möglich, wonach sich gemäß *Gl.1*, Kap. 1.10 die Kraft auf eine elektrische Ladung aus dem Produkt von Ladung und Feldstärke ergibt. Ersetzt man diese Größen durch ihre jeweiligen Dimensionen (Dimensionsgleichung), so muß auch für diese die *Gl. 1* erfüllt sein. Die Dimension für die Kraft (VAs/m) ergibt sich aus der Dimension für Arbeit bzw. Energie (*Gl. 12*); hieraus erhält man für die elektrische Feldstärke E die Dimension V/m (*Gl. 13*).

Die Dimension der elektrischen Feldstärke E läßt sich auch aus den einfachen Zusammenhängen ableiten, wie sie sich für einen hinreichenden Plattenkondensator darstellen, bei dem Randfeldverzerrungen in dessen innerem Bereich zu vernachlässigen sind (*Bild 1.8*). Die am Kondensator liegende Spannung U bestimmt mit der Kapazität C des Kondensators die Größe der auf den Platten gespeicherten elektrischen Ladung Q (*Gl. 14*).

Unter dieser Voraussetzung ist offensichtlich, daß sich die von dieser gespeicherten Ladung Q ausgehende Strahlungsenergie, die eine Kraftwirkung $\vec{F}$ auf eine einzelne, im Raum zwischen den Kondensatorplatten befindliche Punktla-

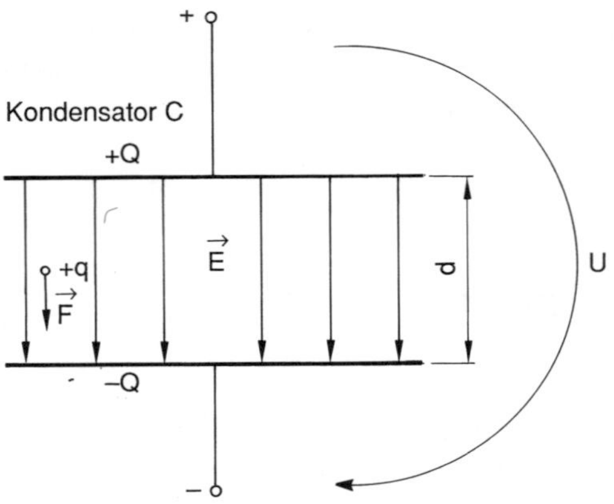

Bild 1.8 Im homogenen elektrischen Feld $\vec{E}$ *eines Plattenkondensators* C *mit dem Plattenabstand* d, *erzeugt durch die Ladung* Q *und eine Spannung* U, *wirkt die Kraft* $\vec{F}$ *auf eine eingebrachte Ladung q.*

dung q ausübt, auf den Raum (Dielektrikum) zwischen den Kondensatorplatten verteilt. Dieser Raum ist durch die Plattenfläche einerseits und den Abstand d zwischen den Platten andererseits beschrieben. Somit bestimmt bei gegebener Plattenfläche der Abstand d die „räumliche Strahlungskonzentration" bzw. Energiekonzentration. Der Abstand d (in der Einheit Meter) repräsentiert aber auch die Wegstrecke, wie sie für die gerade und parallel verlaufenden elektrischen Feldlinien gleichermaßen im gesamten Innenbereich des Kondensators gilt. Folglich muß zum einen die Kraftwirkung auf eine elektrische Ladung q im Raum zwischen den Platten mit deren zunehmendem Abstand d kleiner werden (proportional zu 1/d), da sich damit auch der Abstand zwischen den Platten-Ladungen Q und der Ladung q entsprechend vergrößert. Die Spannung U (Einheit Volt) repräsentiert gemäß *Gl. 14* zum anderen ein proportionales Maß für die auf den Platten jeweils vorhandene Ladung Q und damit für die gemäß Gl. 2 dadurch verursachte Kraftwirkung auf eine zwischen den Platten befindliche Probeladung q. Hieraus resultiert zusammenfassend gleichfalls für die elektrische Feldstärke E die Dimensionsgröße Volt pro Meter.

1.8.2 Die Maßeinheiten des magnetisches Feldes und der magnetischen Induktion

Ungleich schwieriger stellen sich die Verhältnisse im Zusammenhang mit dem Magnetismus dar. Die unterschiedliche Feldliniensituation zwischen elektrischem und magnetischem Feld gibt hier einen Hinweis:

Beim elektrischen Feld beginnen die Feldlinien bei einer Ladung und enden bei einer solchen; es findet zumindest im statischen Zustand keinerlei Ladungsbewegung statt, und damit fließt auch kein elektrischer Strom. Trotzdem existiert im Raum ein mittels der Feldlinien beschriebenes Energiefeld.

Wie schon erwähnt, sind im Gegensatz dazu die magnetischen Feldlinien in sich geschlossen und mit einem zugehörigen, ebenfalls geschlossenen elektrischen Stromkreis verkettet (*Bild 1.4*). Bereits diese Tatsache deutet an, daß in einem solchen in sich geschlossenen System „etwas fließt", vergleichbar mit dem für einen fließenden elektrischen Strom nötigen geschlossenen Stromkreis. Man spricht hier vom magnetischen Induktionsfluß Φ in Vs, wie er durch die Summe aller magnetischen Feldlinien repräsentiert bzw. beschrieben wird. Da der gesamte magnetische Fluß Φ eines Systems ortsabhängig und im allgemeinen in Form verschieden großer Querschnitte existiert, relativiert man ihn auf die zu den Feldlinien rechtwinklig orientierte Normquerschnittsfläche A von 1 m^2 und bezeichnet dieses Verhältnis als die magnetische Induktionsflußdichte B oder auch als die magnetische Induktion B (*Gl. 15*), die mit der Maßeinheit Tesla (T) beschrieben wird (früher in Gauß G, wobei 10^4 G = 1 T).

Bei jedem fließenden (dynamischen) Zustand muß es eine treibende Kraft geben, die diesen fließenden Zustand erzeugt bzw. aufrechterhält (zum Vergleich das Ohmsche Gesetz: Die elektrische Spannung einer Spannungsquelle bestimmt in einem geschlossenen Stromkreis die Größe des durch einen gegebenen Widerstand fließenden Stroms). Beim Magnetfeld ist diese treibende Kraft der fließende elektrische Strom, der bekanntlich um sich ein Magnetfeld aufbaut, das z. B. bei einem langen geraden Draht mit konzentrischen, kreisförmig um den Leiter angeordneten magnetischen Feldlinien zu beschreiben ist. Analog zum elektrischen Feld verteilt sich diese das Magnetfeld erzeugende Energie, die in dem elektrischen Strom I ihre Ursache hat, in jedem Einzelfall auf die jeweilige Länge $s = 2 \cdot \pi \cdot r$ jeder in sich geschlossenen magnetischen Feldlinie, die sich kreisförmig mit dem Radius r ausbildet (*Bild 1.4*).

Diese das Magnetfeld erzeugende Kraft wird als die magnetische Feldstärke H bezeichnet, wie sie sich z. B. bei einem langen, vom Strom I durchflossenen Draht ergibt (*Gl. 16*). Dimensionsmäßig ist der Strom I in Ampere und der Radius r in Meter gegeben, woraus die Dimension A/m der magnetischen Feldstärke abzuleiten ist.

Die magnetische Induktion B (Tesla) ergibt sich demnach dimensionsmäßig zu B (Vs/m^2), was man beispielsweise aus ihrem Produkt mit der magnetischen Feldstärke H (A/m) erkennt. Dieses Produkt (VAs/m^3) beschreibt die im Volumenelement gespeicherte Energie (*Bild 1.9*).

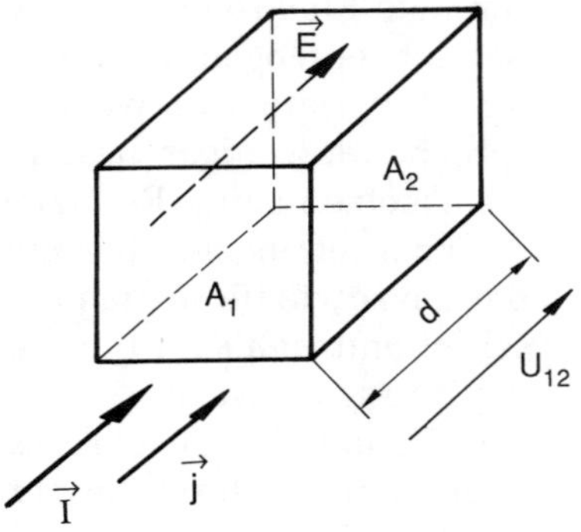

Bild 1.9 Energetische Verhältnisse in einem Quader mit den Stirnflächen A_1 *und* A_2 *sowie der Länge* d. *Gemäß dem Ohmschen Gesetz erzeugt der Strom* I *längs der Kante* d *einen Spannungsfall* U_{12}*; allgemein beschrieben: die Stromdichte* $\vec{j}$ *erzeugt ein elektrisches Feld* $\vec{E}$.

1.9 Charakteristische Eigenschaften der Felder

1.9.1 Überblick – elektrisches Feld

Für das hier interessierende, von Anlagen für die Versorgung mit elektrischer Energie erzeugte elektrische Feld zwischen spannungsführenden Teilen und Masse/Erde gilt folgendes:

- Die Stärke des elektrischen Feldes hängt in jedem Fall von der elektrischen Spannung ab, wie sie zwischen der für die Stromversorgung benutzten Vorrichtung (Verdrahtung, Leitungen, Steckdosen, Schalter, elektrische Geräte jeder Art, Stromzähler, dem Stromanschlußkabel für das Haus, die zum Dachständer führenden Leitungen, die Transformatoren mit all ihren Anschlußleitungen, Hochspannungsleitungen usw.) und Masse/Erde vorhanden ist. Wie groß der im System fließende elektrische Strom ist, hat praktisch keinerlei Einfluß auf das elektrische Feld.
- Die Feldabstrahlung vergrößert sich prinzipiell mit zunehmendem Abstand zwischen den einzelnen Leitungen eines Systems. Dies gilt sowohl für das einphasige (Zweileiter-) System als auch für das Drehstromsystem (Dreiphasensystem). Die zu einem Dachständer führenden Freileitungen bauen folglich in ihrer Umgebung ein stärkeres elektrisches Feld auf als ein an der selben Stelle befindliches, die gleiche Anzahl von (verdrillten) Leitungen enthaltendes Kabel. Entsprechendes gilt für eine in der Wand eingebrachte Stegleitung im Vergleich zu einer verdrillten Leitung oder einem Kabel bzw. speziell für Hochspannungsleitungen, da sie zur Vermeidung von Spannungsüberschlägen einen besonders großen Leiterabstand benötigen.
- Mit zunehmender Entfernung von den spannungsführenden Teilen nimmt das elektrische Feld ab. Diese Abnahme dürfte bei einem Drehstromsystem aus prinzipiellen Gründen im allgemeinen stärker ausgebildet sein als bei einem Zweileitersystem.
- Jede Art hinreichend elektrisch leitender und geerdeter Materie stellt eine geerdete Elektrode dar, an der Feldlinien enden, die damit dem entfernteren Bereich entzogen werden. Diese Art der physikalischen Beschreibung der Strahlungssituation weist darauf hin, daß der hiervon betroffene Bereich entsprechend weniger bestrahlt ist, was man letztlich einem Abschirmeffekt gleichsetzen kann (Reduzierung der Feldstärke). Dies trifft im Freien z. B. für Bodenerhebungen, aber auch für Bäume und Büsche, Häuser und sonstige Bauten sowie für jegliche Lebewesen, also für alles zu, was einigermaßen besser leitend ist als Luft und unter diesem Gesichtspunkt auch eine hinreichende Erdung aufweist.
- Das Verhalten von elektrisch leitendem (z. B. Metall) und nichtleitendem (Isolatoren) Material beschreibt *Bild 1.10.* Befindet sich ein elektrisch nichtleitender Körper (Isolator) in einem elektrischen Feld, so ist in ihm ein elek-

trisches Feld (E_3) bestimmter Größe vorhanden, das von der Dielektrizitätskonstanten dieses Körpers abhängt (*Bild 1.10b*). Bei einem elektrischen 50-Hz-Wechselfeld müssen dabei noch die durch Umladungsprozesse verursachten elektrischen Ströme in die Betrachtungen miteinbezogen werden.

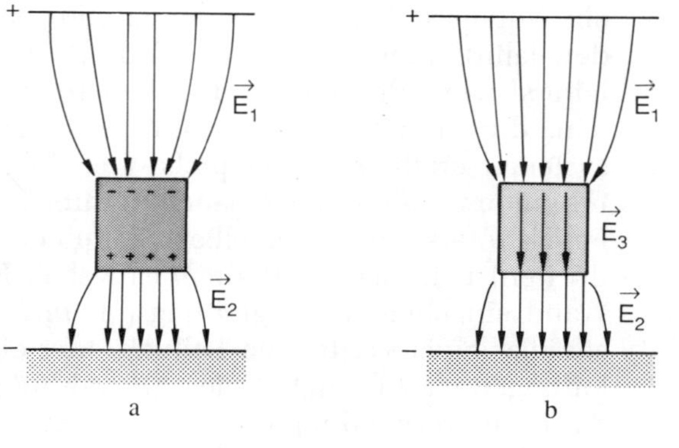

Bild 1.10 Die Beeinflussung des elektrischen Feldes $\vec{E}$; a) durch einen nicht geerdeten (nicht mit einer Elektrode leitend verbundenen) elektrisch leitenden Körper und b) durch einen Isolator (Dielektrikum, mit der Feldstärke $\vec{E}_3$).

- Einen Spezialfall stellt der „Faraday'sche Käfig" dar, der ebenfalls aus elektrisch leitendem Material besteht, das jedoch üblicherweise geerdet wird. Sein Innenraum, um dessen abgeschirmten Zustand es eigentlich geht, bleibt zumindest bei den hier interessierenden Verhältnissen feld- bzw. ladungsfrei. Deswegen gilt der Faradaykäfig als die bewährteste Abschirmvorrichtung gegen elektrische Felder; er nützt jedoch nichts gegen magnetische Felder. Berühmt wurde der Faradaykäfig vor allem durch seine Schutzwirkung gegen den Blitz. Das ein Haus „einhüllende" Blitzableitersystem erfüllt im wesentlichen nach diesem Prinzip seine Aufgabe.

1.9.2 Überblick – magnetisches Feld

Für das durch elektrische Ströme, wie sie in Anlagen für die Versorgung mit elektrischer Energie ihren Ursprung haben, erzeugte magnetische Feld gilt folgendes:

- Die Stärke des magnetischen Feldes hängt in jedem Fall direkt vom elektrischen Strom ab, welcher in den jeweiligen Vorrichtungen fließt (Verdrahtung, Leitungen, Steckdosen, Schalter, elektrische Geräte jeder Art, Stromzähler, Stromanschlußkabel für das Haus, die zum Dachständer führenden Leitungen, Transformatoren mit all ihren Anschlußleitungen, Hochspannungsleitungen, vagabundierende Ströme in allen Bereichen usw.). Wie groß die im System vorhandene elektrische Spannung ist, hat praktisch keinerlei Einfluß auf das magnetische Feld.

- Die Feldabstrahlung vergrößert sich prinzipiell mit zunehmendem Abstand zwischen den einzelnen Leitungen eines Hin- und Rückstrom führenden Systems, weil der Abstand zwischen den einzelnen Leitungen zum interessierenden Punkt und/oder die räumliche Orientierung des Magnetfeldes der verschiedenen Leitungen dort immer unterschiedlicher werden. Zwei wesentliche Voraussetzungen für eine entsprechende Magnetfeldkompensation werden damit immer schlechter erfüllt. Dies gilt sowohl für das einphasige (Zweileitersystem) als auch für das Drehstromsystem (Dreileitersystem). Vergleicht man die Situation zweier mit derselben Stromstärke belasteten Leitungssysteme, ergibt sich beispielsweise folgendes: Die zu einem Dachständer führenden Freileitungen bauen in ihrer Umgebung ein stärkeres magnetisches Feld auf, als ein an derselben Stelle befindliches, dieselbe Anzahl von (verdrillten) Leitungen enthaltendes Kabel. Entsprechendes gilt für eine in der Wand eingebrachte Stegleitung mit ihrem etwas größeren Leiterabstand gegenüber einer verdrillten Leitung oder einem Kabel. Auch Hochspannungsleitungen sind bezüglich der Abstrahlungsverhältnisse besonders ungünstig, da sie zur Vermeidung von Spannungsüberschlägen sehr große Leiterabstände benötigen, was eine gute Voraussetzung für die Entstehung starker Magnetfelder in der Umgebung solcher Leitungen bedeutet.
- Mit zunehmender Entfernung von den stromführenden Teilen nimmt das magnetische Feld stärkemäßig grundsätzlich ab. Diese Abnahme dürfte bei einem Drehstromsystem aus systembedingten Gründen im allgemeinen stärker ausgebildet sein als bei einem Zweileitersystem.
- Im Gegensatz zum elektrischen Feld gibt es gegen das magnetische Feld keine in der Praxis vernünftigerweise verwertbare Abschirmung. Das durch energietechnische Ströme erzeugte Magnetfeld durchdringt jegliche Materie, also beispielsweise Erdboden, Wasser, Ziegelsteine, Stahlbeton, die gesamte Wohnungseinrichtung, alle Metalle – auch Eisen, mit dessen Hilfe magnetische Feldlinien zwar in bestimmten Fällen räumlich verlagert, aber niemals im Sinne einer Abschirmung unterbrochen werden können –, Holz und sonstige biologische Materie, selbstverständlich auch alle Lebewesen.
- Das magnetische Feld wird in der Einheit Ampere/Meter (A/m), bzw. die magnetische Flußdichte in Tesla (T) angegeben, wobei Nanotesla (1 nT = 10^{-9} T) sowie Mikrotesla (1.000 nT = 1 µT) hier in den meisten Fällen Verwendung finden.

1.10 Formel-Anhang zum Kapitel 1

Elektrisches Feld

(1) $\vec{F} = q \cdot \vec{E}$	Kraft $\vec{F}$ in N, Ladung q in As, elektrisches Feld $\vec{E}$ in V/m
(2) $F = k \cdot Q_1 \cdot Q_2/r^2$	$k = 9 \cdot 10^9$ (Vm/As), Abstand r in m
(3) $U_{12} = \int_1^2 \vec{E} \cdot \vec{ds}$	Spannung U_{12} in V zwischen den Punkten 1 und 2, Wegstrecke s in mm
(3a) $U_{12} = E \cdot d$	homogenes Feld E in V/m, Abstand d in m

Magnetisches Feld

(4) $\vec{H} = \vec{B}/\mu$	magnetisches Feld $\vec{H}$ in A/m, magnetische Induktion (Flußdichte) $\vec{B}$ in T, magnetische Permeabilität μ in Vs/Am, in Luft $\mu_o = 4 \cdot \pi \cdot 10^{-7}$ (Vs/Am)

Zeitabhängigkeit – Frequenz

(5) $T = 1/f$	Periodendauer T in s, Frequenz f in Hz
(6) $\lambda = c \cdot T = c/f$	Wellenlänge λ in m, Lichtgeschwindigkeit c ($\sim 3 \cdot 10^8$ m/s)
(7) $X_c = 1/(\omega \cdot C)$	kapazitiver Blindwiderstand X_c in Ω, Kapazität C in F
(8) $\omega = 2 \cdot \pi \cdot f$	Kreisfrequenz ω, π = 3,14

Wirbelstrom

(9) $B = B_o \cdot \sin\omega t$	Wechselfeld B in T, Amplitude B_o, Kreisfrequenz $\omega = 2 \cdot \pi \cdot f$, Zeit t in s
(10) $E_r = \omega \cdot B \cdot r/2$	kreisförmig induzierte elektrische Feldstärke E_r in V/m, Kreisradius r in m
(11) $j = \kappa \cdot E_r = \kappa \cdot \omega \cdot B \cdot r/2$	Wirbelstromdichte j in A/m^2, Leitfähigkeit κ in S/m bzw. 1/Ωm

Elektrisches Feld

(12) $W = F \cdot s$	Arbeit W = Kraft F · Weg s (identische Vektor-Richtung) W (VAs), F (VAs/m), s (m)

(13) $E = U/s$	elektrisches Feld E in V/m, Spannung U in V, Weg s in m
(14) $Q = C \cdot U$	Ladung Q in As, Kapazität C in F, Spannung U in V

Magnetisches Feld

(15) $\Phi = B \cdot A$	magnetischer Fluß Φ in Vs, magnetische Induktion (Flußdichte) B in T, Fläche A in m^2
(16) $H = I/(2 \cdot \pi \cdot r)$	elektrischer Strom I in A, Radius r in m, $\pi = 3{,}14$, magnetisches Feld H in A/m

2 Biologische Feldwirkung aus physikalischer Sicht

Man kann davon ausgehen, daß die mit elektrischen und magnetischen Feldern zusammenhängenden biologischen Wirkungsmechanismen reichlich kompliziert sind. Auf die Bedeutung von nur für Magnetfelder interessanten ferromagnetischen Stoffen aus dem biologischen Bereich sei hierbei nicht näher eingegangen. Ihre Funktion im Falle energietechnischer Felder ist noch völlig ungeklärt. Eine herausragende, weil auf breiter Basis interessante Rolle ist der elektrischen Ladung zuzuordnen. Soweit es um elektrische Ladungen geht, wie sie in biologischen Systemen vorhanden sind, lassen sich alle denkbaren Beeinflussungsmöglichkeiten physikalisch und damit letztlich auch biologisch über die Wechselwirkung zwischen den beiden Feldarten einerseits sowie andererseits mit elektrischen Ladungen in solchen Systemen beschreiben. Hierbei besteht zwischen den beiden Feldarten ein wesentlicher Unterschied:

- Das elektrische Feld wirkt sowohl auf eine ruhende als auch auf eine sich bewegende Ladung (von dem Sonderfall eines hochfrequenten Feldes sei einmal abgesehen).
- Das Magnetfeld hat nur einen Einfluß auf elektrische Ladungsträger, die sich relativ gegenüber diesem bewegen im Sinne eines dynamischen Vorgangs, sowohl was die Betrachtungsweise für den einzelnen Ladungsträger als auch integral den fließenden elektrischen Strom betrifft.

Die in den folgenden Kap. 2.1 und 2.2 im einzelnen angeführten Gleichungen (*Gl. 17 ... Gl. 21*) sind am Ende dieses Kapitels in einem Formel-Anhang zusammengefaßt.

2.1 Elektrisches Feld

Die im Rahmen der Elektrostatik gegebenen Zusammenhänge zwischen Feld, Ladung und Kraftwirkung auf diese Ladung wurden bereits eingangs ausführlich besprochen. Bei einem elektrischen Wechselfeld ändert der Kraftvektor zeitlich entsprechend dem Polaritätswechsel seine Richtung. Sind frei bewegliche Ladungsträger vorhanden, schwingen diese, bzw. es fließt ein Wechselstrom, räumlich abhängig von der Achsenrichtung des Kraftvektors und den Bahnen mit entsprechend guter Leitfähigkeit. Wie sich am Beispiel des in der Technik viel benutzten „Oszilloskops“ praktisch zeigt, werden frei bewegliche Ladungsträger (Elektronen) durch die Kraftwirkung eines elektrostatischen Feldes bewegt (beschleunigt), aber auch z. B. durch quer zur Bewegungsbahn angeordnete, zeitabhängig variable elektrische Felder von ihrer ursprünglich geraden Bewegungsbahn in einer bestimmten gewünschten Weise abgelenkt.

Oft wird im Zusammenhang mit dem elektrischen Feld behauptet, derartige 50-Hz-Felder würden – im Gegensatz zu den als selbstverständlich betrachteten kapazitiv bedingten Strömen – im menschlichen Körper nicht existieren oder wegen dessen guter elektrischer Leitfähigkeit völlig zusammenbrechen. Eine derartige Darstellung der Gegebenheiten ist physikalisch unhaltbar. Das Ohmsche Gesetz zeigt in seiner allgemeinsten Form (*Gl. 17*) klar, daß bei einer bestimmten Stromdichte j eine von der elektrischen Leitfähigkeit κ des durchflossenen Mediums abhängige, nicht zu vernachlässigende elektrische Feldstärke E auftritt. Sie ist im Bereich des menschlichen Körpers nur nicht beliebig groß, worauf im Abschnitt 1.6.2 bereits speziell hingewiesen wurde. Die hier infrage kommenden Feldstärkewerte sind zwar gegenüber den in Luft vorhandenen sehr klein und mögen technisch gesehen als vernachlässigbar angesehen werden. Dies ohne weiteres auf biologische Verhältnisse zu übertragen, dürfte jedoch einer sachlichen Grundlage entbehren (Polk [4]).

2.2 Magnetisches Feld

Die Wirkung des magnetischen Feldes auf eine elektrische Ladung wird mit dem sogenannten Induktionsgesetz beschrieben. Dabei spielt die „Lorentz-Kraft“ eine ganz besondere Rolle. Sie beschreibt die Kraftwirkung $\vec{F}$ auf eine sich räumlich gegenüber einem Magnetfeld $\vec{B}$ mit der Geschwindigkeit $\vec{v}_q$ bewegende elektrische Ladung q (*Gl. 18*). Dieser als Vektorprodukt darzustellende Zusammenhang bedeutet, daß die volle Kraftwirkung nur dann vorhanden ist, wenn die drei Größen $\vec{F}$, $\vec{B}$ und $\vec{v}_q$ räumlich gesehen gegenseitig rechtwinklig zueinander (orthogonal) angeordnet sind (*Gl. 19a*; siehe hierzu auch *Bild 2.1*), was Vereinfachungen ermöglicht (*Gl. 19b*).

Im Zusammenhang mit der Lorentz-Kraft lassen sich nun die drei möglichen Formen des Induktionsgesetzes beschreiben.

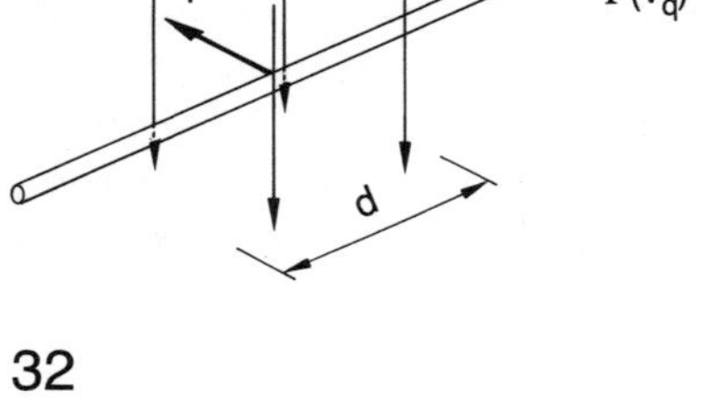

Bild 2.1 Die Lorentz-Kraft: Auf den rechtwinklig durch das Magnetfeld $\vec{B}$ fließenden elektrischen Strom $\vec{I}$ wird eine Kraft $\vec{F}$ ausgeübt, die rechtwinklig zu der vom Strom I und dem Magnetfeld B *gebildeten Ebene orientiert ist.*

2.2.1 Ladungsträger-Geschwindigkeit v_I entspricht nicht der Materie-Geschwindigkeit v_M

Es fließt ein elektrischer Strom (mit der Ladungsträger-Geschwindigkeit v_I) durch einen im Magnetfeld vorhandenen metallischen elektrischen Leiter, dessen Bewegungsgeschwindigkeit v_M sich von der des Stroms v_I unterscheidet (der sogenannte Halleffekt; siehe *Bild 2.2*).

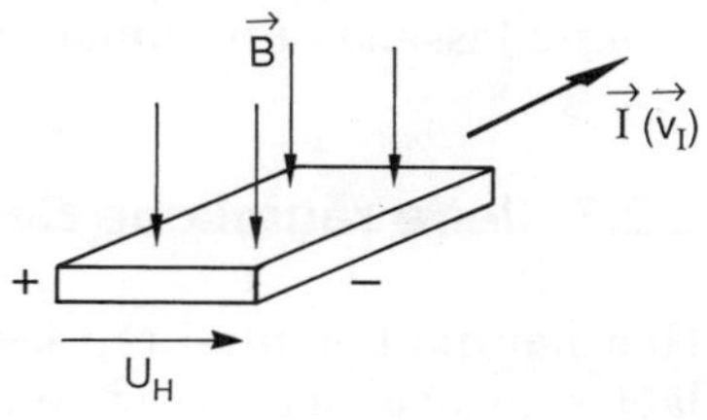

Bild 2.2 Der Halleffekt: Fließt ein Strom $\vec{I}$ durch einen Leiter rechtwinklig zum Magnetfeld $\vec{B}$, entsteht quer zur Stromflußrichtung die Hallspannung U_H.

2.2.2 Ladungsträger-Geschwindigkeit v_I ist identisch mit der Materie-Geschwindigkeit v_M

Hier ist $v_M = v_I$ (*Bild 2.3*). Im Sinne der beim Induktionsgesetz zu fordernden Dynamik müssen sich jetzt der elektrische Leiter und die darin vorhandenen, frei beweglichen elektrischen Ladungen mit identischer Geschwindigkeit gegenüber dem Magnetfeld rechtwinklig zu diesem bewegen.

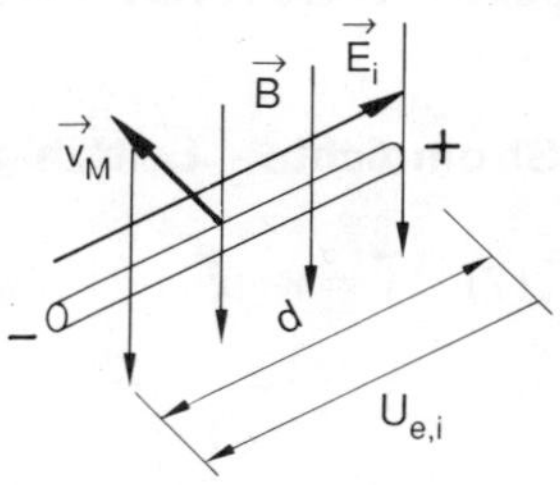

Bild 2.3 Induktionsgesetz: Bewegt man einen Leiter rechtwinklig zum Magnetfeld $\vec{B}$ mit der Geschwindigkeit $\vec{v}_M$, so wird im Leiter eine elektrische Feldstärke E_i *induziert und damit längs der Strecke d die Spannung* U_{ei}.

Ordnet man einem im Magnetfeld dementsprechend bewegten elektrischen Leiter einen geschlossenen Strompfad zu, wie dies *Bild 2.4* zeigt, so umfaßt dieser einen bestimmten Teil des Magnetfeldes (eine bestimmte Anzahl von Feldlinien), welcher als der in der Schleife vorhandene magnetische Fluß bezeichnet wird.

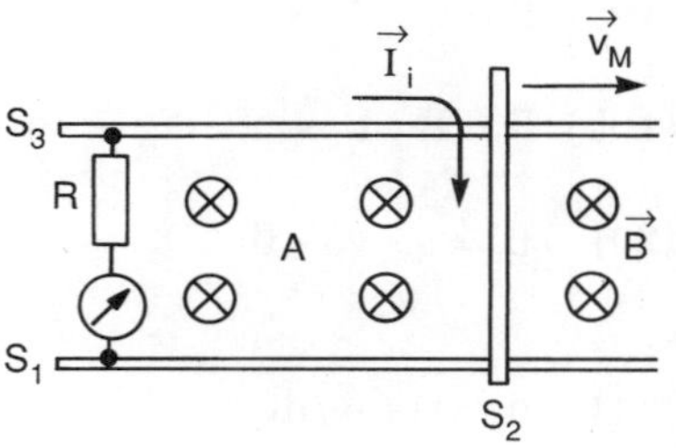

Bild 2.4 Induktionsgesetz: Verändert man in einer geschlossenen Stromschleife (S_1, S_2, S_3, R) *der Fläche A den dort aufgrund einer magnetischen Flußdichte $\vec{B}$ vorhandenen und zur Fläche A rechtwinklig orientierten magnetischen Fluß Φ, beispielsweise durch Bewegung der Schiene* S_2 *mit der Geschwindigkeit $\vec{v}_M$, dann fließt wegen der in der Schleife induzierten Spannung dort ein induzierter Strom $\vec{I}_i$.*

Die Größe der induzierten elektrischen Spannung kann somit auf zwei gleichwertige Arten bestimmt werden:

- über die Lorentz-Kraft anhand der rechtwinklig zum Magnetfeld orientierten Geschwindigkeitskomponente, welche die in einem Leiter vorhandenen Ladungsträger gegenüber dem Magnetfeld haben (*Gl. 20*), oder
- über die zeitliche Änderung des magnetischen Flusses, wie sie sich für einen geschlossenen Strompfad durch einen Bewegungsvorgang darstellt (*Gl. 21*).

2.2.3 Jede räumliche Bewegung entfällt

Hier hat die Lorentz-Kraft keine Bedeutung. Die in jedem Fall nötige Dynamik läßt sich aber jetzt noch durch die zeitliche Veränderung des magnetischen Flusses gewährleisten (*Gl. 21*). Dieser Zustand entspricht technisch gesehen dem, wie er beispielsweise bei Transformatoren anzutreffen ist.

2.3 Formel-Anhang zum Kapitel 2

Stromdichte – Leitfähigkeit

(17)	$\vec{j} = \kappa \cdot \vec{E}$	Stromdichte j in A/m^2, spezifische elektrische Leitfähigkeit κ in S/m, elektrische Feldstärke E in V/m

Lorentz-Kraft

(18)	$\vec{F} = q \cdot (\vec{B} \times \vec{v}_q)$	Lorentz-Kraft, Ladungsträger-Geschwindigkeit v_q in m/s
(19a)	$F = q \cdot B \cdot v_q$	orthogonal orientierte Größen: Kraft F in N, Ladung q in As, Induktion B in T, Strom I in A
(19b)	$F = B \cdot I \cdot s$	$q \cdot v_q = I \cdot s$; Strecke s in m mit Wechselwirkung
(20)	$u_i = s \cdot v_M \cdot B$	induzierte Spannung u_i in V, orthogonal orientierte Größen, Materie-Geschwindigkeit v_M in m/s
(21)	$u_i = - d\Phi/dt$	induzierte Spannung u_i pro Windung, Magnetfeldflußänderung $d\Phi$, Zeitintervall dt

3 Zur Problematik der Auswirkung der Strahlung auf den Menschen

3.1 Grundsätzliches

Beschränkt man sich bei der Betrachtung einer Auswirkung elektrischer bzw. magnetischer Strahlung auf solche mit der Grundfrequenz von 50 Hz, so läßt sich in diesem Fall die Wirkung auf die belebte Umwelt, auf lebende Organismen, also auf Pflanzen, Tiere und in besonderem Maße auf Menschen, präzisieren. Dabei werden Felder betrachtet, wie sie durch Spannungen und Ströme mit 50/60 Hz im Rahmen der elektrischen Energieversorgung erzeugt werden. Sinnvollerweise wird auch die beim Bahnbetrieb in Deutschland und einigen angrenzenden Ländern benutzte Frequenz von $16^2/_3$ Hz mit einbezogen. Mit zu berücksichtigen sind dabei in jedem Fall auch durch Oberwellen und sonstige Störspitzen bedingte höherfrequente Feldanteile.

Hinsichtlich des wissenschaftlich zu fordernden Kausalitätsprinzips (im Sinne des Wechselspiels Ursache – Wirkung) sind dementsprechend das elektrische und das magnetische Feld als Ursachen anzusprechen. Somit ist hierfür im Sinne der Ursache bedeutungsvoll:

- die Stärke des auf ein biologisches System einwirkenden Feldes (die Entfernung von abstrahlenden Vorrichtungen, wie beispielsweise Hochspannungsleitungen, Transformatoren usw., liefert hierzu keine, und wenn, dann nur sehr eingeschränkt verwertbare Hinweise);
- welche Zeitabhängigkeiten bei der Einwirkung vorhanden sind, wie z. B. Dauerbelastung, intervallförmige Belastung usw.;
- der zeitliche Verlauf der Stärke des Feldes, also ob sinusförmig, wie stark oberwellenhaltig, ob statisch mit Störspitzen überlagert usw.;
- in welcher Relation das elektrische und das magnetische Feld als Funktion der Zeit auf ein bestimmtes System einwirken.

Bezüglich der Wirkung, wie es sie im Zusammenhang mit den ursächlichen Feldern zu diskutieren gilt, ist zu berücksichtigen oder klarzustellen:

- bei welchem biologischen System die Wirkung jeweils betrachtet wird (hier geht es neben Tieren und Pflanzen in erster Linie um den Menschen);
- welches Alter die Menschen haben,
- wie sie gesundheitlich einzustufen sind,
- mit welcher individuellen Sensibilitätsbreite zu rechnen ist,

- was überhaupt möglich und sinnvoll und was unsinnig zu untersuchen ist,
- welche Kofaktoren unter Umständen eine nicht zu vernachlässigende Bedeutung haben.

Zwischen einer tödlichen und überhaupt keiner nachweisbaren Wirkung liegt eine mehr oder weniger breite Beurteilungsspanne, wie sie z. B. mit „Schädlichkeit“ oder einfach „Wirkung“ allgemein beschrieben wird. Wo liegt jedoch im Einzelfall die Grenze zwischen dieser „Schädlichkeit“ und einer simplen „Wirkung“, der keine Bedeutung beizumessen ist? Wer darf beurteilen, welche Wirkung dem einzelnen Menschen unter Berufung auf das Interesse der Allgemeinheit zuzumuten ist? Wie läßt sich absichern, daß aus einer langen (womöglich sich über Jahre erstreckenden) andauernden „Wirkung“ nicht letztendlich eine „Schädigung“ wird? Auch die Kombination der einzelnen Fragestellungen ist mit einzubeziehen. So interessiert die Beantwortung der Frage, in welchem Ausmaß statistisch gesehen eine langfristig anzusetzende „Wirkung“, die in eine „Schädigung“ münden kann, im allgemeinen und für die Einzelperson im besonderen noch im Interesse der Allgemeinheit hingenommen werden muß.

Wirkungen auf biologische Systeme und somit insbesondere auf den Menschen und die dabei auftretenden Reaktionen sind generell nur mit Hilfe von statistischen Mitteln zu beschreiben.

Epidemologischen Studien kommt mit ihren statistisch begründeten Aussagen im Rahmen der hier diskutierten Thematik offensichtlich eine besondere Bedeutung zu. Auf die sich dabei ergebenden Probleme wird noch hingewiesen. So befassen sich Kunsch und Leitgeb [60] mit der Frage eingehend, welche Schwierigkeiten und Probleme im Rahmen der Durchführung epidemologischer Studien auftreten. Anhand eines Überblicks wiesen sie auf die Vor- und Nachteile bei verschiedenen Untersuchungsverfahren hin, nämlich bei: 1. Kohortenstudien, 2. Fall-Kontroll-Studien, 3. Korrelationsstudien, 4. anderen Verfahren.

Statistische Ergebnisse lassen sich niemals konkret auf den Einzelfall (auf einen bestimmten Menschen) übertragen. Sie spiegeln nur die Wahrscheinlichkeit wider, mit welcher der einzelne von etwas betroffen werden kann.

3.2 Technische Gegebenheiten

Die technischen Zusammenhänge hinsichtlich der Entstehung elektrischer und magnetischer Felder im Zusammenhang mit den Anlagen zur elektrischen Energieversorgung sind in allen Bereichen – vom Kraftwerk bis hin zum Endverbraucher – sowohl theoretisch/berechnungsmäßig als auch praktisch/ meßtechnisch bekannt. Hierauf wurde bereits ausführlich eingegangen. Darüber hinaus gibt die einschlägige Fachliteratur lückenlos Auskunft.

Tabelle 3.1: Magnetfelder im Bereich verschiedener, im Haushalt benutzter elektrischer Geräte und Vorrichtungen nach Kieback [48] und ausgewählter Angaben von Marino [5]

Elektrisches Gerät	Magnetfeld (im Abstand von 30 cm gemessen) (nT)
Elektrischer Rasierer	280
Elektrisches Bugeleisen	370
Elektrische Schreibmaschine (verschiedene Modelle)	56 . . . 250
Leuchtstofflampe	270
Kuhlschrank	270
Gluhlampe	500
Waschetrockner	2000
Fernseher	4000
Fußbodenheizung	8000
Handbohrmaschine	16000
Elektroherd	20000
Heizlufter	40000

Des weiteren erfolgte bereits der Hinweis, daß im Einzelfall, wo praktisch nur in den seltensten Fällen ideale Verhältnisse herrschen, theoretische Feldberechnungen keine verwertbaren Informationen liefern. Diese sind nur anhand einer praktischen Messung vor Ort erzielbar. Das ist auch der Grund dafür, daß bei derartigen konkreten Fällen keine sinnvollen Angaben über einen eventuellen Mindestabstand von bestimmten technischen Anlagen zu machen sind. Die Unterschiede beider Gegebenheiten sind hierfür im allgemeinen viel zu groß, um auch nur einigermaßen vertretbare Zahlenangaben festzulegen. Trotzdem werden immer wieder für spezielle Fälle zahlenmäßige Angaben gemacht (Marino [5]), wie sie etwa *Tabelle 3.1* enthält. Hier erscheinen jedoch Bereichsangaben

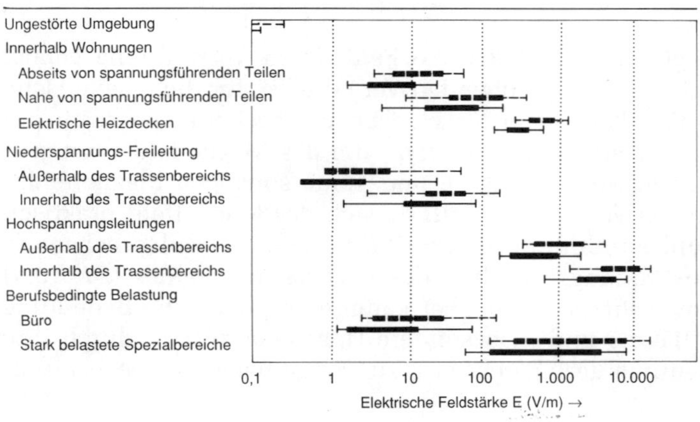

Bild 3.1 Gemessene elektrische Feldstärkewerte, wie sie an verschiedenen Stellen streuen. Die für die USA (60 Hz; gemäß Ahlbom et. al. [6]) typischen Werte (110 V-Netzspannung = –) wurden entsprechend den deutschen Verhältnissen ergänzt (230 V-Netzspannung = ---); für übliche Werte (▬) und seltenere Werte (–)

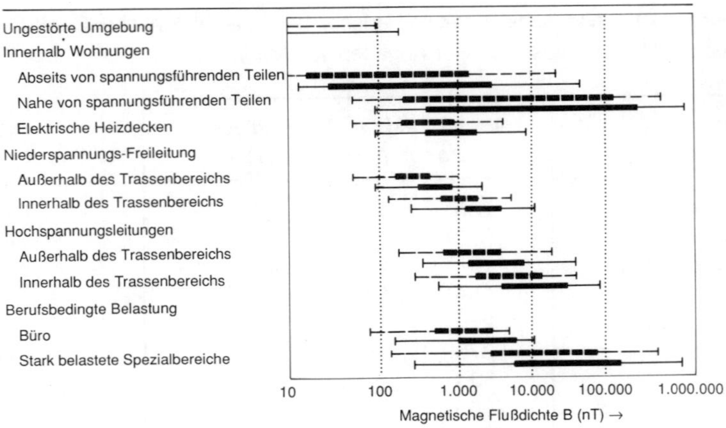

Bild 3.2 Gemessene magnetische Feldstärkewerte, wie sie an verschiedenen Stellen streuen. Die für die USA (gemäß Ahlbom et. al. [6]) typischen Werte wurden entsprechend den deutschen Verhältnissen ergänzt (hier etwa halber Strom bei gleicher Leistung); für übliche Werte (▬) und seltenere Werte (–)

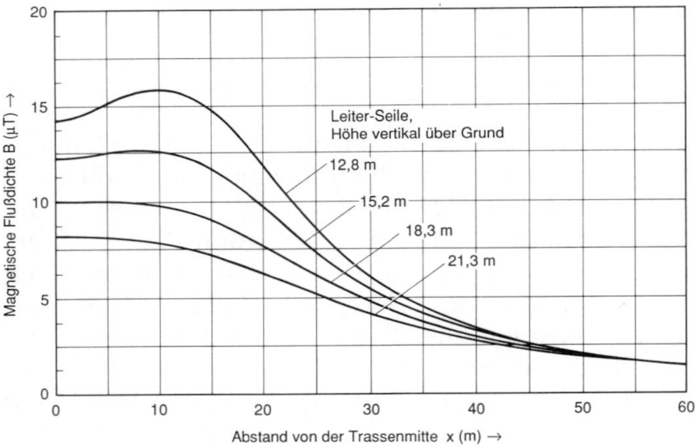

Bild 3.3 Das 1 m über dem Erdboden gemessene magnetische Feld in Luft (angegeben als entsprechende magnetische Flußdichte B), wie es durch eine mit 1000 A belastete Hochspannungsleitung erzeugt wird, bereichsmäßig für verschiedene Leiteranordnungen in Abhängigkeit vom Abstand x zur Trassenmitte (nach Ahlbom et. al. [6])

sinnvoller. *Bild 3.1* zeigt für das elektrische Feld deren Verwendung gemäß *Ahlbom et.al.* [6], *Bild 3.2* die entsprechenden Verhältnisse für die magnetische Flußdichte. In diesem Fall kann man für Hochspannungsleitungen sogar auf Berechnungen basierende Werte angeben, wenn die das Magnetfeld erzeugenden Verhältnisse in diesem Sinn eindeutig und keine sonstigen Magnetfelder erzeugenden Vorrichtungen vorhanden sind, da sich das Magnetfeld praktisch von jeglicher Materie unbeeinflußt ausbreitet (*Bild 3.3*). Einer entsprechenden Darstellung für das Ausbreitungsverhalten des elektrischen Feldes (*Bild 3.4*) kommt dagegen mehr eine theoretische, aber kaum eine praktische Bedeutung zu, da bereits Büsche, Bäume und insbesondere Hausmauern usw. durch ihre Abschirmwirkung wesentlich geringere Werte zur Folge haben, als sie ansonsten zu erwarten wären.

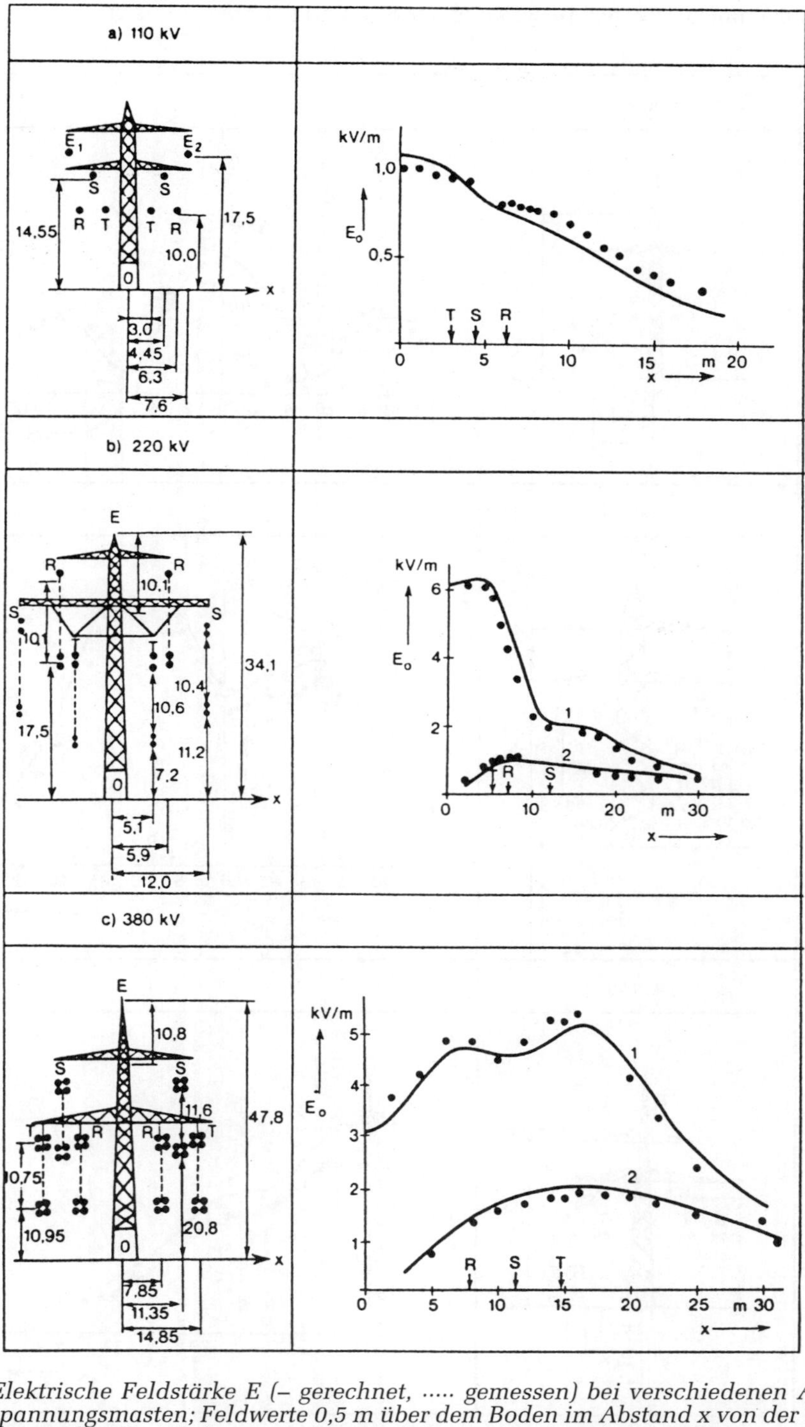

Bild 3.4 Elektrische Feldstärke E (– gerechnet, ... gemessen) bei verschiedenen Arten von Hochspannungsmasten; Feldwerte 0,5 m über dem Boden im Abstand x von der Trassenachse. Die Fälle d) und f) zeigen den Einfluß einer Bodenerhebung bzw. von Vegetation (nach König [8]).

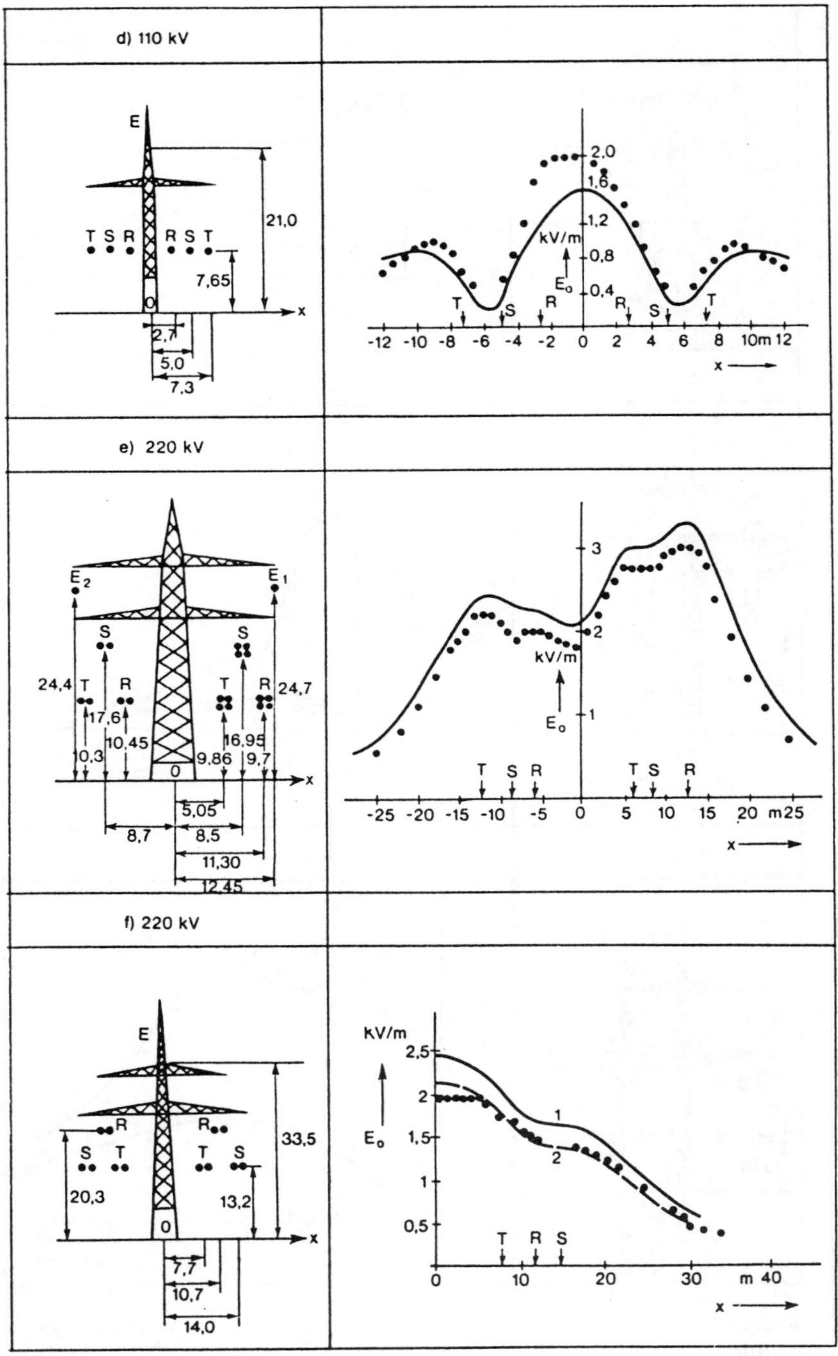
d) 110 kV
E
T S R R S T
21,0
7,65
0
x
2,7
5,0
7,3
kV/m
E_o
2,0
1,6
1,2
0,8
0,4
T S R R S T
-12 -10 -8 -6 -4 -2 0 2 4 6 8 10m 12
x
e) 220 kV
E_2
E_1
S
S
24,4 T
R
T
R 24,7
17,6
10,45
16,95
10,3
9,86
9,7
0
x
5,05
8,7
8,5
11,30
12,45
3
2
1
kV/m
E_o
T S R
T S R
-25 -20 -15 -10 -5 0 5 10 15 20 m25
x
f) 220 kV
E
R
R
S T
T S
33,5
20,3
13,2
0
x
7,7
10,7
14,0
kV/m
2,5
2
1,5
1
0,5
E_o
1
2
T R S
0 10 20 30 m 40
x

zu Bild 3.4

3.3 Vergleich ortsverschiedener Feldsituationen

Obwohl es bei der Erfassung der beiden Feldtypen keinerlei grundsätzliche meßtechnische Schwierigkeiten gibt, können im Rahmen des Vergleichs von Effekten an verschiedenen Orten oder bei Klassifikation von Bestrahlungsintensitäten erhebliche Probleme auftreten. So dürfte zwar ein örtlicher Vergleich von Effekten durch Feldeinwirkung noch relativ einfach sein, wenn einzig der Feldstärke eine entscheidende Rolle zuzuordnen ist. Dies wäre beispielsweise bei Untersuchungen in verschiedenen Labors der Fall, wenn dort über eine bestimmte Versuchsdauer zu genau definierten Zeiten ein Feld bestimmter Stärke und mit zeitlich identischem Verlauf angewandt wird.

Eine völlig andere, wenn nicht gar unlösbare Aufgabe stellt sich hingegen, will man bei epidemiologischen Untersuchungen verschiedene, wohl definierte Stufen von „Bestrahlungsintensitäten" – also die Bestrahlungsstärke und deren Zeitdauer im Sinne einer Dosis – im Rahmen einer einzelnen bestimmten Untersuchung einführen oder gar die Ergebnisse verschiedener Untersuchungen vergleichbar machen (Marino [5]). Anhand solcher epidemiologischer Untersuchungen soll ermittelt werden, ob Effekte durch Felder im Lebensbereich des Menschen ausgelöst werden, wie sie entsprechend den Gegebenheiten der technisierten modernen Umwelt vorhanden sind. Hier stellt nun das von der Betriebsspannung der elektrischen Energieversorgungsanlagen bestimmte elektrische Feld einen in den Griff zu bekommenden Parameter dar. Nach welchen Gesichtspunkten aber sollte das vom fließenden elektrischen Strom abhängende Magnetfeld klassifiziert werden, das ortsverschieden mit variierender Stärke zu verschiedenen Zeiten existiert und darüber hinaus noch individuelle Zeitfunktionsmuster aufweist (Oberwellen, Störspitzen usw.)? Vergleichbare Probleme ergeben sich durch das kaum erfaßbare Verhaltensmuster der interessierenden Einzelpersonen beim Tagesablauf. Hier steckt im Zeitfaktor eine fast nicht nachvollziehbare Komplikation.

Eine andere Art von Interpretationsschwierigkeiten entsteht, wenn von technischer Seite ohne Würdigung der allgemeinen nichttechnischen Gegebenheiten Bewertungen und Aussagen gemacht werden. Ein Beispiel hierfür stellt der oft aufgestellte Vergleich von zu messenden elektrischen und magnetischen Feldern dar, wie sie einerseits in Privathaushalten und andererseits im Bereich energietechnischer Anlagen (Hochspannungsleitungen nach *Bild 3.5*, Umspannwerke, elektrische Bahnlinien aller Art, Trafostationen, Verkabelungen usw.) zu beobachten sind. Im allgemeinen liegen die von elektrischen energietechnischen Anlagen erzeugten Felder bereits im Abstand von etwa 20 m bis 200 m vom Erzeuger nur mehr mit einer Stärke vor, wie sie elektrischen Haushaltsgeräten im Nahbereich entspricht. Im Zusammenhang mit dem Magnetfeld gehören dazu beispielsweise Geräte mit relativ hoher Anschlußleistung wie elektrische Kochplatten, elektrische Speicherheizungen, elektrische Warmwasserbereiter usw., aber auch sehr nahe beim Menschen aufgestellte Geräte, deren Fel-

Bild 3.5 Beispiel einer Hochspannungsleitung

der über längere Zeit hinweg auf ihn einwirken können, z. B. elektrische Wekkerradios auf dem Nachttisch; das elektrische Feld entsteht z. B. durch die allgemeine Elektroinstallation in bewohnten Räumen oder durch dort lose herumliegende Anschluß- oder Verlängerungsleitungen.

Hier müssen die beiden Felddtypen unbedingt getrennt betrachtet werden, um sinnvolle Aussagen zu ermöglichen. Das im Wohnbereich erzeugte Magnetfeld ist nämlich zu Schlafzeiten oft überhaupt nicht und wenn, dann erheblich schwächer vorhanden als tagsüber, da nachts üblicherweise fast alle Haushaltsgeräte ausgeschaltet oder nur kurzzeitig in Betrieb sind und ein Einschalten zumindest im eigenen Wohnbereich völlig unterbleiben kann. Dies gilt genauso für sonstige leistungs- und damit stromintensive Geräte (z. B. Speicherheizungen oder Elektroanlagen zur Warmwassererzeugung). Der elektrische Strom in der Hochspannungsleitung und in vergleichbaren Vorrichtungen fließt demgegenüber immer und nach Vorstellung der Energieversorgungsunternehmen möglichst gleich stark während 24 Stunden am Tag. Der Privatmann hat hierauf keinerlei Einflußmöglichkeit. Im Bett schlafend, ist sein Körper unter Umständen einer gleichbleibenden Strahlungsbelastung während der ganzen Nacht ausgesetzt. Diese nächtliche Strahlungsbelastung entfällt jedoch zumindest bei dem (weitaus größeren) Personenkreis, der nicht in unmittelbarer Nähe solcher energietechnischen Anlagen wohnt. In der hier angesprochenen Art – Personenkreis unter dem Einfluß der üblichen, im Haushalt erzeugten Strahlung gegenüber einem Personenkreis unter dem zusätzlichen Einfluß einer zum Beispiel von Hochspannungsleitungen ausgehenden Strahlung – stellt deshalb jeder generelle Vergleich der jeweiligen Feldstärkesituation alleine, also durch Negierung des Zeitproblems im Sinne der Bestrahlungsdosis, eine Verfälschung der eigentlichen Gegebenheiten dar, wenn derartige Details unberücksichtigt bleiben.

Bezüglich des elektrischen Feldes ergibt sich ein völlig anderes Bild. Zum einen werden außerhalb von Wohngebäuden erzeugte elektrische Felder durch die Baumasse teilweise nur erheblich geschwächt in die inneren Wohnbereiche gelangen. Zum anderen eliminiert ein internes Abschalten aller Geräte und Beleuchtungen aber noch lange nicht das elektrische Feld vollständig, da der größte Teil der hausinternen elektrischen Leitungen weiterhin unter Spannung steht (Anschlußleitungen bis zu den Steckdosen hin; die meisten Geräte werden nur einpolig abgeschaltet, weshalb die Spannung gegenüber Masse über den kurzen oder langen Weg bis zum Schalter hin ansteht; gewisse Geräte haben die Abschaltung überhaupt nicht im Bereich der Stromzuleitung, wie z. B. elektrische Weckeruhren bzw. Rundfunkgeräte mit einem erst auf der Netztrafo-Sekundärseite angebrachten Schalter). Hier bietet sich aber für den einzelnen zumindest die Möglichkeit – und es liegt in seiner Entscheidungsfreiheit – , Abhilfe zu schaffen, wie dies durch Herausziehen von Steckern aus der Steckdose möglich ist, durch eine Spannungsunterbrechung im Sicherungsbereich oder vollautomatisch durch einen sogenannten Netzfreischalter, der nach dem Abschalten des letzten Verbrauchers das gesamte an ihn angeschlossene 230-V-Leitungssystem selbständig spannungsfrei macht und beim Einschalten des ersten beliebigen Verbrauchers die Netzspannung wieder auf das Leitungssystem schaltet. Auf elektrische oder elektronische Weckeruhren in unmittelbarer Bettnähe sollte generell verzichtet werden.

Die Möglichkeit, durch Abschalten der Spannung ein unerwünschtes elektrisches Feld zu eliminieren, entfällt jedoch zumindest bei einem zu einem Haus gehörenden Garten, wenn dieser sich etwa in unmittelbarer Nähe einer Hochspannungsleitung befindet. So mag zwar das durch diese Hochspannungsleitung erzeugte elektrische Feld im Hausinneren durch die Abschirmwirkung der Baumasse hinreichend geschwächt sein, die Gartenbenutzung ist aber in jedem

Fall nur unter Inkaufnahme des ungeschwächten elektrischen Feldes möglich. Unabhängig von diesen Überlegungen wäre noch zu berücksichtigen, daß sich der zeitliche Verlauf des im normalen privaten Wohnbereich erzeugten elektrischen und auch des magnetischen Feldes völlig anders (vornehmlich sinusförmig, relativ wenig oberwellenhaltig, relativ wenig Störspitzen usw.) darstellt als im Bereich energietechnischer Anlagen (unter Umständen stark oberwellenhaltig, wenn nicht sogar durch Phasenanschnittsteuerung beeinflußt; Störspitzen, die durch kilometerlange Leitungen induktiv oder kapazitiv aufgenommen oder durch entsprechende Verbraucher direkt produziert werden usw.).

4 Biologische Wirkung von Feldern

Mit gewissem Recht wurde die elektrische Energie speziell zu den Zeiten als „saubere" Energieform gepriesen, als die allgemeine Umweltverschmutzung immer mehr in das Bewußtsein der Menschen Eingang fand. Die Entrüstung vor gut 10 Jahren über Berichte, wonach erste Hinweise auf die Möglichkeit einer, unter bestimmten Voraussetzungen denkbaren, gesundheitsschädlichen Wirkung durch elektrische und magnetische Felder gegeben seien, ist daher verständlich, da hierdurch ja der elektrische Strom womöglich ins Zwielicht geraten könnte.

4.1 Literatur-Übersicht

Alle im Rahmen der angesprochenen Thematik gemachten Ausführungen sind alleine von physikalisch-technischer Fachkompetenz geprägt. Bevor jetzt auch, um einen Überblick über den Stand der Kenntnisse und die hier vorhandenen Probleme zu geben, konkret auf die medizinisch orientierte Komponente der behandelten Thematik eingegangen wird, ist deshalb folgendes klarzustellen und festzuhalten:

Es kann aus naheliegenden Gründen nicht die Aufgabe der Autoren sein, zu rein medizinischen Problemen und Diskussionen in irgendeiner Form kritisch Stellung zu nehmen. Sollten trotzdem in dieser Richtung Anmerkungen gemacht werden, sind sie unter obiger Einschränkung zu bewerten.

Der nachfolgende Einblick in die Literatur dient primär der informativen Weitergabe des derzeitigen Standes des Wissens. Die Auswahl aus der inzwischen kaum mehr überschaubaren Anzahl einschlägiger Facharbeiten erfolgte nicht deshalb nach dem Prinzip „nachgewiesener Effekte", um damit ein eindeutiges Bild zu erzeugen, sondern aus pragmatischen Gründen. Es ist ausdrücklich festzuhalten, daß insgesamt gesehen immer noch die überwiegende Anzahl der Arbeiten (statistisch gesehen) von keinen feststellbaren Zusammenhängen zwischen einer Feldeinwirkung und irgendwelchen jeweils untersuchten biologischen Vorgängen berichtet. Auch hätte es im Rahmen dieser Ausführungen wenig Sinn, im Detail eine lange Liste von solchen Arbeiten aufzustellen, denn die sich daraus ergebenden Konsequenzen zu ziehen, ist als eine rein medizinische Aufgabe anzusehen. Hierauf wird nachfolgend noch speziell eingegangen.

Im vorliegenden Fall kommt es zuerst darauf an, auf die prinzipielle Möglichkeit einer biologischen Wirkung oder gar Schädlichkeit der hier diskutierten Feldertypen hinzuweisen, um daraus zumindest schon einmal eine Rechtfertigung abzuleiten, daß es sinnvoll und nötig ist, sich mit dieser Problematik weiterhin und noch intensiver auseinanderzusetzen. In vielen der vorliegenden Arbeiten wird diese Ansicht gleichfalls vertreten (beispielsweise Marino [5] oder Ahlbom et al. [6] im Zusammenhang mit dem New York State Powerlines Project). Ungeachtet dessen werden aber auch ohne Scheu Konsequenzen angesprochen, wie sie sich aufgrund des derzeitigen Standes der Erkenntnisse anbieten, wenn nicht gar aufdrängen.

4.1.1 Epidemiologische Untersuchungen

Was in esoterischen und anderen ähnlichen Kreisen diskutiert, wenn nicht gar behauptet und was bei einigen Fachbüchern über die biologische Wirkung elektrischer Felder (Presman [7]; König [8]), bereits angesprochen aber nicht in dem sich jetzt abzeichnenden Ausmaß als nicht ganz ernst zu nehmender Effekt eingestuft wurde, deutet sich in einem 1977 erschienenen Bericht von Becker [9] an, der über eine Anhäufung von Erkrankungen an Krebs bei Menschen berichtet, die in einem von einer Hochspannungsleitung überquerten Gebiet wohnten. Die Krebsrate war dort im Zeitraum 1974 – 1977 fast doppelt so hoch, wie sie vergleichsweise für den gesamten Bezirk zu erwarten gewesen wäre.

So richtig brachte jedoch im Rahmen einer statistischen Untersuchung die erste kontrollierte Studie von Wertheimer und Leeper [10] (über eine Verbindung zwischen elektromagnetischer Strahlung im allgemeinen Lebensbereich des Menschen und der Erkrankung des Menschen) die Thematik ins wissenschaftliche Gespräch. Die Autoren stellten die Frage in den Raum, ob Kinder aus dem weiteren Bereich um Denver, Colorado/USA, die im Zeitraum von 1950 bis 1973 an Krebs starben, häufiger in der Nähe von Hochspannungsleitungen lebten als Kinder normalerweise sonst. Die dabei benutzten Definitionen von „Hochspannungsleitung" und „nahe" entsprachen Schätzungen und waren von der Vorstellung geprägt, daß das von Hochspannungsleitungen ausgehende Magnetfeld zu der Erkrankung in ursächlichem Zusammenhang stehe. Diese Definitionen wurden sowohl für die an Krebs erkrankten als auch für die als Kontrollgruppe ausgewählten Kinder benutzt. Annähernd die doppelte Zahl der zu erwartenden Erkrankungen an Leukämie, Lymphom und Tumoren des Nervensystems wurde bei den in der Nähe der energietechnischen Anlagen lebenden Kindern festgestellt. Bei einer ähnlichen Studie von Wertheimer und Leeper [11] über Erwachsene, die in den Jahren 1967 bis 1977 an Krebs erkrankten, ergab sich gleichfalls ein Zusammenhang zwischen Leben in der Nähe von Hochspannungsleitungen und der Erkrankung an Krebs. Die Ergebnisse der beiden Untersuchungen sind in *Tabelle 4.1* zusammengefaßt.

Der Frage, ob Leukämie bei Kindern, die in der Nähe von Hochspannungsleitungen lebten, häufiger auftrat als normal, gingen auch Fulton et al. [12] in

Tabelle 4.1: Häufigkeit von Krebserkrankungen bei Kindern ($p < 0{,}001$ %) und bei Erwachsenen ($p < 0{,}01$ %) im Zusammenhang mit der Nähe von Hochspannungsleitungen (nach Wertheimer und Leeper [11])

	Kinder		Erwachsene	
	Krebsfälle	Kontrolle	Krebsfälle	Kontrolle
Nahe Hochspannungsanlage	101	55	438	372
Keine Hochspannungsanlage	171	217	741	807

Tabelle 4.2: Zeitanteil ZA (%), wie er sich auf Straßen im Raum Quebec/Kanada für verschiedene Bereiche der magnetischen Induktion B (nT) im Zusammenhang mit der elektrischen Energieversorgung darstellt (nach Heorux [14])

B (nT)	ZA (%)
> 40	90
> 160	50
> 500	10
> 1000	1

Rhode Island, USA, nach. Die Studie entsprach im Prinzip den von Wertheimer und Leeper [10, 11] durchgeführten Untersuchungen und entschied sich eigentlich nur durch die Art der Definition der „Nähe" zu Hochspannungsleitungen. Sie ergab jedoch keine erkennbaren Zusammenhänge mit einer Erkrankung an Krebs. Selbst eine nachträgliche Analyse der vorliegenden Daten durch Wertheimer und Leeper [13] erbrachte dieselben Ergebnisse. Es wurde schon darauf hingewiesen, wie schwierig es ist, diese spezielle Art von elektromagnetischer Strahlung in der Umwelt konkret bezüglich der Dosis zu erfassen und zu bewerten. Diesbezügliche Untersuchungen von Heorux [14] zeigen die in einem Straßennetz von über 200 km Länge in Quebec/Kanada für das 60-Hz-Magnetfeld ermittelten typischen Werte des jeweiligen Zeitanteils ZA, wie er sich gemäß *Tabelle 4.2* für die verschiedenen zu messenden magnetischen Induktionen darstellt.

Gerade im Zusammenhang mit den Studien von Wertheimer und Leeper [10, 11] stellte auch *Marino* [5] fest, daß sich die jeweiligen Strahlungszustände durch wechselseitige Beeinflussung, Unterschiede im zeitlichen Verlauf und spektrale Differenzen langzeitlich gesehen fortwährend ändern würden. Hierdurch seien derartige epidemiologische Untersuchungen zweifelsohne erheblich erschwert und in ihrer vergleichbaren Aussagekraft problematisch. Immerhin erfolgte aber eine Bestätigung der Gültigkeit des von Wertheimer und Leeper [10,11] angewandten Schemas von unabhängiger Seite (Barnes et al. [15]) als Ersatz bzw. als Wertmesser für das Ausmaß der Magnetfeldbestrahlung.

Einen Schritt in die Richtung, die jeweilige Stärke des Magnetfeldes zu berücksichtigen, machte Perry et al. [16] bei einer Erhebung im Zusammenhang mit Fällen von Selbstmorden. Entsprechende Feldstärkemessungen wurden in

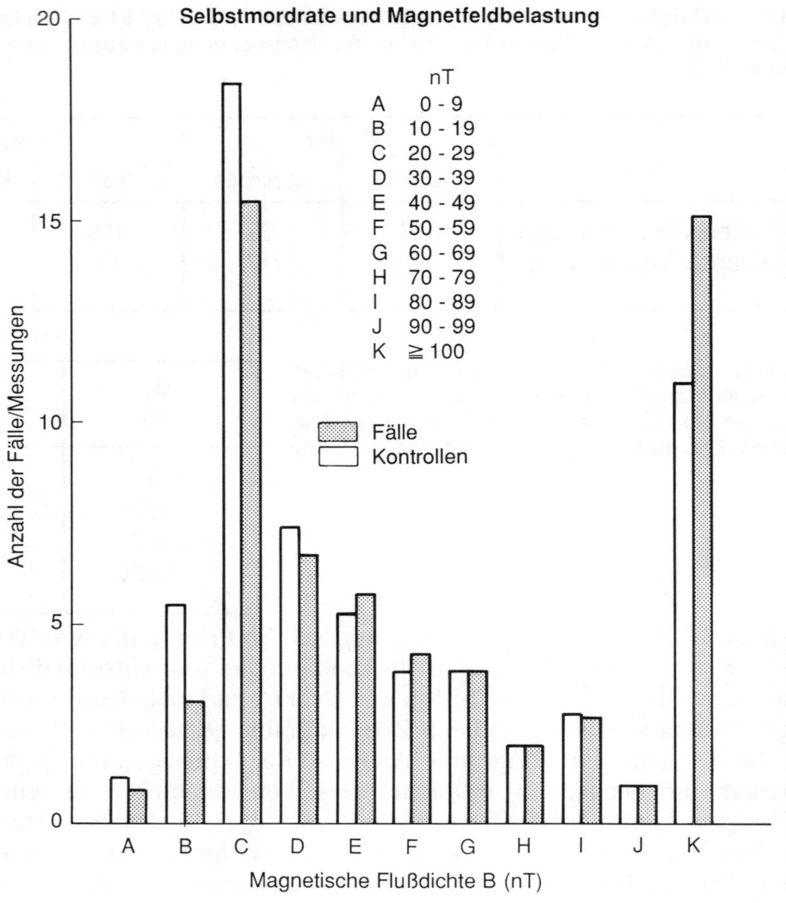

Bild 4.1 Fall-Kontroll-Studie über die Korrelation von Selbstmordfällen mit verschieden starken 50-Hz-Magnetfeldern. Für unterschiedliche Intensitätsbereiche der magnetischen Flußdichte B, wie sie in Wohnbereichen in den English Midlands gemessen wurden, ist die Anzahl der Wohnungen mit Selbstmordfällen (dunkler Balken) und der Kontrollen (weißer Balken) eingetragen (nach Perry et al. [16])

den Wohnungsbereichen von Selbstmördern durchgeführt und die nötigen Vegleichswerte von Kontrolladressen ausgewertet. Insgesamt lieferten Messungen in 1184 untersuchten Wohnungen Daten, wonach sich an einer für alle Wohnungen gleich definierten Stelle Magnetfeldwerte im Bereich zwischen 1 nT und 1500 nT ergaben. Die Zuordnung der Selbstmordfälle zur jeweiligen Stärke des Magnetfeldes zeigt *Bild 4.1*.

Erhebliches Aufsehen erregten die Ergebnisse von Untersuchungen im Zusammenhang mit Planungen des Staates New York, die sich mit dem Ausbau des Hochspannungsverteilnetzes in diesem Staat der USA befaßten. Hierbei wur-

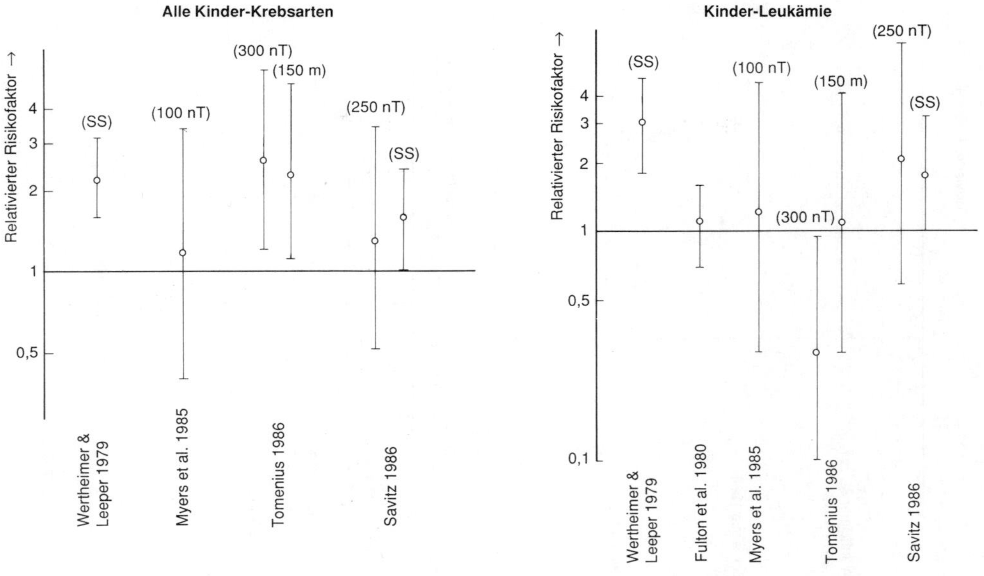

Links: Bild 4.2 Übersicht über Ergebnisse verschiedener Untersuchungen von Krebserkrankung bei Kindern im Zusammenhang mit den von 50/60-Hz-Strömen erzeugten Magnetfeldern (Irrtumswahrscheinlichkeit 5 %, die Balken geben den Vertrauensbereich an); SS = starke Ströme, 150 m = Entfernung 150 m von Hochspannungsleitung oder Transformator (nach Ahlbom et al. [6])

Rechts: Bild 4.3 Ergebnisse, gemäß verschiedener Berichte über das Auftreten von Leukämie-Erkrankungen bei Kindern im Zusammenhang mit den von 50/60-Hz-Strömen erzeugten Magnetfeldern (Irrtumswahrscheinlichkeit 5 %, die Balken geben den Vertrauensbereich an); SS = starke Ströme, 150 m = Entfernung 150 m von Hochspannungsleitung oder Transformator (nach Ahlbom et al. [6])

den damit verbundene mögliche Gesundheitsrisiken für die Bevölkerung ganz speziell behandelt, worüber Ahlbom et al. [6] ausführlich berichteten. Einen gewissen Schwerpunkt stellte dabei wiederum die Diskussion der Ergebnisse der verschiedenen bekannten epidemiologischen Untersuchungen dar. Einen Überblick zu den von Wertheimer und Leeper [10], Myers et al. [17],

Tomenius [18] und von Savitz [19] bzw. Savitz et al. [20] berichteten Ergebnissen zeigen die Untersuchungen einmal für alle Kinder-Krebsarten (*Bild 4.2)*, speziell für Leukämie bei Kindern (*Bild 4.3)* und für Krebserkrankungen bei Kindern im Bereich des zentralen Nervensystems (*Bild 4.4)*. Über ähnliche Untersuchungsergebnisse wird bei Erwachsenen berichtet, wie *Bild 4.5* am Beispiel von Krebs zeigt. Dieser Bericht enthält ferner eine Diskussion der bis dahin bekannten Untersuchungen in den Bereichen Zellenbiologie, Elektrostimulation beim Knochenwachstum, Neurobiologie, biologische Rhythmen, Lernen und Gedächtnis, Nervenregeneration und Zellenwachstum, jeweils die Wirkung der hier interessierenden elektrischen und magnetischen Felder betreffend.

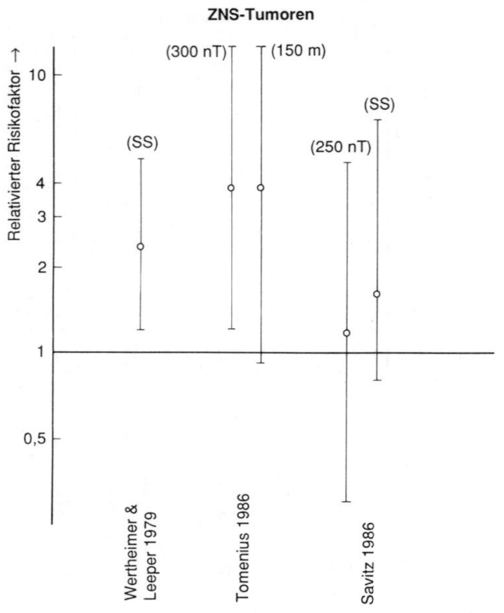

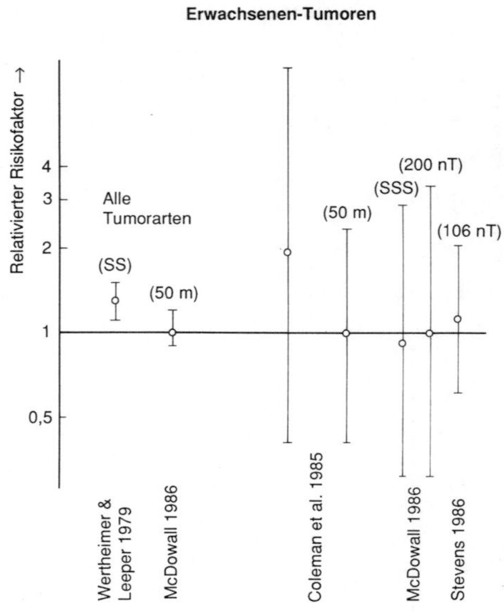

Links: Bild 4.4 Ergebnisse, gemäß verschiedener Berichte über das Auftreten von Tumoren im Bereich Zentrales Nervensystem (ZNS) bei Kindern im Zusammenhang mit den von 50/60-Hz-Strömen erzeugten Magnetfeldern (Irrtumswahrscheinlichkeit 5 %, die Balken geben den Vertrauensbereich an); SS = starke Ströme, 150 m = Enfernung 150 m von Hochspannungsleitung oder Transformator (nach Ahlbom et al. [6])

Rechts: Bild 4.5 Ergebnisse, gemäß verschiedener Berichte über das Auftreten von Tumoren bei Erwachsenen im Zusammenhang mit den von 50/60-Hz-Strömen erzeugten Magnetfeldern (Irrtumswahrscheinlichkeit 5 %. Die Balken geben den Vertrauensbereich an); SS = starke Ströme, SSS = sehr starke Ströme; 50 m = Entfernung 50 m von elektrischen Einrichtungen (nach Ahlbom et al. [6])

Zusammenfassend wird vorangestellt, daß die im Zusammenhang mit dem Projekt durchgeführten Untersuchungen es wert erscheinen ließen, auf diesem Gebiet weiterzuarbeiten, da möglicherweise Implikationen zur Gesundheit des Menschen vorlägen. Die im Rahmen des Projekts geförderten Studien haben ebenso wie in anderen Fällen anhand der erzielten Ergebnisse gezeigt, daß sowohl elektrische als auch magnetische Felder der Frequenz 60 Hz gewisse biologische Systeme beeinflussen können. Spezielle Magnetfeldeffekte sind im Rahmen der für diese Studie durchgeführten Untersuchungen festgestellt worden, wenngleich auch die hierfür verantwortlichen Mechanismen bislang unbekannt blieben. Viele Effekte sind im Laborexperiment bei magnetischen Flußdichten im Bereich von 100 µT oder mehr gefunden worden. Bei geringeren Flußdichten zeigten sich die beobachteten Feldeffekte nur in wenigen Fällen. Die epidemiologischen Studien haben demgegenüber die Möglichkeit angedeutet, daß sogar 1/1000 der bei den Laborversuchen Wirkung zeigenden Flußdichten für die Gesundheit von Bedeutung sein können. Trotzdem sahen sich die für den Bericht Verantwortlichen aus mehreren Gründen nicht in der Lage, irgendwelche auf den epidemiologischen Untersuchungen basierende Empfehlungen auszusprechen, da vor allem die Beziehung zwischen schwachen Magnetfeldern und Krebs nicht als eindeutig gesichert gelten kann. Auf die Konsequenzen dieser Haltung – unzulässiges Experiment mit Menschen ohne deren Einwilligung – weist Marino [5] hin. Als Hauptquelle der magnetischen Felder werden – mit Ausnahme bei Häusern, die in unmittelbarer Nähe von Hochspannungsleitungen liegen – von den Stromversorgungsanlagen verursachte Erdströme und die Abstrahlung von den entsprechenden Geräten im Haushalt angegeben.

Das Gesundheitsministerium des Staates New York, USA, gab auf verschiedene Fragen Antwort, wie sie sich aus dem von Ahlbom et al. [6] vorgelegten Bericht ergaben. So wurde beispielsweise die Frage, ob elektrische und magnetische Felder Krebs erzeugen könnten, dahingehend beantwortet, daß im Rahmen des Projektes zwei diesbezügliche epidemiologische Studien finanziert worden sind. Die Erwachsene betreffende hat dabei keine Beziehung zwischen Krebsfällen und schwachen Magnetfeldern ergeben, wohingegen die in Denver/USA durchgeführte Untersuchung an Kindern eine statistisch gesicherte Beziehung zwischen Krebsfällen und der Nähe von lokalen Stromversorgungsleitungen aufweist. In diesen Fällen wäre das Krebsrisiko bei den Kindern verdoppelt gewesen, nämlich von einem Fall auf zwei Fälle pro 10 000 Kinder. Über ein bezüglich Kindern ähnliches Ergebnis berichten Myers et al. [61] aus Großbritannien. Sie beziehen sich einzig auf Magnetfelder, die in Hochspannungsleitungen und unterirdisch verlegten Stromkabeln ihren Ursprung haben und gehen dabei von einem mittleren Belastungspegel von 15 nT für den Normalfall aus. Dieser Pegel wird nach Angabe der Autoren bei einem Mindestabstand von 100 m von 66-kV-Leitungen, 250 m von 132-kV-Einfachleitungen und von 500 m von 275-kV- bzw. 400-kV-Leitungen nicht überschritten. 86 % der Fallgruppe und 87 % der Kontrollgruppe wurden in diesem Zusammenhang mit einer Belastung unter 1 nT eingestuft. Basierend auf der Anzahl von Kindern in Wohnungen, die magnetfeldmäßig als unter dem allgemeinen Pegel liegend einzuordnen waren, ergab die Studie den deutlichen Hinweis auf ein echtes Risiko (Risikofaktor von 2,5 oder mehr) hinsichtlich der Entstehung von Kinderkrebs.

Eine Erhebung über das Auftreten aller Arten von Tumoren im Zusammenhang mit der räumlichen Nähe (150 m im Umkreis) von 220-kV-Hochspannungsleitungen, U-Bahnstationen, Transformatoren, elektrischen Eisenbahnen und Untergrundbahnen zu den Wohnungen betroffener Personen führte Tomenius [18] durch. Hierbei wurden sichtbare 220-kV-Hochspannungsleitungen in der Nähe von Behausungen mit an Krebs erkrankten Personen doppelt so oft gefunden wie bei den Kontrollgruppen ($p > 0{,}05$). Die in allen Behausungen gemessene magnetische Feldstärke lag im Bereich zwischen 0,4 nT und 19 000 nT (Mittelwert 69 nT). Waren 220-kV-Hochspannungsleitungen in der Nähe, betrug der Mittelwert 220 nT. Bei Behausungen, in denen Magnetfelder von 300 nT oder mehr gemessen wurden, waren ebenfalls doppelt so viele Krebsfälle festzustellen wie bei der Kontrollgruppe ($p > 0{,}05$).

Mit der Todesursache Leukämie bei Arbeitern, die in den verschiedensten Tätigkeitsbereichen elektrischen und magnetischen Feldern ausgesetzt waren, befaßte sich Milham [21]. Wie aus *Tabelle 4.3* ersichtlich ist, war in 10 von 11 Beschäftigungsgruppen die Todesrate für Leukämie erhöht. Es wurde dabei dar-

Tabelle 4.3
Leukämie-Sterblichkeit bei Männern, die im Rahmen ihrer beruflichen Tätigkeit elektrischen und magnetischen Feldern des energietechnischen Bereichs ausgesetzt waren, nach verschiedenen Berufen aufgeschlüsselt. Die Daten stammen aus Washington-Staat/USA für die Jahre 1950 bis 1979. Das Verhältnis von beobachteten zu erwarteten Fällen beschreibt das proportionale Todesfallverhältnis (PTV) (nach Milham [21]).

Beschäftigung	Todesfälle					
	allgemeine Leukämie			akute Leukämie		
	beobachtet	erwartet	PTV (%)	beobachtet	erwartet	PTV (%)
Elektroniker	6	4,0	149	3	1,9	162
Rundfunk- und Telegraphentechniker	5	4,5	111	3	1,3	239
Elektriker[1]	51	37,0	138	23	12,9	178
Streckenarbeiter (Hochspannung, Telefon)	15	9,4	159	6	3,3	183
Radio-/ TV-Techniker	5	3,2	157	4	1,4	291
Kraftwerkstechniker	8	3,1	259	3	1,1	282
Aluminium-Arbeiter	20	10,6	189	11	4,3	258
Schweißer	12	17,9	67	4	7,1	56
Filmvorführer	4	1,7	234	1	0,9	111
Elektroingenieure	7	6,1	114	2	2,1	97
Straßenbahn- und U-Bahn-Personal	3	1,7	175	0	0,4	0
Summe	136	99,2	137	60	36,7	163

1) Originalliteratur: electricians

auf hingewiesen, daß die bei der Aluminiumproduktion nötigen, sehr starken Gleichströme nur statische Magnetfelder erzeugten und Bogenschweißer sowie Filmvorführer meist in der Nähe von Umformertransformatoren arbeiten würden. Alle anderen Arbeiter wären elektrischen und magnetischen Feldern ausgesetzt, die mit in Drähten oder Hochspannungsleitungen fließenden Wechselströmen zusammenhingen. Die Ergebnisse werden als Hinweise bezeichnet, daß damit zu rechnen ist, elektrische und magnetische Felder könnten Leukämie verursachen.

Eine weitere epidemiologische Studie führten Speers et al. [23] in Texas/USA für Todesfälle durch, die in Zusammenhang mit Gehirntumoren standen. Bei der kombinierten Personengruppe von Gelegenheitsarbeitern, Elektrofachkräften, Elektronikern und anderen sehr starker elektromagnetischer Strahlung ausgesetzten Berufstätigen war das Verhältnis (OR) Betroffene zur Kontrollgruppe OR = 3,95 und damit signifikant erhöht. Bei der Analyse der Daten für Gelegenheitsarbeiter und Elektroniker stieg das Risiko mit dem Anstieg der Strahlenbelastung: Nicht bestrahlte Vergleichsgruppe OR = 1,00, möglicherweise bestrahlt OR = 1,15, wahrscheinlich bestrahlt OR = unendlich (6 Fälle, 0 Kontrolle). Hieraus wird auf einen stark ausgeprägten Zusammenhang bei dieser starken Feldern ausgesetzter Personengruppe mit dem Auftreten von Hirntumoren geschlossen.

Welche Bedeutung der Langzeitwirkung gerade in dem hier interessierenden Zusammenhang zukommt, zeigt eine Untersuchung von Mack et al. [62] über den Zusammenhang zwischen dem beruflich bedingten Aufenthalt in niederfrequenten elektrischen und magnetischen Feldern und der dadurch riskierten Entstehung von Hirntumoren. Im Gegensatz zu verschiedenen anderen Arten von Hirntumoren wurde für Astrozytome, eine Untergruppe von Gliomen, beschäftigungszeitabhängig ein signifikant erhöhter Risikofaktor von 10,3 (95 % Vertrauensbereich 1,3 ... 80,8) gefunden und zusätzlich ein signifikanter Aufwärtstrend (p = 0,01) bei der Turmorentstehung mit zunehmender Dauer der beruflich bedingten Tätigkeit in solchen Feldern. Die meisten Astrozytom-Patienten waren Elektriker oder Elektroingenieure. Für die Beschäftigungszeitgruppen 0, >0 bis 5 und >5 bis 10 Jahren übersteigen die Risikofaktoren den Wert 1,1 nicht. Nach mehr als 10 Jahren Beschäftigungsdauer ergab er sich jedoch zu 10,3. Die Autoren erhoffen sich durch diese Erkenntnisse Fingerzeige auf biologische Mechanismen, welche den beobachteten Zusammenhang erklären könnten.

Auch Savitz und Calle [23] stellten in Wisconsin/USA bei Elektroingenieuren und Rundfunk- sowie Telegrafenarbeitern eine signifikant höhere Rate an Leukämieerkrankungen fest, als eigentlich zu erwarten gewesen wäre.

Daten aus dem Zeitraum 1976 bis 1983 betreffend Krebserkrankung von Kindern im Alter unter 15 Jahren aus dem Raum Denver, USA, analysierten Savitz et al. [63] durch Vergleich mit Nicht-Betroffenen-Gruppen. Hierbei wurden Messungen des elektrischen und magnetischen Feldes in den jeweiligen Wohnungen durchgeführt und ein Verdrahtungscode entwickelt. Über folgende Ergebnisse wird berichtet. Die angewandte Methode ergab keinen merkbaren

Anstieg des OR-Verhältnisses (Odds Ratio; Schaefer [71]) für alle Krebsraten. Hingegen wurden für verschiedene Krebsuntergruppen und Bestrahlungskategorien Beziehungen gefunden. Ein beispielsweise ungünstiger Effekt ergab sich für geheizte Wasserbecken (OR 2,5) und bei Benutzung geheizter Kissen (OR 1,9) im Zusammenhang mit Gewebesarkom, für geheizte Kissen und Lymphom (OR 2,0), bei vorgeburtlicher Benutzung elektrisch geheizter Bettdecken ein schwacher Risikoanstieg für alle Kinderkrebsarten (OR 1,3), ein stärkerer Anstieg für Leukämie (OR 1,7) und Gehirntumoren (OR 2,5). Ein ausgeprägter Zusammenhang war festzustellen bei Benutzung elektrisch geheizter Bettdecken während der ersten vier Monate nach Geburt (OR 4,0 für Gehirntumoren, OR 2,3 für Leukämie, OR 1,6 für alle Krebsarten). Mit steigender Benutzungsdauer in der Nacht stiegen die OR-Werte ebenfalls an (bei Leukämie bis OR 10,8, bei Gehirntumoren bis auf OR 4,6). Der Effekt auf die Erkrankungszahl war für alle Krebsarten stärker ausgeprägt beim männlichen Geschlecht, Kindern unter 10 Jahren und Kindern in Wohnungen mit einer ausgeprägt starken Magnetfeldbelastung.

Über den Einfluß elektrischer Felder auf das Personal in 400-kV-Anlagen berichten Badescu und Grigoriu [64]. Demnach treten hier Feldstärkewerte zwischen 5 kV/m 43 kV/m auf. Um die Auswirkungen elektrischer Felder als spezifischen Umweltfaktor zu untersuchen, wurden die subjektiven und objektiven Symptome von 126 Betriebs- und Wartungstechnikern analysiert, die 3 bis 4 bzw. 5 bis 6 Stunden dem Feld ausgesetzt waren. Die festgestellten Symptome betrafen in erster Linie das Nervensystem, das Herz-Kreislaufsystem und den Verdauungstrakt, wobei eine proportionale Beziehung zwischen Ausmaß der körperlichen Beschwerden und der Einwirkzeit des elektrischen Feldes festzustellen war. Über die Stärke des zweifellos auch vorhandenen Magnetfeldes wurden keine Angaben gemacht.

Eine Untersuchung über die Krebssterblichkeit bei französischen Elektrizitätsarbeitern führten Guenel et al. [65] durch. Bei einem Vergleich der Sterblichkeit der gesamten Belegschaft eines bestimmten Elektrizitätsunternehmens mit der, wie sie für die gesamte französische Bevölkerung bekannt ist, ergaben sich beispielsweise für Darmkrebs und Rektumkrebs signifikant erhöhte Risikofaktoren. Bei einem Vergleich der von einer Feldeinwirkung betroffenen Mitarbeiter mit dem Rest der Belegschaft wurden erhöhte Risikozahlen für Mundkrebs und Rachenkrebs, insbesondere für die Hodgkin-Krankheit ermittelt (OR = 3,5).

4.1.2 Neuere Untersuchungen

Bei den neueren Beiträgen und Berichten werden die bisherigen Erkenntnisse bestätigt und erhärtet, wobei die Autoren das Problem von den verschiedensten Seiten angingen.

So kam von Varga [75] ein Buch „Elektrosmog“ heraus, das den Versuch darstellt, einen molekularbiologischen Nachweis über die biologische Wirkung elektromagnetischer Felder und Strahlen zu erbringen. Hier wird im Sinne einer wissenschaftlichen Dokumentation ein allumfassender Überblick zur Problematik der Wirkung elektromagnetischer Felder auf das Leben beschrieben. Der Autor behandelt die biologische Wirkung niederfrequenter Wechselfelder im Sinne eines molekularbiologischen Nachweises der biologischen Wirkung dieser Strahlung in einem speziellen Kapitel.

Interessant erscheint in diesem Zusammenhang auch die Kritik, die der Bund für Umwelt und Naturschutz Deutschland, Bonn, am 1.7.95 im Rahmen einer Anhörung über die Durchführung des Bundesemissionsgesetzes, Verordnung über elektromagnetische Felder, übt. So wird hier kritisiert, daß bei den verwendeten Grundlagen des Verordnungsentwurfs die explizit betrachteten Wirkungen in Bezug auf Risikogruppen oder auf Zeitwirkungen fehlen würden. Solche sind bei Einwirkungen von EMF, z. B. auf Kinder, Jugendliche bzw. die Nachtzeit, von Bedeutung. Ferner wird die sehr wichtige Abgrenzung von Gefahr, Gefahrenverdacht und Vorsorge vermißt. Eine Bestimmung von Einwirkungswerten (auch unter Betrachtung von Langfristaspekten) für die allgemeine Bevölkerung (einschließlich sensibler Gruppen) muß also beim gesamten Wirkungskomplex berücksichtigt sein, wie er derzeit diskutiert wird hinsichtlich:

- Zellsignale und Biosynthese für Verlauf;
- Störungen im Hormonhaushalt;
- Fortpflanzung, Wachstum und Entwicklung;
- Krebspromotion;
- Auswirkungen auf das Nervensystem.

Eine Gefahr könne bereits dann gegeben sein, wenn bei der Ursache/Wirkungsbeziehung eines technischen Risikos naturwissenschaftliche Zweifel bestehen, gleichwohl tastsächlich Anhaltspunkte für die Schädigungsmöglichkeit vorliegen. Hierbei werden unzureichende Maßstäbe für Gefahrenschutz und Vorsorge festgestellt. Eine Formulierung von Emissionsgrenzwerten muß zumindest dem übrigen System bei anderen schädlichen Umwelteinwirkungen (z. B. bei Luftschadstoffen) entsprechen. Danach setzt Vorsorge und Prävention vor weiteren Emissionen durch Neuanlagen bereits weit unterhalb einer Gefahrengrenze ein. Was unter Vorsorge zu verstehen ist, wurde in den bislang zugrundegelegten Richtlinien und Normen zur EMF aber nicht definiert. Außerdem dürfe eine Werteableitung zum Schutz vor Gefahren zur Vorsorge bei EMF nicht die bisher üblichen Sicherheiten belassen (Gleichheitsgrundsatz):

Bei Übertragung von beobachteten Wirkungen (bei toxischen Stoffen) aus dem Tierversuch auf den Menschen würden zumindest Unsicherheitsfaktoren von 100 bis 1000 verwendet. Weiter wird festgestellt, daß eine Eingrenzung des Frequenzbereiches nicht gerechtfertigt ist, alle relevanten Schutzgüter einbezogen werden müssen, daß die Mitteilung nicht sachgerecht sei, die Summenwirkung zu beachten wäre und Ergebnisse nicht kompetenter Gremien zugrundegelegt wurden [76].

Aus medizinischer Sicht betrachtet Dr. med. Karlheinz Braun-von Gladiss in seiner Broschüre „Das biologische System Mensch“ [77] das Problem.

Der Autor führt zwölf Merkmale der wissenschaftlichen Kontroversen über elektromagnetische Wellen auf und stellt dann fest, daß eine neue Wissenschaft sich etabliert. Einige Mediziner werden aus der Universitätsmedizin herausgetrieben und sind gezwungen, sich – im Grunde fachfremd – mit Prozessen zu beschäftigen, die durch Wechselwirkungen gesteuert werden, also auch mit holistischen Theorien, Kybernetik, Chaosforschung, Informationstheorie, Biophysik und Quantenphysik. So begegnen sie Wissenschaftlern anderer Fachrichtungen, die den gleichen Schritt getan und die begrenzte Betrachtungsweise ihrer wissenschaftlichen Heimat verlassen haben. Die Motivation zu diesem Schritt hat auf beiden Seiten in Beobachtungen bestanden, daß viele Ereignisse in der Natur mit herkömmlichen Denkmustern nicht zu erklären sind: therapeutische Wirkungen, physikalische Impulse niedrigster Intensität, denen wissenschaftlich jeder Effekt abgesprochen wird, Antigravitationsphänomene in der Physik, Phänomene in der Psychologie und Parapsychologie, Forschungsergebnisse der Quantenphysik, raumzeitliche Orientierungen in der Tierwelt, offenkundige Kommunikationsprozesse von Pflanzen und vieles andere mehr.

Von diesen Wissenschaftlern wird die Diskussion über biologisch relevante elektromagnetische Signale geführt. Sie haben erkannt, daß mit den herkömmlichen Denkmustern und Instrumenten einer primär technisch und chemisch orientierten Wissenschaft die aufgeworfenen Fragen nicht zu lösen sind. Diese Denkmuster und Instrumente müssen zum einen als zu grob eingestuft werden und erfassen Reizstärken nicht mehr, die unterhalb der „Rauschgrenze der Elektronik“ liegen. Zum anderen sind sie von ihrem theoretischen Ansatz her unzulänglich, denn sie klammern Wechselwirkungsprozesse aus. Mit dem Einsatz derartiger Denkmusterinstrumente beschränkt sich die Wissenschaft auf eine eindimensionale Betrachtung und ignoriert neue Erkenntnisse, wie etwa „deterministisch-chaotische Systeme“ und biokybernetische Regelkreismodelle.

Aber aus all den diskutierten Punkten ergibt sich ein Kernpunkt des Problems: Mit wissenschaftlichen Instrumentarien (Geräten, Theorien und Forschungskonzeptionen), die für die Untersuchung reproduzierbarer und einmaliger oder linearer Vorgänge entwickelt worden sind, ist wissenschaftlich nicht zu klären, ob z. B. athermische elektromagnetische Signale aus technischen Quellen biologische Systeme stören oder nicht.

Weiter wird festgestellt, daß der Einwand, die Feldstärke athermischer Signale sei zu gering, um Effekte auszulösen und die Signale gingen im allgemeinen Rauschen unter, seit Prigogines Arbeiten über dissipative Strukturen und nach den Untersuchungen von Cyril Smith an der Salford- University nicht mehr stichhaltig ist, zumal, wenn es sich um koheränte Strahlung handelt. Dies gilt hauptsächlich für Hochfrequenzstrahlung.

Offensichtlich ist die Annahme, es gäbe lineare Dosis-Wirkungsbeziehungen im biologischen System, falsch. Die heutige Medizin und die sich darauf berufende Technik geht davon aus, es gäbe eine lineare Beziehung zwischen Dosis und Wirkung. „Wenig bewirkt wenig, und viel wirkt stärker". Das ist ein Dogma, dem die alte „anerkannte Wissenschaft" kritiklos folgt.

Das Bayerische Staatsministerium für Landesentwicklung und Umweltfragen befaßt sich in einer Arbeit mit der Exposition der Bürger in Bayern durch elektromagnetische Felder. Hierbei werden zur Darstellung der vorliegenden Situation die im öffentlichen Bereich vorhandenen Felder und Quellen beschrieben, die sie generieren. Im Anschluß an die Beschreibung der physikalischen Wechselwirkungen der Felder und deren Wirkung auf den Menschen werden die zum Schutz vor gesundheitlichen Schädigungen empfohlenen Grenzwerte vorgestellt.

Die Studie wurde mit großem Aufwand erarbeitet. Für eine Datenerhebung zur Ermittlung des Kenntnisstandes hat man eine Recherche in deutschen und internationalen Literaturdatenbanken mit dem Ziel durchgeführt, aus ca. 8 Millionen Titeln mit Hilfe von Suchschlüsseln Arbeiten dieser Thematik auszuwählen. Ferner wurde ein Fragenkatalog an die mit der Thematik befaßten Institutionen versandt und die darauf erfolgten Antworten ausgewertet. Auch hier zeigte sich ein Ergebnis, wonach keine wissenschaftlich fundierte Gesundheitsschädlichkeit durch diese Strahlung festzustellen ist, wenngleich ein gewisser Trend in Richtung auf eine Wirksamkeit nicht abgestritten wird. Die vom Bayerischen Staatsministerium für Landesentwicklung und Umweltfragen herausgegebene Arbeit [78] gibt in jedem Fall eine übersichtliche und allumfassende Einführung in die Gesamtproblematik dieses Themas.

In Ergänzung hierzu gab das Bayerische Staatsministerium für Landesentwicklung und Umweltfragen in zwei Broschüren [79] eine Fachinformation über die Thematik elektromagnetischer Felder heraus und erläuterte hierbei niederfrequente Felder, hochfrequente Felder (elektromagnetische Wellen), mögliche Wirkungsmechanismen, Gesundheitsschäden, wie z. B. Leukämie und Krebs durch elektromagnetische Felder, Elektrosensibilität und Möglichkeiten zur Risikominderung. Zu vermissen ist bei den beiden Broschüren die Behandlung des Problems der Dosis. Es werden Strahlungsintensitäten aufgeführt, wie sie in Haushalten schon immer vorhanden waren, ohne jedoch hierbei den Zeitfaktor zu berücksichtigen. Dieses Problem bedarf unbedingt einer weiteren Untersuchung und Abklärung, denn es ist, biologisch gesehen, in jedem Fall zu erwarten, daß die Wirkung über einen relativ kurzen Zeitraum von Minuten oder Stunden von sehr starken Feldern eine andere sein könnte als eine Dauerbelastung entsprechend schwächerer Art.

Das Niedersächsische Umweltministerium befaßt sich mit derselben Thematik, dem Elektrosmog [80]. Hierbei wird mehr auf technische Einzelheiten eingegangen, die teilweise eine Ergänzung zur Veröffentlichung des Bayerischen Staatsministeriums für Landesentwicklung und Umweltfragen zum selben Thema darstellt.

In einer Studie untersuchten Wertheimer, Sawitz und Leeper [81] das Krebsrisiko für Kinder in Beziehung zu verschiedenen Faktoren, beispielsweise Magnetfelder, wie sie durch die Beeinflussung von Erdströmen in Häusern entstehen. Mittels einer Meßvorrichtung wurden aktive Grundströme identifiziert. Zum Unterschied zu Messungen der Feldintensität, für die nur eine schwache Beziehung zu Krebserkrankungen festgestellt wurde, weisen diese meßtechnischen Untersuchungen ein hohes und signifikantes Krebsrisiko (Risikofaktor 4,0) nach. Solche, nicht vertikal orientierten Felder waren also in einer unabhängigen Datenauswertung in Verbindung mit Krebs zu bringen.

Extrem niederfrequente magnetische Felder geringer Intensität haben einen Einfluß auf Zellsignalvorgänge in verschiedenen Systemen gezeigt, sowohl in Vivo als auch in Vitro, berichten Jenrow et al. [82]. Entsprechende Ergebnisse wurden mit 1 ‰ Irrtumswahrscheinlichkeit festgestellt.

Die Möglichkeit einer Beziehung zwischen Frühgeburt und häuslichen niederfrequenten Magnetfeldern wurde durch Jukka et al. [83] in einer Fallkontrollstudie untersucht. Für eine magnetische Feldstärke von 0,63 μT ergab sich ein Risikofaktor von 5,1, wobei bei diesem Resultat die relativ geringe Anzahl von Fällen – aus statistischer Sicht gesehen – nicht unberücksichtigt bleiben darf.

In einer Broschüre befaßten sich Mayer-Tasch und Malunat mit „Der Strom des Lebens. Strom des Todes", Elektro- und Magnetosmog im Kreuzfeuer [84]. Diese Broschüre ist speziell geeignet, um für den technisch und fachlich unbelasteten Leser eine Einführung in die Thematik zu geben und auf die dabei vorhandenen Probleme hinzuweisen.

Basierend auf eigene Untersuchungen zum Thema „Das biologische System im elektromagnetischen Feld" gab von Klitzing eine Broschüre heraus, in der die von ihm durchgeführten Untersuchungen über den Einfluß externer Felder auf die Gehirnaktivität zusammengestellt sind. Ein hochinteressanter, aber sehr spezieller Beitrag zu dieser Thematik!

Die schwedische Studie über „Häusliche Belastung durch Felder" [85] , vom Institut für Umweltmedizin (Karolin Institut K in Stockholm) herausgegeben, befaßt sich ebenfalls mit diesem Thema: Die 1992 veröffentlichten Ergebnisse, speziell für Kinderkrebs und nachfolgend auch für Erwachsene, befaßt sich mit Personen, die in einer Wohnung innerhalb 300 m Trassenbreite von 220-kV- oder 400-kV-Hochspannungsleitungen leben. Insgesamt wurden 436 503 Personen in die Untersuchung mit einbezogen, 127 000 davon waren Kinder. Für Leukämie bei Kindern ergab sich ein Risikofaktor von 2,1 für magnetische intensitäten von 0,1 bis 0,2 μT und von 2,7 bei Bestrahlung der Kategorie 0,2 μT oder mehr. Bei 0,3 μT stieg das Risiko auf 3,8 an. Für Erwachsene wurde keinerlei derartige Beziehung zu Leukämie festgestellt. Eine vergleichbare dänische Studie für magnetische Intensitäten von 0,25 μT ergaben ein erhöhtes Risiko für Kinderkrebs (Leukämie) von schätzungsweise 2,1.

Durch das Office of Energy Management (OEM), herausgegeben vom US Dept. of Energy, Washington DC 20585, wurde ein Beitrag über elektrische magnetische Felder [86] veröffentlicht. Hier wird ein neues Programm besprochen, das in drei verschiedenen Bereichen die Situation auf Grund der Feldbelastung beschreibt.

Eine Abhandlung über biologische Effekte von niederfrequenten magnetischen Feldern bei der menschlichen Leukämie-T-Zelle liegt von Lindström vor [87]. Es wird berichtet, daß niederfrequente magnetische Felder bestimmte grundlegende Zellfunktionen beeinflussen. Epidemiologische Studien haben angedeutet, daß Personen, die Magnetfeldern ausgesetzt sind, ein erhöhtes Risiko für aligne Tumore eingehen. Hierbei handelt es sich um magnetische Flußdichten von 40 bis 300 µT mit einer Hauptwirksamkeit bei 150 µT.

4.1.3 Laboruntersuchungen

Fast nicht mehr übersehbar sind die vielen Publikationen über Laborversuche im Zusammenhang mit der Wirkung elektrischer und magnetischer Felder. Dabei sind zweifelsohne die Fortschritte bei der Behandlung der schwierigen Thematik zu erkennen, wie sie sich im Laufe der Jahre abzeichnen. Die Untersuchungsmethoden ließen sich immer mehr perfektionieren und damit Ansatzpunkte für eine echte Kritik auf ein Minimum reduzieren.

Auf die im Rahmen des New York State Power Project von Ahlbom et al. [6] berichteten Untersuchungsergebnisse wurde bereits hingewiesen.

Graham [24] schaffte mit einer einmaligen Versuchsanordnung die Möglichkeit, im Rahmen von Laborexperimenten saubere Doppelblindversuche – mit und ohne Feldeinwirkung – über die Feldwirkung auf den Menschen durchzuführen. Hierbei zeigten sich wiederholt eine durch die Feldwirkung verursachte Verlangsamung der Pulsschlagzahl und Veränderungen in den Potentialen bei hirnphysiologischen Messungen, ferner eine Verlangsamung der Reaktionszeit und eine verminderte Genauigkeit bei den zu erbringenden Leistungen, wobei die letzten beiden Effekte weniger beständig auftraten. Als interessant stellte sich die Ermittlung eines „Amplitudenfensters" heraus. Der Pulsschlageffekt trat nur bei kombinierten Feldern (9 kV/m und 20 mT) auf.

Über die Veränderung der Vermehrungsrate von Zellen durch kombinierte magnetische Gleich- und Wechselfelder der Frequenzen 16 Hz, 75 Hz und 100 Hz berichtet Ross [25]. Die jeweiligen Feldstärken betrugen 261 µT, 196 µT und 42 µT bei den Wechselfeldern und 131 µT, 98 µT und 21 µT beim Gleichfeld. Es ergaben sich markant differierende Effekte, die von einer Stimulierung bis zur Unterdrückung der Zellteilung reichten.

Seegal et al. [26] setzten während drei Perioden von 21 Tagen Affen (Macaca nemestrina) elektrischen und magnetischen Feldern der Frequenz 60 Hz aus, die im Bereich zwischen 3 kV/m und 10 µT bis 30 kV/m und 90 µT lagen. Die Ergebnisse wurden mit solchen von Kontrolltieren verglichen. Nach Angabe der Autoren lassen die Resultate absolut keinen Zweifel darüber aufkommen, daß die Felder bestimmte biochemische Vorgänge bei der Funktion des Nervensystems signifikant beeinflussen, also neurochemische Effekte auslösen.

Über einen Fenstereffekt hinsichtlich der Frequenzabhängigkeit bei der Wirkung eines etwa 200 µT starken Magnetfeldes auf menschliche Zellen berichten

Wei et al. [66]. Im Frequenzbereich 15 Hz bis 150 Hz wurde bei einer Bestrahlung mit einem 45-Hz-Magnetfeld eine maximale, nämlich 4mal größere Wirkung im Vergleich zu den Kontrollen festgestellt.

Über die Wirkung eines Magnetfeldes von 20 µT auf Kalziumionen berichten Lyel et al. [67]. Die Versuchsergebnisse deuten nach Meinung der Autoren an, daß schwache magnetische Wechselfelder Kalzium abhängige Funktionen bei normalen und leukämischen Lymphozyten beeinflussen könnten.

Einen wichtigen Hinweis auf die Wirkungsweise des elektrischen 60-Hz-Feldes scheinen die Experimente mit Tieren (Paviane) von Easly et al. [68] zu geben. Im Zusammenhang mit einer Feldbelastung wird folgendes berichtet: 1. In verschiedenen Bereichen zeigten die Tiere eine signifikant geringere Leistungsfähigkeit; 2. Das Verhalten der Tiere war unter Feldeinfluß signifikant beeinflußt; 3. Die Veränderungen im Rahmen der Leistungsfähigkeit der Tiere spiegeln – und dies dürfte im Zusammenhang mit der Feldwirksamkeit von besonderem Interesse sein – eine Streßantwort auf die Feldbelastung wider; 4. Die bei den Tieren festgestellten Veränderungsraten, wie sie sich unter dem Einfluß eines 60-kV/m-Feldes ergaben, waren zwar höher, aber nicht das Doppelte wie bei den Tieren, die unter einem Feldeinfluß von 30 kV/m standen.

4.1.4 Bildschirm

McDonald [27] befaßte sich mit der Frage, inwieweit bei Frauen die Arbeit am Bildschirm einen Einfluß auf die Häufigkeit von Abgängen hat. In Kanada wurden zu diesem Zweck aus einem Zeitraum von zwei Jahren 17 632 Fälle analysiert und abschließend festgestellt, daß die vorliegenden Daten keinen diesbezüglichen Zusammenhang erkennen lassen.

Goldhaber et al. [28] führten eine Erhebung bei Benutzern von Bildschirmen von EDV-Anlagen durch und stellten demgegenüber fest, daß bei einer Benutzung dieser Geräte während mehr als 20 Stunden pro Woche Frauen doppelt so viele Mißgeburten hatten im Vergleich zu denjenigen mit gleicher Tätigkeit, jedoch ohne Aufenthalt vor dem Bildschirm. Diese bei 1 583 Schwangeren durchgeführte Untersuchung ergab bei einer diesbezüglichen Tätigkeit während weniger als 20 Stunden pro Woche kein erhöhtes Risiko.

Hierzu ergänzend erscheint eine Mitteilung von Walinder [29] interessant, der mit Mäusen experimentierte, die unter dem Einfluß eines ähnlich dem durch EDV-Anlagen erzeugten 15 µT starken 20-Hz-Magnetfeldes mit einem Sägezahn-Zeitverlauf (starker Oberwellengehalt ist in diesem Fall gegeben) standen. Auch hier traten ein signifikanter Anstieg der Mißgeburtenrate und eine erhöhte Totgeburtenrate auf.

Tribaukat et al. [30] untersuchten gleichfalls den Zusammenhang zwischen zeitlich sägezahnförmig verlaufenden Magnetfeldern mit geringer Stärke, wie sie typisch durch Bildschirmgeräte erzeugt werden, mit dem Auftreten von Mißbildungen bei Mäusen. Sie stellten ein signifikant (p = 0,02) hohes Auftreten der Erscheinung bei denjenigen Tieren fest, die einem Feld mit einer magnetischen Flußdichte von 15 µT ausgesetzt waren. Dem Frequenzspektrum des abgestrahlten Feldes scheint eine besondere Bedeutung zuzukommen. Interessant sind deshalb Untersuchungen der spektralen Zusammensetzung elektromagnetischer Felder in der Umgebung von Geräten, die mit Bildschirmröhren ausgerüstet sind, gemäß Leuthold [69]. Im Rahmen der Beurteilung der biologischen Wirkung von Hochfrequenzfeldern aus technischer Sicht wird hier der typische spektrale Verlauf des emittierten magnetischen Streufeldes eines Farbfernsehers und eines Bildschirmterminals beschrieben (*Bild 4.6*).

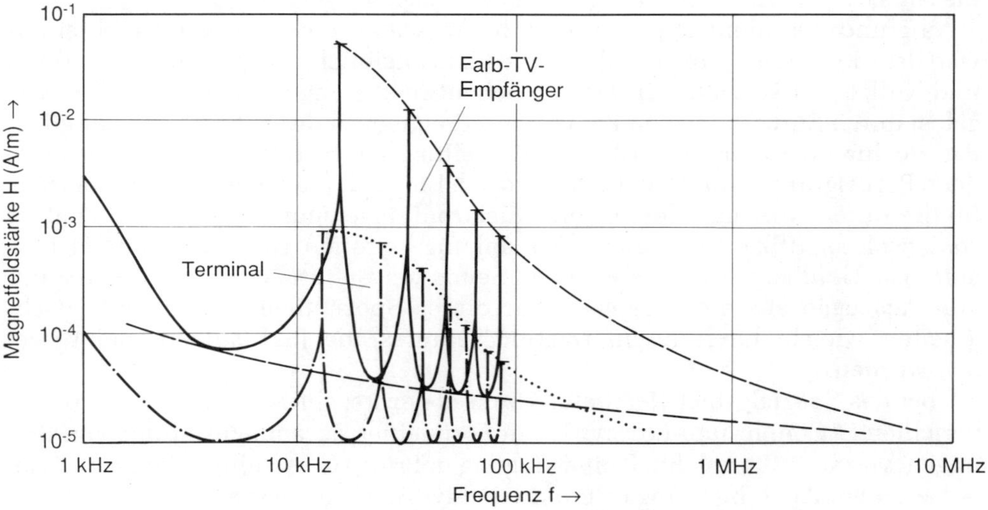

Bild 4.6 Spektraler Verlauf des magnetischen Streufeldes H eines Farbfernsehempfängers beziehungsweise eines Bildschirmterminals in 25 cm Abstand (nach Leuthold [69])

Zur Problematik der von Bildschirmen ausgehenden Strahlung und deren Wirkung sind in Information Ventures Inc. [31] noch sieben weitere Arbeiten aufgeführt, die über unterschiedliche Ergebnisse berichten.

4.1.5 Großstudien

Die extrem vielfältigen Bereiche, in welchen die Feldwirkung interessiert, machen es fast unmöglich, hier den Überblick zu behalten oder gar einen vollständigen Überblick zu geben. Dies alleine schon wegen der Tatsache, daß die

Feldwirkung im gesamten biologischen Gebiet, also bei Menschen, Tieren und Pflanzen interessiert. Waren vor gut 20 Jahren international nur ein oder zwei Dutzend Publikationen pro Jahr in diesem Zusammenhang zu registrieren, so sind es derzeit viele hundert, wie dies unter anderem bis vor kurzem die vierteljährig erschienene Ausgabe von „Biological Effects of Nonionizing Electromagnetic Radiation. A Digest of Current Literature“ von Information Ventures, Inc. [32] mit jeweils 300 bis 500 einschlägigen Publikationen andeutete. Dort wurde die Möglichkeit geboten, sich speziell über derzeit laufende Forschungsarbeiten und über aktuelle neuerschienene Arbeiten anhand von Zusammenfassungen zu informieren. Ferner erfolgen seit mehreren Jahren ausführliche und damit gewisse Schwerpunkte setzende Veröffentlichungen auf diesem Gebiet durch das Journal of the Biomagnetic Society [33].

Aufgrund des immens gestiegenen Interesses an einschlägiger Fachliteratur war das Erscheinen von Fachbüchern unausbleiblich. So befaßten sich Dutta und Millis [34] speziell mit der möglichen Entstehung von Hirntumoren, ausgelöst durch Einwirkung von Feldern mit Frequenzen des Nieder- und vor allem des Hochfrequenzbereichs. Über die Verteilung von Hirntumoren auf verschiedene Berufsgruppen führten die Mitautoren Lin et al. [35] eine epidemiologische Studie durch, wonach Elektro- und Elektronikingenieure wie auch -techniker statistisch signifikant von dieser Erkrankung betroffen sind. Als weiterer Mitautor gab Goldberg [36] dazu einen 87 Seiten langen Literaturüberblick in Form von Auszügen aus einschlägigen, nur dieses Spezialthema betreffende Facharbeiten, wie sie durch die Information Ventures, Inc. [32] laufend herausgegeben wurden.

Über das Spezialgebiet Nervenfunktion, Elektrorezeption und Neurotoxologie berichten O'Connor und Lovely [37] in Form einer Zusammenstellung von Beiträgen, wie sie 1984 anläßlich einer Tagung in Priorij Corsendonk, Belgien, geliefert wurden. Auch hier ging es um die Feldwirkung im gesamten für nichtionisierende Strahlung infrage kommenden Frequenzbereich.

Auf die Krebsfrage, wie sie sich speziell im Zusammenhang mit extrem niederfrequenten elektromagnetischen Feldern darstellt, gingen Wilson et al. [38] ein und bezogen dabei sowohl den energietechnisch-niederfrequenten als auch den hochfrequenten Bereich mit ein. Zusammenfassend wird festgestellt, daß Felder zumindest auf zwei Wegen bei der Krebsentwicklung eine Rolle spielten, nämlich durch Effekte beim Immunitätsverhalten von Zellen und durch direkte Effekte bei Mechanismen, die das Zellwachstum regulieren. Interessant dabei der Hinweis auf Ionen-Zyklotron-Resonanzeffekte durch niederfrequente (ELF) Magnetfelder in biologischen Systemen, im Sinne einer möglichen Wirkungsmechanismus-Erklärung.

Kritisch spricht sich Carstens [39] über angebliche biologische Effekte aus, wie sie im Zusammenhang mit den von Hochspannungsleitungen ausgehenden Feldern zu erwarten sein sollen; daher sei hierauf näher eingegangen: Einleitend erfolgt eine Gegenüberstellung der Pro- und Kontra-Publikationen zur Feldwirksamkeit. Wenn hierbei die Arbeiten Hauf [40] als erste und ausführlich zitiert werden mit der Bemerkung, hier wären „keine Effekte“ bei den untersuchten Gegenständen festgestellt worden, so erstaunt dies, denn in der Originalliteratur (Hauf [40 ... 42]) ist ausdrücklich von „keinen gesundheitsschädlichen Wirkungen“ die Rede, was die festgestellten Wirkungen allgemeiner Art sehr wohl nicht ausschließt.

Aber auch Carstensen [39] weist sehr deutlich auf die Problematik bei den mit positivem Befund vorliegenden Berichten über epidemiologische Untersuchungen hin und führt dabei im weiteren als Bedingung für die Glaubwürdigkeit von vorgestellten Untersuchungsergebnissen zwei Punkte an:

- Als erstes wird eine klare Beziehung zwischen Stärke des Effekts und Stärke des dafür verantwortlichen Feldes erwartet.

Diese Forderung ist jedoch nicht akzeptabel, da bei biologischen Vorgängen sehr wohl mit Nichtlinearitäten in der Dosis-Wirkung-Relation zu rechnen ist (siehe König [8] oder nachfolgend Marino [5]).

- Zum anderen erfolgt die Feststellung, daß auch eine Bestätigung vorliegender Ergebnisse durch Ergebnisse anderer unabhängiger Stellen hinreichend sei.

Dem und vor allem der nachfolgenden Bemerkung ist voll zuzustimmen, wonach damit sogar nicht zu verstehende Effekte glaubwürdig seien, mit der Ergänzung, daß jedoch in jedem Fall die Glaubwürdigkeit mit dem Verständnis eines Phänomens zunehmen würde.

Hierauf basierend erfolgt eine Auflistung bekanntgewordener Arbeiten, getrennt nach elektrischem und magnetischem Feld und jeweils aufgeteilt in „bestätigte“, „wahrscheinliche“ und „unbestätigte“ Feldwirkung. Die Wirkung elektrischer Felder betreffend, wird diese pauschal mit geringer Bedeutung für die Gesundheit eingestuft. Bei Magnetfeldern muß einmal mehr der bekanntermaßen fragwürdige, hier schon angesprochene Vergleich zwischen den jeweils hausintern und bei Hochspannungsleitungen vorhandenen Feldstärkewerten als Gegenargument herhalten. Aus den Ergebnissen der vorliegenden Laboruntersuchungen sind keine Schlüsse zu ziehen, diese müßten deshalb alle erst nochmals wiederholt werden.

Im Rahmen der Diskussion epidemiologischer Untersuchungen enthält eine tabellarische Aufstellung für beruflich Betroffene insgesamt zehn Studien, die energietechnische Felder betreffen, davon sechs mit dem Ergebnis einer Relation „Gruppe unter Feldeinfluß“ zu „Kontrollgruppe“ von mehr als 100 %, was die zu beobachtende Anzahl der Fälle von Leukämie betrifft. Für den häuslichen Bereich sind 11 Studien aufgeführt, davon fünf mit mehr oder weniger positivem Resultat. Die Kommentierung aller vorliegenden Ergebnisse besagt pauschal, es sei unwahrscheinlich, überhaupt epidemiologische Untersuchungen in diesem Bereich aus bekannten Gründen fehlerfrei und eine eindeutige Aussage liefernd durchführen zu können.

Dementsprechend fällt die Schlußfolgerung aus, wonach die Laboruntersuchungen keinen Anhalt für einen Zusammenhang mit einer Erkrankung an Krebs ergäben. Weiter sei die Aussagekraft der epidemiologischen Studien sehr schwach. Da keine brauchbare Arbeitshypothese für die Krebsentstehung durch Magnetfelder existiere, wäre es andererseits schwierig, vernünftige Laboruntersuchungen vorzunehmen. Da nun die diskutierte Magnetfeld-Krebs-Beziehung so schwach ausgeprägt sei, erschiene es wahrscheinlich nicht wert, den nötigen Aufwand für die erforderlichen Klarstellungen zu betreiben beziehungsweise zu vertreten. Es wäre wohl besser abzuwarten, bis die Grundlagenforschung weiter fortgeschritten sei.

Dem außenstehenden Nichtmediziner stellt sich bei einer derartigen Logik unwillkürlich die Frage, mit wieviel finanziellem Aufwand derzeit weltweit mit wieviel Erfolg Krebsforschung betrieben wird und worauf von wissenschaftlicher Seite her die zögerliche Haltung fußt, jede auch noch so geringe Chance aufzugreifen, um auf diesem Gebiet voranzukommen. Zu alledem kommt noch die ethische Komponente: das Experiment mit Menschen (siehe Marino [5]).

Hierzu paßt auch der einseitige Hinweis auf die Aussagen der New York Public Service Commission (Ahlbom et al. [6]), es deute nichts darauf hin, wonach von Hochspannungsleitungen erzeugte elektrische und magnetische Felder irgendwelche Effekte auslösten, die eine Gefährdung für Gesundheit und Sicherheit des Menschen bedeuteten. Kein Wort ist jedoch darüber zu finden, daß in den „Fragen und Antworten" zu diesem Projekt beispielsweise unter „6. Können elektrische und magnetische Felder Krebs erzeugen?" die sehr wohl auch eine andere Information enthaltende Antwort gegeben wird: „Das Hochspannungsleitungenprojekt hat zwei diesbezüglich epidemiologische Studien finanziert – eine den Krebs bei Erwachsenen betreffend, die andere Krebs bei Kindern. Die in Seattle/USA durchgeführte Erwachsenenstudie zeigte keine Beziehung zwischen Krebsfällen und schwachen Magnetfeldern von elektrischen Energieversorgungsanlagen aus der Nachbarschaft. Die Kinderstudie von Denver ergab eine statistisch signifikante Beziehung zwischen Krebsfällen und der Nähe von lokalen Stromversorgungsleitungen."

Mit vielen Übersichtstabellen und 137 Seiten Literaturverzeichnis gibt Carstensen [39] immerhin fast jede Information, die hinsichtlich weiterer Literaturstellen gewünscht werden könnte. Andererseits liegen Informationen vor, wonach er als Sachverständiger für ein US-amerikanisches Energieversorgungsunternehmen mehrfach tätig gewesen sein soll (Brodeur [49]), also als parteigebunden einzustufen ist. Bei dieser Gelegenheit mußte er zugeben, daß keine seiner 116 Veröffentlichungen sich mit gesundheitlichen Auswirkungen von Magnetfeldern befaßt, er jedoch als Physiker seit etwa 10 Jahren vor Gericht Aussagen über gesundheitliche Auswirkungen im Zusammenhang mit Hochspannungsleitungen gemacht hätte.

Aus der Gegebenheit einer rein technisch-physikalischen Fachkompetenz geht Leitgeb [59] auf durch Strahlen, Wellen und Felder bedingte Ursachen und Auswirkungen auf Umwelt und Gesundheit umfassend ein. Greift man den speziellen Bereich der energietechnischen Felder heraus, so wird hier primär im nichtmedizinischen Bereich ein allumfassender Überblick geboten. Die dabei speziell interessierende gesundheitliche Problematik, wie sie sich im Zusammenhang mit elektrischen und magnetischen Feldern darstellt, ist sachlich korrekt und vollständig abgehandelt, zumindest soweit die Fakten gegen eine gesundheitsgefährdende oder -schädigende Wirkung der Felder sprechen. So unterbleibt beispielsweise bei der Bewertung des frequenzabhängigen Grenzwertverlaufs der beiden Feldarten jedoch der Hinweis, daß dieser eben nicht auf Langzeituntersuchungen basiert, offenbar nicht die Wirkung bei älteren oder kranken Personen berücksichtigt, die Frequenzabhängigkeit bei der biologischen Wirkung nicht im Zusammenhang mit dem Oberwellengehalt der Felder würdigt, der im Einzelfall ganz erheblich sein kann (Stichwort „Phasenanschnittsteuerung"), in Österreich beispielsweise die Grenzwerte bereits eine Beeinträchtigung des Wohlbefindens ausschließen sollen, weshalb hier von der Kurve der Wahrnehmbarkeitsschwelle ausgegangen wird, als ob das Wohlbefinden zwangsläufig von einer subjektiv bedingten Wahrnehmbarkeit irgendeiner Wirkung abhängen würde. Kein Wort über einen zu fordernden Sicherheitsfaktor, wie er offenbar in chemischen Bereichen mit 1:100 angesetzt wird, oder daß die Anzahl der Betroffenen bei einem Limit von 0,5 % beispielsweise jetzt in Deutschland immerhin rund 400 000 Personen beträfe. Letztlich auch kein Hinweis auf die offensichtlich nicht zu vernachlässigende und summarisch zu sehende Aussagekraft der inzwischen aus den verschiedensten Ländern in erheblicher Anzahl vorliegenden unabhängigen Untersuchungsergebnisse, die nur einzeln aufgrund ihrer verschiedenen Mängel besprochen und abgewertet werden.

Aus dem üblichen Rahmen deutlich herausfallend ist das über 1 000 Seiten umfassende Buch „Modern Bioelectricity" von Marino [5], denn hier erkennt man das Bemühen, aus medizinischer Sicht alle Fakten zusammenzutragen und offen zu diskutieren, die mit der Wirkung – welcher Art auch immer – elektromagnetischer Strahlung auf das Leben schlechthin zu tun haben. Mit Hilfe von 46 Mitautoren kam dabei ein nicht alltägliches Werk zustande, das die gesamte Bandbreite der Thematik umfaßt, wie sie sich im Rahmen der biologischen Wirksamkeit nichtionisierender elektromagnetischer Felder darstellt.

Geschickt ordnet der Autor die Beiträge seiner Mitautoren seinen eigenen Ausführungen voran, um damit auf die generelle Existenz des Phänomens Feldwirksamkeit hinzuweisen und um diese zu belegen und zu untermauern. So kamen beispielsweise folgende Beiträge und Kapitel zustande: Elektromagnetismus und Leben; Elektromagnetische Energie und die Regulation von Lebensprozessen; Erdmagnetfeld als Navigationshilfe; Elektrische Eigenschaften von Geweben; Elektrofusion von Zellen; Elektrochemische Betrachtungen; Effekte auf die Regenerationseigenschaften von Nerven; Therapeutische Anwendung elektromagnetischer Energie; Elektroakupunktur; Gesundheitsschäden durch elektromagnetische Energie usw.

Im letzten, dem 27. Beitrag, nimmt der Autor zum Problem „aus der Umgebung kommende elektromagnetische Energie und allgemeine Gesundheit" Stellung. Hierunter versteht er die Folgen, wie sie sich durch technische Anlagen ergeben, die vor allem mit der allgemeinen Versorgung mit elektrischem 50/60-Hz-Strom zu tun haben.

Aufgrund der Ergebnisse, wie sie von Tierversuchen vorliegen, wird zusammenfassend festgestellt:

- Der Einfluß elektromagnetischer Felder kann Veränderungen in allen Körpersystemen auslösen, einschließlich Nerven-, Endokrin-, Herzmuskel-, Blut-, Immun- und Reproduktivsystem.
- Die sich in jedem Gewebe oder System manifestierenden Effekte sind weitgehend vom Typ des Feldes unabhängig.
- Die Reaktion des Organismus auf ein elektromagnetisches Feld bestimmt sich durch eine Kombination von Faktoren, mit eingeschlossen die physiologische Vorgeschichte, genetische Veranlagung und Gesamtheit der sich durchsetzenden Umweltbedingungen.
- Durch Felder in Tieren ausgelöste Effekte sind am besten durch Adaption oder Kompensation charakterisiert, denn die Felder zwingen den Organismus, sich mit einem Umweltfaktor auseinanderzusetzen, an den er sich anpassen muß. Lineare Dosis-Wirkungs-Relationen werden dabei im allgemeinen nicht beobachtet.

Der Autor stellt hierzu die Hypothese auf, daß die in diesem Zusammenhang ablaufende Folge von physiologischen Prozessen in einem durch die elektromagnetischen Felder in der Umwelt bedingten chronischen Streß-Reiz-Milieu stattfindet, und belegt dies im weiteren. Er stimmt in dieser Hinsicht mit Lang [44] voll überein, der seine Aussage gleichfalls mit Tierversuchen untermauerte.

Vergleichbare Bedeutung kommt den erst seit kurzem vorliegenden Ergebnissen gemäß einer Studie von Murthy et al. [73] zu. Im Blut von Pavianen, die verschiedenen gemischten elektrischen und magnetischen Feldern ausgesetzt waren, zeigte sich eine statistisch signifikante Veränderung bei der Zahl der weißen Blutkörper und beim „helper/suppressor"-Zellenverhältnis. Obwohl der Bericht über derartige Effekte Prioritätscharakter hat, gleichen die Effekte auffallend solchen, wie sie erst kürzlich bei Aluminiumschmelzern festgestellt wurden. Es wird daher die Vermutung ausgesprochen, daß sich damit eine durch Felder ausgelöste Unterdrückung des Immunsystems andeutet.

Im weiteren befaßt sich Marino [5] mit der in der Literatur vorangehend schon angesprochenen Häufung von Leukämieerkrankungen, die er hiermit in Verbindung bringt (*Tabellen 4.3* und *4.4*) und analysiert. Die Besprechung allgemeiner Gesundheitsaspekte ist der Anlaß festzustellen, daß die prototypische Wirkungsweise eines Streßreizes darin besteht, „Krankheit zu fördern und nicht sie auszulösen", und dies ist die Rolle, welche die Felder beim Entstehen und Überhandnehmen von Krankheiten beim Menschen spielen. Kein spezielles Agens kann genau genannt werden, das irgendeine chronische Krankheit erzeugt. Aus der Umgebung einwirkende Felder sollten daher als ein Bereich von Faktoren angesehen werden, welche die Adaptionseigenschaft von Lebewesen beeinflussen.

Tabelle 4.4:
Überblick über drei verschiedene Studien, Leukämiefälle (bei Milham Todesfälle) bei Männern betreffend, die beruflich bedingt elektromagnetischen Feldern ausgesetzt waren

Autor	Bereich	Leukämiefälle		akute Leukämiefälle	
		beobachtet	erwartet	beobachtet	erwartet
Milham	Washington	136**	92*	60**	36,7
Wright	Los Angeles	35	27,2	23**	13,3
Coleman	England	113**	96,5	45**	35,3

(* $p < 0{,}01$; ** $p < 0{,}05$) (nach Marino [5]).

Auch für Gegenargumente ist Platz. Zur zahlreichen Literatur, die über fehlende Zusammenhänge irgendwelcher biologischer Parameter mit einer Feldwirkung berichten, wird letztlich folgendes bemerkt: „Jedermann könnte irgendwo ein Loch in die Erde bohren, um Öl zu finden, aber die Existenz einer erfolglosen Bohrung ist noch lange kein Beweis dafür, daß es Erdöl überhaupt nicht gibt."

Es ist folglich unlogisch, derartige Studien, die keine Feldeffekte ergaben, als Gegenargument zu verwenden. Letztlich wird noch ein sehr gewichtiges, oft genütztes und vor allem für die USA geltendes Gegenargument angeführt: „Was immer das Risiko durch umweltbedingte elektromagnetische Felder sein mag, es muß akzeptiert werden, denn jede Alternative würde zuviel kosten, die Gesellschaft zerreißen und die nationale Sicherheit gefährden. Die anhaltende Diskussion ist daher endlos."

Zur derzeitigen Situation, wie sie sich durch die Zurückhaltung verschiedener zuständiger Gremien ergibt, trifft Marino [5] folgende interessante Feststellung: „In allen zivilisierten Ländern ist es selbstverständlich, eine unfreiwillige Einflußnahme auf den Menschen zurückzuweisen, also das unfreiwillige Experiment am Menschen abzulehnen. Aber viele gegenwärtige Bestrahlungszustände, wie Leben in der Nähe einer Hochspannungsleitung, stellen genau die Art physikalischer Intervention auf den Menschen dar, welche gesetzlich verboten ist und ethischen Prinzipien widerspricht."

Abschließend und zusammenfassend folgt die entscheidende Feststellung, welche die gegenwärtige Situation nach Ansicht vieler Wissenschaftler offenbar exzellent beschreibt: „Die Existenz einer Verbindung zwischen elektromagnetischen Feldern aus unserer Umwelt und Krankheit wurde bewiesen, trotz der Tatsache, daß in diesem Zusammenhang viele wichtige Einzelheiten ungeklärt übrigbleiben."

4.2 Medizinische Problematik

Es ist derzeit davon auszugehen, daß der Gesamtbereich der gesundheitlichen Konsequenzen, wie sie durch den Aufenthalt in elektrischen und magnetischen Feldern denkbar sind, noch nicht voll und in den nötigen Einzelheiten zu überblicken ist. Dem entspricht auch die derzeitige relativ hohe Aktivität im Bereich der internationalen Forschung auf diesem Gebiet: Slesin [52] und Fitzgerald [47] berichten von wenigstens 22 laufenden epidemiologischen Untersuchungen in Australien, Brasilien, Finnland, Frankreich, Großbritannien, Kanada, den Niederlanden, Neuseeland, der Schweiz, Taiwan und den USA, die ein deutliches Signal für die Aktualität und Brisanz der Thematik setzen. Sobald die hier zu erwartenden Forschungsergebnisse vorliegen, dürften wesentlich klarere Verhältnisse herrschen und die Entscheidungsfällung über eventuell zu

Tabelle 4.5:
In verschiedenen Ländern durchgeführte epidemiologische Untersuchungen über Krebserkrankungen im Zusammenhang mit energietechnischen Feldern in Form einer auf die Wohnung der betroffenen Personen bezogenen Fall-Kontrolle-Studie (nach Ad Hoc Working Group [53])

	Fälle	Kontrollen	Kontrollen-Quelle	Mischkriterien	Beendigung der Daten-Komplettierung
USA-IV	240	24	Bevölkerung	Alter Geschlecht, Rasse	1989
Schweden-II	300 Leukämie 425 Hirnturmor 200 Kinder	2 pro Erwachsenen	Bevölkerung	Alter, Geschlecht, Wohngegend	1991
GB-I	374	588	Geburtsregister	Alter, Geschlecht	1988
Kanada	1500	3000	Bevölkerung	Alter, Geschlecht	1993
GB-II	3700	3700	Krankenhaus-Verwaltung	Alter, Geschlecht, Wohngegend	1990

ziehende Konsequenzen auf den verschiedensten Ebenen hoffentlich dementsprechend erleichtert sein.

Inzwischen hat sich auch eine Ad Hoc Working Group [53] gebildet (Ad Hoc Working Group, c/o Dr. Michel P. Coleman, International Agency for Research on Cancer, 150 Cours Albert-Thomas, F-69372 Lyon Cedex 08, Lyon, France/ Frankreich), die sich damit befaßt, die verschiedenen vorliegenden Studien nachzuvollziehen beziehungsweise laufende oder geplante epidemiologische Untersuchungen zu koordinieren, und Richtlinien zu erarbeiten, um die Ergebnisse vergleichbar zu machen (*Tabelle 4.5*: häuslicher Bereich; *Tabelle 4.6*: beruflich betroffene Personen).

Die Veröffentlichung der Ergebnisse der Studien, wie sie in den *Tabellen 4.5* und 4.6 aufgeführt sind, wird sicher erst eine erhebliche Zeitspanne nach dem

Tabelle 4.6:
In verchiedenen Ländern durchgeführte epidemiologische Untersuchungen über Krebserkrankungen im Zusammenhang mit energietechnischen Feldern in Form einer die berufliche Tätigkeit der betroffenen Personen bezogenen Fall-Kontrolle-Studie (nach Ad Hoc Working Group [53])

	Fälle	Kontrollen	Kontrollen-Quelle	Mischkriterien	Beendigung der Daten-Komplettierung
USA-I	222	687	Firma	Alter, Geschlecht, Jahre der Firmenangegehörigkeit, Status	unbestimmt
Australien	425	850	ausgewählte Personen	Alter, Geschlecht	1991
USA-II	1500	1500	Tumor-Registrierung, alle Krebsarten außer Leukämie und ZNS	keine	1989
Neuseeland	300	300	Tumor-Registrierung, alle anderen Krebsarten	Alter, Diagnose-Jahre	1991
Kanada Frankreich	6000	24000	Firma	Alter, Geschlecht	1992
Schweden-I	200 Hirnkrebs 300 Leukämie	1000	Bevölkerung	Alter, Geschlecht	1991-1992
USA-III	50000 Personen über 20 nachfolgende Jahre				1991

jeweils angegebenen Zeitpunkt für die vermutliche Datenkomplettierung erfolgen. Hier deutet sich ebenfalls an, daß in den kommenden Jahren entscheidende Informationen zur generellen Frage nach der gesundheitsrelevanten Bedeutung energietechnischer elektrischer und magnetischer Felder zu erwarten sind.

Wie diese Informationen vermutlich aussehen werden, hierüber äußerten sich Morgan und Nair [54]. Sie berichten von Privatgesprächen mit Experten, wonach die meisten von ihnen mit 10- bis 60 %iger Wahrscheinlichkeit davon ausgingen, es würde innerhalb der nächsten zehn Jahre klar sein, daß Feldeinwirkung ein signifikantes Gesundheitsrisiko darstelle.

Zur Zeit liefert jedenfalls jedes fachlich fundierte Ergebnis eines im Zusammenhang mit gesundheitlichen Konsequenzen stehenden Forschungsprojektes einen wichtigen Beitrag zur Klärung der noch umstrittenen Situation. Im Sinne einer unabhängigen Forschung ist eine gegenseitig unbeeinflußte Forschung auf internationaler Ebene anzustreben. Die so erzielten Ergebnisse können dann als eigenständige Beiträge bei einer Gesamtbewertung hilfreich sein. Dem Problem der unabhängigen Forschung, die neutral und unvoreingenommen durchzuführen ist, muß dabei besondere Beachtung geschenkt werden.

4.3 Überblick zum Stand der Kenntnisse

Die große Anzahl von Fachpublikationen, die sich schon jetzt zum Thema „biologische Bedeutung elektromagnetischer Felder des energietechnischen Bereichs“ angesammelt hat, deutet bereits auf die ausgesprochen komplexe Situation bezüglich des derzeitigen Wissenstands hin:

- Von der technischen Seite her eine Vielfalt von zu berücksichtigenden Einzelheiten und ein riesiges Spektrum aus medizinischer Sicht,
- Laborexperimente auf der einen Seite und demgegenüber epidemiologische Studien und statistische Erhebungen mit ihren Problemen und Tücken sowie
- letztlich in alle Bereiche hineinwirkend die Gesetze der Statistik, eingeschlossen die Aufgabe, die vorliegenden Ergebnisse ausgewogen zu interpretieren.
- Zu alledem gesellen sich noch die ökologischen und ökonomischen Komponenten der gesamten Thematik. Private, wirtschaftliche, öffentliche und sogar den Staat betreffende Interessen werden tangiert, was insgesamt gesehen einer sachlichen Behandlung der Thematik keinesfalls zuträglich sein kann.

Das allgemeine Bemühen, durch diesen Dschungel einen Durchblick zu erhalten, ist offensichtlich. Im Rahmen des „Congress of the United States Office of Technologie Assessment“ erstellten Nair et al. [45] ein „Background Paper“, das einen umfassenden Überblick zum Thema gibt und insbesondere auf die Arbeiten hinweist, welche über eine Feldwirksamkeit berichten. So werden nach einem einleitenden ersten Kapitel und einem zweiten Kapitel über die technischen Gegebenheiten in eigenen Kapiteln behandelt: Experimente im Bereich von Zellen, Ganzkörperexperimente mit Tieren, Vergleich zwischen Bestrahlung im Labor und der Strahlenbelastung des Menschen, Krebs und elektromagnetische Felder im Zusammenhang mit epidemiologischen Studien, allgemeine Schlußfolgerungen bezüglich biologischer Effekte von niederfrequenten (50 Hz/60 Hz) Feldern und die sich daraus ergebenden Zusammenhänge, Hauptprogramme und Umfang der Mittel für Forschung im Bereich niederfrequenter Felder, staatliche Schutzmaßnahmen und Zulassung maximaler Feldstärkewerte, politisches Verfahren und Forschungsplanung.

Mehr als Übersichtsarbeit gedacht, dementsprechend komprimiert und zur Information für die Allgemeinheit geeignet, sind die Ausführungen von Nair und Morgan [46] in einem Aufsatz von Fitzgerald [47] aufgebaut. Zur Frage, ob nicht derartige Felder ein Gesundheitsrisiko darstellten, wird dort eindeutig festgestellt, daß dies zur Zeit niemand definitiv wisse. Jedoch die gegenwärtig erkannte Möglichkeit, daß dem so sein könnte, erfordere ernsthafte Betrachtungen dieses Problems. Die Befürchtungen würden sich dabei auf Krebs konzentrieren, speziell Leukämie und Hirntumoren, das Auftreten von Mißbildungen bei Neugeborenen sowie im geringeren Ausmaß auch auf Störungen des endokrinen und nervlichen Systems, chronische Depressionen miteingeschlossen.

Die Brücke zum Krebs ergibt sich aufgrund verschiedener epidemiologischer Studien, deren Ergebnisse *Bild 4.7* in Form einer Übersicht eindrucksvoll zeigt. Die hier eingetragenen Angaben sind nach Meinung der Autoren mehr im Sinn einer Anzeige eines Gesamttrends zu verstehen, als daß sie dem detaillierten Verständnis der Feld-Krebs-Beziehung dienten. Dies beruht auf dem Umstand, daß jede einzeln hier aufgeführte Arbeit sich in wesentlichen Punkten gegenüber anderen unterscheidet. Keine dieser Studien kann dabei als Wiederholung einer anderen eingestuft werden.

Sechs der Studien sind vom Fall-Kontrolle-Typ, wobei die Magnetfelder in den Wohnungen von Kindern mit Krebs mit solchen von Kontrollkindern verglichen wurden, in deren Wohnungen schwächere Felder zu messen waren. Insgesamt gesehen deuten die Ergebnisse der verschiedenen Studien nach Meinung der Autoren auf eine schwache, aber eindeutig positive Verbindung zu Krebs, speziell zum Hirnkrebs in Fällen starker Feldbelastung im Rahmen bestimmter beruflicher Tätigkeiten hin. Elf Studien ergaben eine Verbindung zwischen Hirntumoren und der Bestrahlung durch niederfrequente elektromagnetische Felder und zeigten dabei ein relatives Risiko zwischen 1,5 und 8.

In einem eigenen Beitrag spricht Fitzgerald [47] wichtige Randprobleme an. So wird auf die Vermutung hingewiesen, daß betroffene Institutionen und die US-Regierung versuchten, die hier nötige Forschung zu behindern oder zu diskreditieren. Immerhin ist in Florida/USA als erstem Staat neben einer Begrenzung der höchst zulässigen elektrischen Feldstärke jetzt speziell eine Begrenzung für das

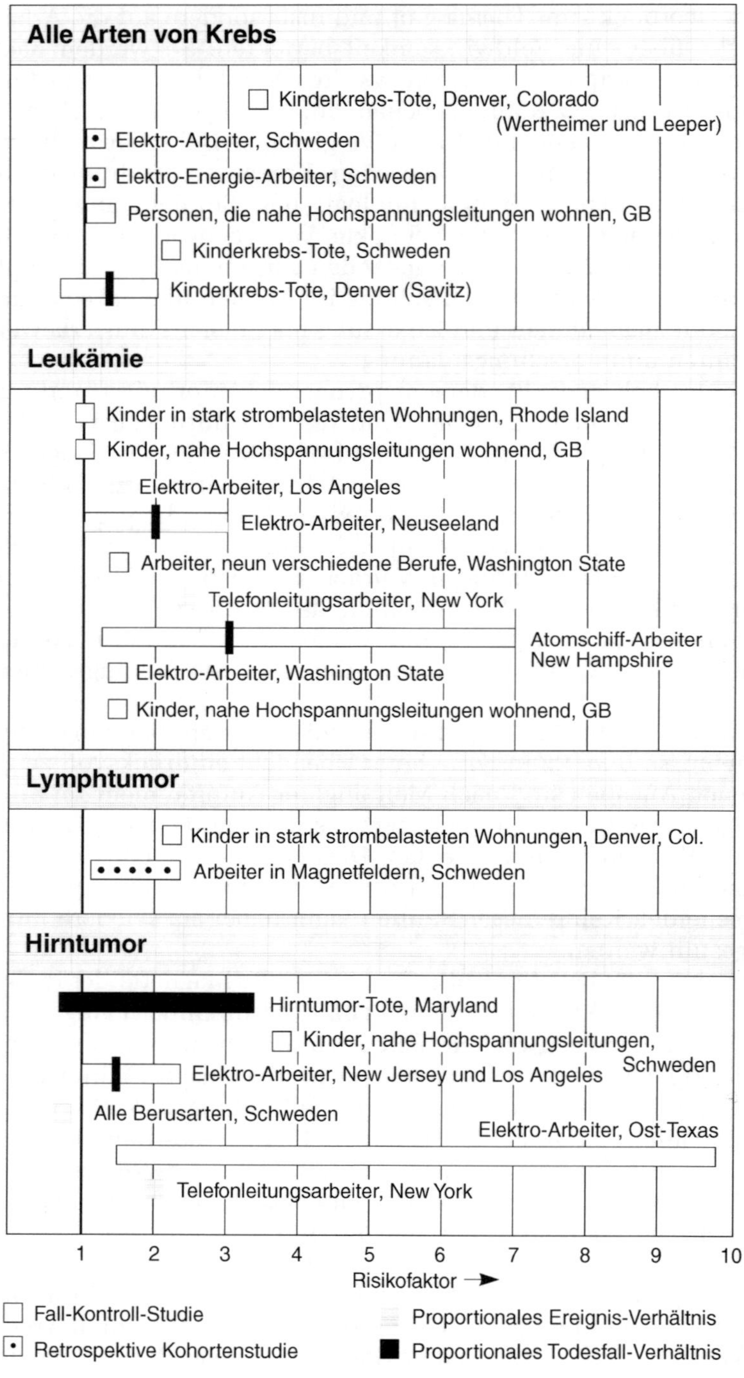

Bild 4.7 Zusammenstellung der Risikofaktoren zu einer Übersicht, basierend auf verschiedenen epidemiologischen Studien, betreffend energietechnische Felder und Häufigkeit des Auftretens von Krebs, aufgeteilt nach verschiedenen Arten von Krebs. Die Balkenlänge beschreibt, falls bekannt, den jeweiligen Streubereich. Die Daten stammen aus der Bevölkerung der angegebenen Länder (nach Fitzgerald [47])

Magnetfeld eingeführt worden: 15 µT für Leitungen bis 230 kV Betriebsspannung und 20 µT für neu geplante 500-kV-Leitungen. Im Januar 1990 führte die International Radiation Protection Association (IRPA) interimsweise neue Standardwerte ein, die auch von seiten der deutschen Behörden übernommen werden sollen: elektrisches Feld 4,5 kV/m, magnetische Induktion 0,1 mT (entspricht einer magnetischen Feldstärke von ca. 100 A/m), jeweils maximal zulässige Werte für die allgemeine Bevölkerung. Diese neuen Werte sind aber immer noch rund fünfmal höher als die üblicherweise im unmittelbaren Trassenbereich von Hochspannungsanlagen vorhandenen. Demgegenüber stehen 0,25 µT (250 nT) starke Magnetfelder, die gemäß der Studie von Savitz [19, 20] mit einem Anstieg der Krebsrate korrelieren.

Aus gegebenem Anlaß sei im Zusammenhang mit der angesprochenen Literatur nochmals auf folgendes ausdrücklich hingewiesen: Wenn im Rahmen der vorliegend behandelten Thematik aus technisch-physikalischer Sicht und somit von medizinisch nicht fachkompetenter Seite auf die Problematik der biologischen Wirkung elektromagnetischer Felder der Frequenz 50 Hz eingegangen wird, so ausdrücklich mit der Absicht, unter Ausklammerung rein medizinischer Fragen zu den vorliegenden Informationen allgemeiner Art und die darum entstandene Diskussion Stellung zu nehmen. Aber auch der Nichtmediziner muß sich letztlich ein Bild machen und eine Meinung bilden, soweit es die Gesundheit der Allgemeinheit betrifft. Dem mit der einschlägigen Fachliteratur Vertrauten kann dabei zweifellos nicht entgehen, daß die hier behandelte Thematik wissenschaftlich gesehen als noch nicht vollständig geklärt einzustufen ist. Hat man sich nun über viele Jahre hinweg mit der Materie befaßt, erkennt man im Hintergrund eine Menge sonst nicht unmittelbar in Erscheinung tretender Probleme und Zusammenhänge allgemeiner Art, die im Rahmen der abzuhandelnden Thematik auch anzusprechen sind, stellen sie doch einen nicht unwesentlichen Teilaspekt der Gesamtproblematik dar.

4.4 Hintergrund der Untersuchungen

Die vorliegenden Arbeiten beschreiben Untersuchungen, die sowohl von einem Zusammenhang zwischen elektromagnetischen Feldern und einer biologischen Wirkung durch diese sprechen, wie auch solche, die über keinerlei Wirkung berichten. Dabei schält sich der Eindruck heraus, daß man die sich mit der Materie befassenden Wissenschaftler offenbar weitgehend in zwei Gruppen unterteilen könnte: eine Gruppe, die vor allem eine „Schädlichkeit“ dieser Strahlung praktisch generell immer noch verneint und damit einer eventuell vorhandenen allgemeinen „Wirkung“ mehr ein akademisches Interesse entgegenbringt, während die zweite Gruppe sich nicht scheut, auch eine Schädlichkeit mit in

Betracht zu ziehen, wenn nicht gar eine solche Möglichkeit als ernst zu nehmend zu vertreten. Extreme Ansichten braucht man hierbei gar nicht erst zu berücksichtigen.

Beleuchtet man den Hintergrund etwas stärker, fallen doch bestimmte Dinge auf. Für die Autoren einiger Arbeiten hat offenbar die Frage nach der „Gesundheitsschädlichkeit" eine gewisse Priorität, denn hier wird üblicherweise zusammenfassend einzig zur Frage der Wirkung dieser Art elektrischer/ magnetischer Strahlung auf den Menschen festgestellt, ob die durchgeführten Untersuchungen diesbezüglich einen Schluß zulassen würden oder nicht. Andere Autoren interessiert mehr die „Wirkung" der Strahlung schlechthin. Als Nichtmediziner wird man dabei aufgeklärt, daß die weitergehende „gesundheitsschädliche Wirkung" nur dann vorläge, wenn die durch die Strahlung ausgelösten Effekte bei den jeweils durchgeführten Untersuchungen Reaktionen beziehungsweise Abweichungen ergeben würden, die außerhalb der physiologischen Normbreite anzusiedeln sind. An einem Beispiel erklärt: Für den Pulsschlag sei beim Menschen eine physiologische Normbreite von 60 ... 80 Pulsschlägen pro Minute angenommen. Steigert sich nun bei einem Probanden bei einem „Feldexperiment" dessen Pulsfrequenz von ursprünglich normalerweise vorhandenen 60 Pulsschlägen pro Minute auf 75 Pulsschläge pro Minute, so liegt diese statistisch womöglich signifikante Zunahme noch innerhalb der physiologischen Normbreite. Somit wäre die dabei in einer bestimmten Art eingesetzte Strahlung in diesem Fall als nicht gesundheitsschädlich wirkend einzustufen. Für einen davon Betroffenen stellt sich aber dann die Frage, ob er mit einer derartigen Erhöhung seines Pulsschlags (zum Beispiel durch eine in der Nähe vorhandene Hochspannungsleitung) einverstanden sein will (oder gar muß), da sie ja im Sinne dieser Interpretation als nicht gesundheitsschädlich angesehen wird.

Zweifellos ergeben sich immer Schwierigkeiten, wenn auf wissenschaftlichem Gebiet unerfahrene Personen versuchen, sich einen Einblick in ein derart kompliziertes Gebiet zu verschaffen. Aus wissenschaftlicher Sicht mag sich auch oft die Frage nach der Verantwortung stellen, wenn durch entsprechend gewählte Formulierungen womöglich die Gefahr einer Panikmache entstehen könnte. Der Fall Tschernobyl stellt hier geradezu ein klassisches Beispiel dar.

So befaßt sich eine aus dem rein technischen Bereich kommende Publikation ausführlich mit der Thematik „Beeinflussung der Umwelt durch elektromagnetische Felder". Dementsprechend sind die fachbezogenen technisch-physikalischen Ausführungen von bester Qualität. Unabhängig hiervon fällt jedoch auf:

Es werden trotz mangelnder Fachkompetenz eigenständige Bewertungen rein medizinischer Probleme vorgenommen, zum Beispiel über die Einflußmöglichkeiten elektromagnetischer Felder, und eine schwedische Mäusestudie wird als „selbst im eigenen Land auf große Skepsis stoßend" ohne sachliche Begründung abgetan, mit der zusätzlich medizinisch wertenden Bemerkung, es wären wohl eher „die Faktoren Streß, Körperhaltung, Beanspruchung des Geruchssinns oder Schallimmissionen als Ursache zu vermuten".

Im Zusammenhang mit der Feststellung von Feldeinflüssen liest man: „. . . heißt dies aber noch lange nicht, daß dies schädliche Folgen für die Gesundheit bedeutet. Es erhöht sich zum Beispiel bei sportlichen Leistungen die Pulsfrequenz des Herzens nicht unerheblich, und die resultierenden Änderungen des Hormonhaushaltes und des Stoffwechsels sind bestens bekannt. Dennoch wird die Ausübung von Sport allgemein als gesund angesehen.“ Mit dieser Aussage wäre eine Rechtfertigung gegeben, von einer Person, die beim Schlafen in einem Haus nächst einer Hochspannungsleitung durch die Feldeinwirkung besagte „nicht unerhebliche Erhöhung der Pulsfrequenz“ erleidet, zu verlangen, diesen Umstand womöglich noch „als gesund“ einzustufen. Als einer der Kronzeugen für die Ungefährlichkeit von 50-Hz-Feldern wird dabei ein Autor aus einer offensichtlich nicht völlig unabhängigen Institution zitiert.

Zusammenfassend erfolgt die Feststellung: „ ... entscheidend ist aber das Gefährdungspotential im Vergleich zu anderen natürlichen oder künstlich geschaffenen Bedrohungen.“ Hier muß sich wohl die Frage stellen, ob es ethisch vertretbar ist, „vergleichend“ zu werten, ob also eine Gefährdung einzelner Personen hinzunehmen ist, weil ja vergleichsweise in anderen Bereichen wesentlich höhere Gefährdungspotentiale vorhanden sind. Ähnliche Diskussionen werden offenbar auch in den USA geführt (Fitzgerald [47]).

Im Ziel vergleichbar sind die aus dem Institut zur Forschung elektrischer Unfälle stammenden Ausführungen von Kieback [48], der die Wirkung elektromagnetischer Felder auf den Menschen und die Situation der problemrelevanten Forschung in der Bundesrepublik unter der Berücksichtigung der Befunde im Ausland in der Sicht dieses Instituts behandelt, das unter anderem auch für die sich bei der Errichtung von Hochspannungsleitungen ergebenden Probleme zuständig ist. Hier fällt einmal mehr die Relativierung der Feldstärke auf, wie sie beispielsweise für die „Normalbevölkerung“ gilt: Auch Magnetfelder, die auf die „Normalbevölkerung“ im Sinne eines (technisch bedingten) Umweltfaktors einwirken, sind in ihrer Intensität sehr gering. Die magnetische Induktion wird in der Größenordnung von 0,1 µT bis zu einigen µT im normalen Wohnbereich von Haushaltungen liegen (diese Werte treten sehr wohl im Nahbereich verschiedener Haushaltsgeräte usw. im eingeschalteten Zustand auf).

Auch unter Freileitungen ist in den der „Normalbevölkerung“ zugänglichen Bereichen nicht mit Werten der Induktion über 50 µT zu rechnen. Dies ist sachlich richtig, könnte aber im Zusammenhang mit einer Betrachtung über die Feldwirksamkeit als Irreführung angesehen werden. Wie schon an anderer Stelle festgestellt wird: Bei einer solchen Bewertung wird nämlich der entscheidend wichtige Zeitfaktor im Sinne einer Bestrahlungsdosis überhaupt nicht berücksichtigt. Geht es jedoch um die Auswirkung von Magnetfeldern bis zu 100 mT, wie sie in der Umgebung elektrischer Betriebsmittel und Anlagen in der Industrie möglich sind, erfolgt auf einmal eine Relativierung solcher Feldstärkewerte, „die als mögliche Einflußgrößen zeitweise auf die Beschäftigten am Arbeitsplatz einwirken.“

Sogar die zusätzlich zu den bei Haushaltsgeräten angegebenen Werte für die magnetische Induktion im 30-cm-Abstand – von 0,5 µT bei einer Glühlampe, bis zu 40 µT bei einem Heizlüfter – als Vergleichsgröße hinzugefügte Stärke des statischen Magnetfeldes der Erde von 40 µT ist unter diesem Gesichtspunkt zu bewerten:

> Der statische Luftdruck, wie er durch die Lufthülle um die Erdkugel bedingt ist, beträgt rund 1013 hPa (Hektopascal; 1 hPa = 100 Pa = 1 mbar); extrem lautem und damit an die Schmerzgrenze heranreichendem Schall (ab 120 dB) ist eine Druckamplitude im Bereich von 0,1 ... 1 hPa (0,1 ... 1 mbar) zuzuordnen. Wohl niemand kommt auf die Idee, solchen im Hörbereich liegenden 120-dB-Schall (Wechselfeld) als etwas völlig Unbedenkliches hinzustellen, mit der Begründung, daß ja sogar der um rund drei Größenordnungen stärkere statische Luftdruck für den Menschen auch als völlig „normal" eingestuft wird.

Im Zusammenhang mit dem Begriff „elektrisches Feld" wird festgestellt, daß das Feld auf der Körperoberfläche fast gänzlich zusammenbrechen und kaum in den Körper eindringen kann. Die hier gegebenen physikalischen Zusammenhänge sind jedoch nicht so einfach auf einen Nenner zu bringen, worauf schon hingewiesen wurde (Polk [4]). Aufgrund theoretischer Überlegungen deshalb zu erklären, befindlichkeitsverändernde oder gar gesundheitsschädliche Auswirkungen auf den menschlichen Organismus seien durch das elektrische Feld nicht zu erwarten, erscheint recht fragwürdig.

Es folgt die Bewertung epidemiologischer Studien im Zusammenhang mit Untersuchungen an Personen, die beruflich elektromagnetischen Feldern ausgesetzt sind, und an Bevölkerungsgruppen, die in der Nähe von Hochspannungsanlagen oder ganz allgemein in der Nähe elektrischer Anlagen längere Zeit leben: In Deutschland hat man solche Untersuchungen nur in kleinem Umfang zur Überprüfung eventueller Langzeiteffekte durch die von Freileitungen ausgehenden Felder durchgeführt (da Laborversuche am Menschen nur kurze Expositionszeiten zulassen und diese Frage mit solchen Ergebnissen nicht beantwortbar ist). Daraus ist dann aber zu folgern, daß die lange Liste von vorangestellten Ergebnissen von Laboruntersuchungen über die Feldwirkung keinesfalls für den Schluß herangezogen werden kann, derartige Felder seien generell harmlos, denn in den meisten interessierenden Fällen steht gerade die Langzeitexposition zur Diskussion. Wenn somit im Zusammenhang mit den kurzzeitigen Laborversuchen eine Schädigung durch das elektrische Feld einerseits ausgeschlossen und eine Beeinflussung der Befindlichkeit oder gar eine krankheitserzeugende Wirkung von magnetischen 50-Hz-Feldern bis zu Flußdichten von 5 mT als nicht zu erwarten erklärt wird, ohne diese Aussage eindeutig auf eine Kurzzeitexposition zu beschränken, muß dies wohl als Irreführung empfunden werden.

Noch deutlicher tritt die hier vertretene Tendenz durch das Postulat im Zusammenhang mit Studien über die Häufigkeit von Krebs hervor: „Als Ursache der erhöhten Krebsrate wurde das Magnetfeld *angeschuldigt*". Dieser wohl im juristischen Sprachgebrauch übliche, aber sonst als tendenziös zu empfindende Ausdruck fällt in einer naturwissenschaftlich einzuordnenden Abhandlung als echter Fremdkörper auf.

Weiter wird im Zusammenhang mit diesen Studien Schaefer [49] als der leitend verantwortliche medizinische Berater der Berufsgenossenschaft der Feinmechnik und der Elektrotechnik zitiert: „Ein grundsätzlicher Einwand gegen die Befunde aller epidemiologischen Studien liegt in der Tatsache, daß es bislang keine Modelle gibt, die die Krebsentstehung durch Felder verständlich machen könnten. Ohne ein Modell eines möglichen Kausalzusammenhangs ist die Zusammenhangsfrage nicht begründbar, weil jeder epidemiologisch festgestellte Zusammenhang an sich beliebig interpretierbar bleibt." Dieses Argument könnte womöglich überholt sein, denn inzwischen wird ein physikalischer Mechanimus für eine Resonanz bedingte Wechselwirkung schwacher Magnetfelder mit biologischen Systemen von Lednew [70] postuliert. Demnach spielt die Zyklotronfrequenz – nebst Subharmonischen und Oberwellen – von Ca_2-Ionen eine wichtige Rolle. Die vorgeschlagene Theorie ermöglicht für die meisten der experimentell beobachteten Effekte eine quantitative Erklärung. Vom Grundsätzlichen ist aber dem Mediziner Schaefer [49] zweifellos zuzustimmen. Erhebliche Bedenken sind jedoch zu der hier mitenthaltenen Ausschließlichkeit anzumelden. Es kann aus Gründen der menschlichen Vernunft nicht angehen, nur alleine wegen eines fehlenden Denkmodells in jedem Fall einen möglichen Zusammenhang auszuschließen. Das mag zwar ein Grund sein, bei derartigen Studien in der Bewertung der Ergebnisse strengere Maßstäbe anzulegen, als dies sonst üblich ist. Hier wird jedoch der Eindruck erweckt, daß ohne Denkmodell auch kein Zusammenhang existieren könne. Gerade der Nichtmediziner denkt bei solchen aus dem medizinischen Lager kommenden Aussagen an das weltweit bis auf einige Ausnahmen noch ungeklärte Krebsproblem. Wären hier die richtigen Denkmodelle vorhanden, würde die medizinische Forschung sicher schon wesentlich weiter voran sein. Die Krankheit existiert – trotz fehlendem Denkmodell – und den an Krebs erkrankten Menschen helfen solche Überlegungen und Argumente leider wenig.

4.5 Abschließende Feststellungen

Die in der Zusammenfassung von Kieback [48] herausgestellten Verdienste, welche die Berufsgenossenschaft auf dem hier angesprochenen Gebiet zwischenzeitlich erworben hat, sind voll anzuerkennen. Die geförderten und veranlaßten Untersuchungen ergaben immer wieder wesentliche neue Erkenntnisse. Nur die als recht einseitig zu empfindende Interpretation vorliegender Arbeiten und Fakten aus der nationalen und internationalen Szene ist irritierend. Was soll eine „langjährige Lebenserfahrung" bei der Begründung im Rahmen eines naturwissenschaftlichen Problems und als Mitbegründung dafür, daß elektrische und magnetische Felder im Einflußbereich von Anlagen der elektrischen Energieversorgung bis zu den vorstehend (in der Arbeit) genannten Grenzwerten gesundheitlich unbedenklich sind. Man glaubt fast, die Furcht herauszufühlen, die angesprochenen derzeit laufenden vielen ausländischen Studien könnten für die Energiewirtschaft weitere Probleme ergeben. Technische Probleme stellen für alle in diesem Bereich Arbeitenden immer eine Herausforderung dar, die es gilt anzunehmen, um die Probleme technisch zu lösen. Im wirtschaftlichen Bereich scheint sich die Problemlösung aber manchmal in anderen Ebenen abzuspielen.

Was vorangehend aus der Sicht des Technikers behandelt wird, geht Schaefer [50] von der medizinischen Seite her an. Im „Deutschen Ärzteblatt" informiert er die medizinischen Kollegen über gesundheitsrelevante Zusammenhänge, wie sie sich beim elektrischen Strom darstellen, mit der einleitenden Feststellung, unsere Sinnesorgane würden uns melden, wenn wir bestimmten Einwirkungen der Umwelt ausweichen müßten. Aber den Einwirkungen menschengemachter Strahlungen und insbesondere elektrischer Kräfte sind wir schutzlos, warnungslos preisgegeben, denn kein Sinnesorgan meldet sie uns. Dieser Umstand ist im Zuge eines sich schärfenden Umweltbewußtseins als Quelle der derzeit nur als hysterisch zu bezeichnenden Reaktion anzusehen. Die großen Verdienste von Schaefer im Zusammenhang mit der Erforschung von Schäden, die durch den Körper unmittelbar fließende elektrische Ströme erzeugen, sind groß und nicht übersehbar. In diesem Bereich hat offenbar die Vorstellung ihren Ursprung, wonach die aufgeregte Diskussion in der Öffentlichkeit nach Meinung von Schaefer [50] elektromagnetische Felder beträfe, die nicht einmal mit dem „Finger spürbar" seien, wie es der Strom ist, wenn man an die Stromführung einer Steckdose faßt. Solche Argumenationshilfe überrascht einigermaßen, stellt sich doch hier selbst für den Nichtmediziner die Frage, warum es dann bekanntermaßen nicht sinnvoll erscheint, beispielsweise einen stark radioaktiven Gegenstand in die Hand zu nehmen, obwohl dabei mit den Fingern auch „nichts spürbar" ist.

Von Rundfunk- und Radarantennen abgestrahlten Feldern wird eine problematischere Diskussion zugestanden. Würde nämlich diese Strahlung eine Intensität haben, welche im Körper, der ihr ausgesetzt ist, Wärme erzeugt, so ist die Erwärmung natürlich schädlich, sobald sie 7 ... 8 K übersteigen würde. Hieraus müßte man schließen, daß eine Körpertemperatur bis 44 °C folglich noch nicht schädlich ist.

Weiter wird berichtet, daß es bündig widerlegt sei, von Bildschirmen wäre Gefahr für die Leibesfrucht Schwangerer in Form von Mißbildungen zu erwarten. Dies ist zweifelsohne beruhigend, wenngleich hier der Vergleich irritiert, hinter Bildschirmen an Büroarbeitsplätzen würde die Gefahr vermutet, wo doch jedes Fernsehgerät dieselben Gefahren bieten müßte. Bekanntlich ist bei solchen Strahlungen die am „Tatort" vorhandene (elektrische und/oder magnetische) Feldstärke das Maß aller Dinge; sie nimmt in solchen Fällen mit der zweiten oder dritten Potenz mit der Entfernung von der Strahlungsquelle ab, ist also besonders stark von der Entfernung abhängig, in der sich betroffene Personen von diesen Geräten üblicherweise befinden. Wer sitzt aber schon in einem PC-Bedienungsabstand von 30 ... 40 cm den ganzen Abend vor dem Fernseher?

Letztlich spricht Schaefer [50] die durch Magnetfelder entstandene ungewöhnliche Situation an und stuft hierzu den wissenschaftlich fundierten Informationsstand treffend als unklar ein: „Zunächst widersprechen sich die Ergebnisse epidemiologischer Untersuchungen total. Dann besagt ein epidemiologischer Befund nichts, solange nicht ein Modell der behaupteten Wirkung vorliegt". Auf das Problem, einer theoretischen Erklärbarkeit eine Priorität vor dem praktischen Befund zu geben, wurde bereits an anderer Stelle eingegangen. Der hier außerdem angesprochene Widerspruch bei den Ergebnissen hat aber offenbar nie zumindest grundlegend bestanden: Schaefer selbst führte anläßlich des 10. Internationalen Kolloquiums der Sektion Elektrizität der internationalen Vereinigung für soziale Sicherheit (IVSS) für die Verhinderung von Arbeitsunfällen und Berufskrankheiten durch Elektrizität und der Allgemeinen Unfallversicherungsanstalt am 22. November 1990 im Kongreßzentrum Hofburg, Wien, vor versammeltem internationalen Auditorium im Rahmen seines Vortrags „Bewertung epidemiologischer Studien" etwa wörtlich aus: „Es ist nicht zu widerlegen, daß ein sehr kleines Krebsrisiko besteht, da alle der vielen vorliegenden Studien Risikozahlen größer oder gleich 1 aufweisen. Wenn kein Zusammenhang vorhanden wäre, dann müßte man diese um den Wert 1 streuen."

Dieser hier angesprochene Umstand, wie er auch in *Bild 4.7* deutlich zum Ausdruck kommt, war jedoch schon immer erkennbar; einzig die Anzahl der vorliegenden Ergebnisse von Studien hat dabei mit der Zeit zugenommen und diese Tendenz immer mehr verdeutlicht.

Inzwischen erschien der Schlußbericht zu diesem Kolloquium. Er enthält eine Vielzahl von interessanten Arbeiten über die Wirkung netzfrequenter elektrischer und magnetischer Felder, aber auch über den Schutz vor gefährlichen Körperströmen über hochfrequente elektromagnetische Felder, über die Strahlenbelastung am Bildschirmarbeitsplatz und über aktuelle Probleme des Strahlenschutzes. Schaefer [71] bestätigt in diesem Schlußbericht seine neuerliche Einstellung im Rahmen einer Bewertung epidemiologischer Studien. Die Basis solcher Studien stellen demnach die Verhältniswerte O/E -(Observed/ Expected) als Risikofaktor und OR (Odds Ratio) als relativierten Risikofaktor dar (siehe auch *Tabelle 4.7*). Nimmt der Quotient OE-Werte deutlich über 2 an, ist ein kausaler Zusammenhang zwischen Feldeinwirkung und Erkrankung relativ wahrscheinlich, falls ein hinreichend großes Datenmaterial zur Verfügung steht. Dies spielt bei der statistischen Auswertung derartiger Untersuchungsergebnisse eine bedeutende Rolle. Im Fall der vorliegenden Befunde könnten diese bei einer Wahrscheinlichkeit von etwa 5 % auch zufällig sein, sie müssen es aber offensichtlich nicht zwingend. Unter diesen Umständen bleibt beim derzeitigen Wissensstand für den einzelnen ein gewisser Spielraum für eine persönliche, subjektive Einschätzung der Situation. Weiter wird in dieser Arbeit auf die Bedeutung der Dosis-Wirkungs-Beziehung hingewiesen, da die Beweiskraft einer Studie wachsen würde, wenn ein Modellexperiment den Zusammenhang ver-

Tabelle 4.7
Anhand des Zahlenbeispiels für an Leukämie erkrankter Kinder sind für vier (i = 1,2,3,4) Bereiche der jeweiligen magnetischen Induktion B_i (nT) die sich aufgrund der Anzahl beobachteter (O_i) und erwarteteter (E_i) ergebenden $(O/E)_i$-Werte berechnet. Hierbei wird der Erwartungswert (E_i) auf den Beobachtungswert (O_i) normiert, gemäß $E_i = (36/192)n_{iK}$, oder allgemein $E_i = (NO/NK)n_{iK}$. Die Berechnung des jeweiligen Odds Ratio $(OR)_i$ ergibt sich aus einer entsprechenden Relativierung der $(O/E)_i$-Werte, so daß der für den Bereich mit der geringsten magnetischen Induktion B_1 (0–<65 nT) geltende $(O/E)_1$-Wert (0,92) den $(OR)_1$-Wert 1,00 annimmt, also $(OR)_i = (O/E)i/(O/E)_1$ (nach Schaefer [71]).

	An Leukämie erkrankte Kinder				
	Anzahl (n_i O, E)		(O/E)i	Odds	Kontroll-gruppe (K)
Induktions-bereich (nT)	Beobach-tet (O_i)	Erwartet (E_i)		Ratio $(OR)_i$	Anzahl (n_{iK})
0 - < 65	21	22,8	0,92	1,00	122
65 - <100	4	4,9	0,82	0,89	26
100 - < 250	7	6,2	1,13	1,23	33
250 und mehr	4	2,1	1,94	2,11	11
Insgesamt ($N_{O,E,K}$)	36	36,0	1,00	1,09	192

ständlich macht, sowie Cofaktoren entsprechend berücksichtigt werden: Es seien nach Sawitz krebsauslösend die Verkehrsdichte in der an der Wohnung vorbeiführenden Straße, vorausgegangene Umzüge, das Rauchen von Müttern während der Schwangerschaft, Einkommen und Bildung von Vätern erkrankter Kinder und das Alter der Mütter. Desweiteren werden die inzwischen allgemein diskutierten unbestrittenen Schwierigkeiten bei epidemiologischen Untersuchungen behandelt und schließlich festgestellt, daß das Problem der Krebsgefahr durch Magnetfelder derzeit nicht lösbar ist. Da man bei den vorliegenden verschiedenen Untersuchungsergebnissen statistisch gesehen gerade an der vertretbaren Nachweisgrenze liegt, spielt die Anzahl der für eine Auswertung zur Verfügung stehenden Fälle eine besondere Rolle. Nach Schaefer [71] kompensiert sich dieser Mangel der kleinen Zahl auf die Dauer ein wenig durch die wachsende Zahl der inzwischen vorliegenden Studien. In diesem Zusammenhang wird die schon anläßlich des Vortrags gemachte Aussage wiederholt und auf den Umstand hingewiesen, wonach viele Studien relative Risiken angeben, die über 1 liegen. Reine Zufallsergebnisse sollten nach beiden Seiten um 1, also zu größeren und kleineren Werten hin streuen.

Zitat: *Es ist also nicht zu widerlegen, daß sehr schwache Wirkungen existieren.*

4.6 Erwartungen und Perspektiven

Begründet durch den Umstand, daß die hier angesprochene Thematik offensichtlich auch von der mit einem eigenen Stil arbeitenden „Regenbogenpresse" im steigenden Maße aufgegriffen wird und weil alles die Gesundheit des Menschen betreffende leicht ins schräge Licht der Sensationsmacherei gerät, wächst in zunehmendem Maße die Sorge der Bevölkerung, hier aus „bestimmten Gründen" nicht die volle Wahrheit zu erfahren, die alleine schon deswegen eine „schlechte Wahrheit" sein muß. Den Gegenpol hierzu bilden die davon betroffenen Unternehmen. Aus naheliegenden Gründen wird unterstellt, daß sie die vorliegenden Informationen vorwiegend oder sogar selektiv einseitig im Sinne einer Verharmlosung interpretieren. Dazwischen wird die Wissenschaft angesiedelt, zumindest soweit sie unabhängig ist und damit nicht in ihren ureigensten Forschungsbereichen womöglich negativ tangiert wird.

Resümiert man, was die Auswirkungen des elektrischen Stroms betrifft, so muß man derzeit mit einem von Schaefer [50] und vielen anderen Experten festgestellten uneinheitlichen Bild fertig werden. Einerseits wird von diversen Effekten berichtet, so z. B. von Laborexperimenten, deren Ergebnisse nicht ohne weiteres bezweifelt werden können und die eindeutig auf eine Feldwirkung hinweisen. Die dort benutzten Feldstärkewerte liegen jedoch etwa um den Faktor 100 über den Werten, wie sie üblicherweise in Haushalten usw. vorhanden sind. Viele Untersuchungen ergaben daneben im Zusammenhang mit dem Einfluß elektrischer und/oder magnetischer Felder der Frequenz von 50/60 Hz keine Wirkung auf den Menschen oder auf biologische Systeme. Gesundheitsschädliche Einflüsse könnten sich nach Expertenmeinung allenfalls im Rahmen epidemiologischer Untersuchungen abzeichnen (Fitzgerald [47]), Erkenntnisse also, die auf rein statistischer Ebene gewonnen wurden. Jedoch auch in diesem Bereich ist bislang kein einheitliches Bild vorhanden (*Bild 4.7*). Außerdem sind bei den hier gegebenen Feldstärkewerten (weniger als 1 A/m entsprechend rund 1 µT) wiederum keine oder zumindest keine wesentlichen Laboreffekte nachweisbar. Bei Tierexperimenten ergibt sich darüber hinaus noch folgende Schwierigkeit: Nicht in jedem Fall sind die dabei erzielten Erkenntnisse auf den Menschen zu übertragen, oder die nötigen Untersuchungen im Tierexperiment sind noch nicht durchgeführt. Als Konsequenz hiervon bezeichnet Marino [5] die derzeitige Situation als durch *„Experiment am lebenden Menschen"* gekennzeichnet. Man beobachtet und forscht weiter, ohne in irgendeiner Form aus den bisherigen Kenntnissen Konsequenzen zu ziehen. Die epidemiologischen Untersuchungen sind wissenschaftlich umstritten oder werden zumindest diskutiert. Hinweise auf Verfahrensmängel usw., wie sie bei den Erhebungen festzustellen seien, lassen die vorgelegten Ergebnisse nach Meinung anderer Experten nämlich fragwürdig erscheinen. Eines dürfte jedoch klar sein: Eine im medizinischen Sinn absolute, als gravierend zu bezeichnende Schädlichkeit ist im Rahmen der zur Diskussion stehenden Belastung offensichtlich keinesfalls zu erwarten, dagegen spricht zumindest bis jetzt noch der derzeitige Wissensstand.

An dieser Einschätzung der derzeitigen Situation kann auch die eigentlich schon überholte Stellungnahme der Strahlenschutzkommission [51] nichts ändern, die sie anläßlich einer Klausurtagung von 7. - 9. Dezember 1988 erarbeitete, deren Ergebnisse aber dann erst 1990 veröffentlicht wurden. Unabhängig hiervon wirkt es reichlich irritierend, wenn ein Mitglied der „Berufsgenossenschaft der Feinmechanik und Elektronik“ (N. Krause) als gleichzeitiges Mitglied der Strahlenschutzkommission sich über „Sicherheit bei elektromagnetischen Feldern – Grenzwerte für Feldstärken zum Schutz von Personen im Frequenzbereich von 0 Hz bis 30 kHz DIN VDE 0848 Teil 4“ ausläßt und im Zusammenhang mit diesen Grenzwerten erklärt: „Das Auftreten von Langzeiteffekten und Spätwirkungen wird für unwahrscheinlich gehalten, weil bei vielen Anwendungen im Bereich der technischen Frequenzen auf lange Zeit viele Personen exponiert worden sind, ohne daß negative Auswirkungen entdeckt wurden.“ Statistik ist hier offenbar nicht gefragt und überflüssig.

Diese reichlich komplexe Situation hat schon vor längerem Professor Bengt Knave, Head of the Section for Occupation Neuromedicine, National Institute of Occupation Health, Stockholm, Schweden, anläßlich eines Vortrags bei der Gesellschaft für Strahlungsforschung (GSF) in München-Neuherberg im Februar 1988 treffend aufgrund seiner Literaturrecherche charakterisiert. Demnach könne derzeit die Unschädlichkeit der Energiefelder nicht mehr in jedem Fall als gesichert gelten. Zur selben Ansicht kamen auch andere Stellen (z. B. Ahlbom et al. [6], Marino [5], Nair et al. [45] und jetzt auch Schaefer [50], [71], wie oben vermerkt).

Unter Würdigung aller vorliegenden Informationen ist insgesamt gesehen zur Frage der Wirkung oder gar der Gesundheitsschädlichkeit elektrischer/magnetischer Felder, wie sie dem energetischen Bereich (50 Hz, ggf. auch 16 2/3 Hz) zuzuordnen sind, zwar davon auszugehen, daß unter Zugrundelegung streng wissenschaftlicher Maßstäbe eine Gesundheitsschädlichkeit bislang als nicht bewiesen gelten kann. Nach statistischen Gesichtspunkten ist jedoch eine Nullhypothese nicht möglich, wonach die Gesundheitsunschädlichkeit solcher Strahlung praktisch in jedem Einzelfall garantiert ist. Es nehmen sogar die Stimmen selbst kritischer Mediziner deutlich zu (siehe Kap. 4.4, Aussagen Schaefer [50], [71] hierzu), wonach insbesondere im Zusammenhang mit den Ergebnissen der verschiedenen epidemiologischen Studien zumindest bei einer langfristigen Exposition die Gesundheitsschädlichkeit ganz allgemein nicht mehr mit letzter Sicherheit auszuschließen ist.

5 Konsequenzen

5.1 Ethische Problematik

Es erscheint sinnvoll und aufgrund des derzeitigen Wissensstandes gerechtfertigt, eine möglichst international besetzte Kommission mit der Klärung der ethischen Komponente des Problems zu beauftragen. Es kann nicht angehen, daß hier Wertungen, die gerade aus den davon unmittelbar tangierten Bereichen kommen, Maßstäbe setzen. Folgendes gilt es zu klären:

- Was ist einer Gruppe von Menschen, was ist insbesondere dem einzelnen Menschen im Interesse der Allgemeinheit gegebenenfalls an Belastung, Belästigung oder gar an Beschwerden oder Krankheit zuzumuten?
- In diesem Zusammenhang könnte zumindest versucht werden zu definieren, wo die Grenze zwischen Effekt, Wirkung allgemeiner Art oder Beeinträchtigung der Lebensqualität einerseits und einer Schädigung bzw. schädigenden Wirkung andererseits unter Berücksichtigung der statistisch relevanten Zusammenhänge anzusiedeln ist.
- Insbesondere müßte dabei die spezielle Beachtung den „statistischen Ausreißern" gelten und damit auch der Frage, durch welchen „Sicherheitsfaktor" bei der Einführung von maximal zulässigen elektrischen/magnetischen Feldbelastungen diesen Ausreißern Rechnung zu tragen ist, um auch einzelne besonders betroffene Personen zu schützen, aber ohne damit extreme Konsequenzen zu provozieren.
- Eine sachliche und neutrale Information und Aufklärung der Bevölkerung ist zu planen und durchzuführen.

5.2 Vorsorgemaßnahmen

Es zeichnet sich inzwischen eine Art Durchbruch bei offiziellen Stellen an, da die sich laufend ansammelnden Berichte und Stellungnahmen über nicht mehr mit letzter Sicherheit auszuschließende Gefahren, die im Zusammenhang mit energietechnisch bedingten Feldern bestehen, nicht einfach als unbewiesen und unsinnig abgetan werden können.

Auf die vor einem großen Gremium internationaler Fachleute abgegebene Erklärung von Schaefer [50], [71] wurde bereits speziell hingewiesen. Sie steht im deutlichen Widerspruch zu der von dieser Seite (Berufsgenossenschaft der Feinmechanik und Elektrotechnik, Köln) bislang vertretenen Auffassung.

Inzwischen wurde auch eine Empfehlung des Bundesamts für Strahlenschutz bekannt, wonach Hochspannungsleitungen nicht mehr direkt über Wohngebäude, Schulen und Kindergärten geführt werden sollten. Auf sie wird in einer schriftlichen Anfrage im Bayerischen Landtag Bezug genommen, wie die Staatsregierung hierzu stünde und welche Konsequenzen aus dieser Empfehlung gezogen würden (schriftliche Anfrage vom 23. November 1990 von Heiko Schultz MdL an den Präsidenten des Bayerischen Landtages betreffs Gesundheitsgefahren durch Elektrosmog). Im Grunde genommen ist die Empfehlung des Bundesamts als halbherzig anzusehen, da in ihr nur Hochspannungsleitungen angesprochen werden. Die vorliegenden Informationen lassen jedoch eindeutig erkennen, daß derzeit das vom elektrischen Strom verursachte Magnetfeld als das Übel einzustufen ist. Konsequenterweise müßte daher eine solche Empfehlung alle Vorrichtungen ansprechen, die im Lebensbereich des Menschen eben solche kritischen Magnetfelder erzeugen. Dies sind nicht nur Hochspannungsleitungen, sondern gleichfalls strommäßig entsprechend hoch belastete Niederspannungsleitungen, wobei der bei solchen Leitungen vergleichsweise wesentlich geringere Abstand zum Menschen zu berücksichtigen ist. Hier müssen also in erster Linie die Leitungen, die mit Hilfe von Dachständern mit geringem Abstand über die Dächer geführt werden, unbedingt mit einbezogen werden, und dies vor allem dann, wenn der Dachbereich auch noch bewohnt ist. Darüber hinaus sind Transformatoren und elektrische Bahnlinien anzusprechen, soweit sie als entsprechend kritisch einzustufende Magnetfelder erzeugen, was im Einzelfall zu klären wäre. Wie aus einem TV-Bericht (ARD, PlusMinus, am 10. Januar 1992) jedoch zu entnehmen war, hat das Bundesamt für Strahlenschutz praktisch keine Möglichkeit, entsprechend verankerte Vorschriften zu erlassen. Eine klare Stimmenminorität in dem hier zuständigen Ausschuß verhindert dies. Es wäre offenbar Aufgabe der Politiker, die nötigen Veränderungen in diesem Bereich zu veranlassen.

5.3 Rechtliche Gegebenheiten

Viele Kunden der Energieversorgungsunternehmen haben als Strombezieher persönliche Probleme, durch die bestimmte Vorschriften tangiert werden, wie sie allgemein für die Belieferung mit elektrischem Strom gelten. Im Rahmen der vorliegenden Thematik sind in diesem Zusammenhang Fälle von Interesse, die irgendwelche Stromversorgungsanlagen im Wohnbereich oder auch auf privaten Grundstücken betreffen. Hierunter fallen unter anderem die Errichtung einer Freileitung, beispielsweise durch das Aufstellen eines Mastes auf dem eigenen Grundstück, die Verlegung von Stromkreisen (elektrischen Leitungen) als

Verordnung über Allgemeine Bedingungen für die Elektrizitätsversorgung von Tarifkunden (AVBEltV)

Aufgrund des § 7 Abs. 2 des Energiewirtschaftsgesetzes vom 13. Dezember 1935 in der im Bundesgesetzblatt Teil III, Gliederungsnummer 752-1, veröffentlichten bereinigten Fassung, eingefügt durch § 26 des Gesetzes vom 9. Dezember 1976 (BGBl. I, S. 3317), und auf Grund des § 13 Abs. 2 und des § 19 Abs. 1 des Energiewirtschaftsgesetzes in Verbindung mit Artikel 129 Abs. 1 des Grundgesetzes wird mit Zustimmung des Bundesrates verordnet:

§ 8

Grundstücksbenutzung

(1) Kunden und Anschlußnehmer, die Grundstückseigentümer sind, haben für Zwecke der örtlichen Versorgung (Niederspannungs- und Mittelspannungsnetz) das Anbringen und Verlegen von Leitungen zur Zu- und Fortleitung von Elektrizität über ihre im gleichen Versorgungsgebiet liegenden Grundstücke, ferner das Anbringen von Leitungsträgern und sonstigen Einrichtungen sowie erforderliche Schutzmaßnahmen unentgeltlich zuzulassen. Diese Pflicht betrifft nur Grundstücke, die an die Stromversorgung angeschlossen sind, die vom Eigentümer in wirtschaftlichem Zusammenhang mit der Stromversorgung eines angeschlossenen Grundstücks genutzt werden oder für die die Möglichkeit der Stromversorgung sonst wirtschaftlich vorteilhaft ist. Sie entfällt ferner, wenn die Inanspruchnahme der Grundstücke den Eigentümer mehr als notwendig oder in unzumutbarer Weise belasten würde.
(2) Der Kunde oder Anschlußnehmer ist rechtzeitig über Art und Umfang der beabsichtigten Inanspruchnahme des Grundtsücks zu benachrichtigen.
(3) Der Grundstückseigentümer kann die Verlegung der Einrichtungen verlangen, wenn sie an der bisherigen Stelle nicht mehr zumutbar sind. Die Kosten der Verlegung hat das Elektrizitätsversorgungsunternehmen zu tragen; dies gilt nicht, soweit die Einrichtungen ausschließlich der Versorgung des Grundstücks dienen.
(4) Wird der Strombezug eingestellt, so hat der Eigentümer die auf seinen Grundstücken befindlichen Einrichtungen noch fünf Jahre unentgeltlich zu dulden, es sei denn, daß ihm dies nicht zugemutet werden kann.
(5) Kunden und Anschlußnehmer, die nicht Grundstückseigentümer sind, haben auf Verlangen des Elektrizitätsversorgungsunternehmens die schriftliche Zustimmung des Grundstückseigentümers zur Benutzung des zu versorgenden Grundstückes im Sinne der Absätze 1 und 4 beizubringen.
(6) Die Absätze 1 bis 5 gelten nicht für öffentliche Verkehrswege und Verkehrsflächen sowie für Grundstücke, die durch Planfeststellungen für den Bau von öffentlichen Verkehrswegen und Verkehrsflächen bestimmt sind.

§ 11

Transformatorenanlage

(1) Muß zur Versorgung eines Grundstücks eine besondere Transformatorenanlage aufgestellt werden, so kann das Elektrizitätsversorgungsunternehmen verlangen, daß der Anschlußnehmer einen geeigneten Raum oder Platz unentgeltlich für die Dauer der Versorgung des Grundstücks zur Verfügung stellt. Das Unternehmen darf den Transformator auch für andere Zwecke benutzen, soweit dies für den Anschlußnehmer zumutbar ist.
(3) Der Anschlußnehmer kann die Verlegung der Anlage an eine andere geeignete Stelle verlangen, wenn ihm ihr Verbleib an der bisherigen Stelle nicht mehr zugemutet werden kann.

Freileitung oder als Kabel im Nahbereich von Häusern oder die Unterbringung eines Transformators in der allernächsten Umgebung. Auf Seite 85 sind einige ausgewählte spezielle Hinweise auf die Richtlinien und Vorschriften aufgeführt, an welche die Energieversorgungsunternehmen rechtlich gebunden sind (Verordnung des Bundesministers für Wirtschaft vom 21. Juni 1979 – BGBl. I, S. 684-692) und wie sie die „Verordnung über Allgemeine Bedingungen für die Elektrizitätsverordnung von Tarifkunden (AVBEltV)" enthält.

Auf keinen Fall stellt der Hinweis auf die oben genannten Bestimmungen eine Rechtsberatung dar. Es soll hier nur eine Information gegeben werden, da davon auszugehen ist, daß in den meisten Fällen hierüber keine Kenntnisse vorhanden sind.

6 Technik der Energieverteilung

6.1 Vergleich Freileitung – Kabel

Die elektrotechnische Industrie nimmt in einigen hochindustrialisierten Ländern speziell im energietechnischen Bereich international eine führende Rolle ein. Es bietet sich somit geradezu an, sich – mit Unterstützung des Staates – in der Forschung und in der Fertigung mit Verkabelung (also mit Kabeln, Koaxialkabeln und Geräten für die Verteilung der elektrischen Energie im Hochspannungs-, Mittelspannungs- und Niederspannungsbereich) noch intensiver zu befassen.

Mit Hochspannung betriebenen Erdkabeln kommt bei der Minimalisierung der Strahlungsbelastung eine spezielle Bedeutung zu. Die Technik liefert hierzu in vollem Umfang die dem derzeitigen Wissens- und Entwicklungsstand entsprechenden Informationen. Hierbei geht es jedoch um mehr. Man hat erkannt, daß Freileitungen aufgrund ihrer Abmessungen und oberirdischen Bauweise auch bei noch so landschaftsgerechter Trassenführung immer noch viel zu stark auffallen und damit Umweltdiskussionen auslösen und Fragen aufwerfen, während dies bei den nicht sichtbaren Kabelleitungen nicht der Fall ist. Die ökologischen und ökonomisch-technischen Probleme und Fragen, wie sie sich schon vor der Planung einer neuen Leitung bezüglich der Entscheidung ergeben, ob Freileitung oder Verkabelung, wurden im Rahmen einer Aussprachetagung „Raumordnungsgerechter Stromleitungstrassenbau" behandelt. Wanser et al. [55] berichten hierzu über den relevanten wirtschaftlich-technischen Themenkreis.

Die Übertragung elektrischer Energie wird demnach sinnvollerweise in verschiedenen Spannungsebenen durchgeführt:

- 380 kV (220 kV) für den Verbund und den Transport,
- 110 kV für die Verteilung und Übertragung höherer Leistungen,
- 10 ... 30 kV für die Verteilung mittlerer Leistungen und
- 0,4 kV für die Speisung der Hausinstallation.

Über die Stromkreislängen und die jeweiligen Anteile an Freileitung und Kabel gibt *Tabelle 6.1* Aufschluß. Da in Form von Kabeln verlegte Stromleitungen aus Feldabschirmungsgründen grundsätzlich erhebliche Vorteile bieten, ist es positiv zu werten, daß immerhin schon rund 54 % der im Spannungsbereich 1 kV ... 60 kV betriebenen Leitungen verkabelt sind. Wenn demgegenüber die beiden Bereiche 110 kV (6,5 % verkabelt) und 220 kV bzw. 380 kV (0,1 %) vergleichsweise dürftig ausfallen, so liegt dies an dem anderen Zweck, den diese

Tabelle 6.1
Stromkreislängen von Freileitungen und Kabeln in der Bundesrepublik Deutschland (1984) (nach Wamser et al. [55])

Spannungsebene	Stromkreislänge (km)	Kabelanteil (km)	Kabelanteil (%)
1 kV ... 60 kV	351 077	188 918	53,8
110 kV	50 720	3 301	6,5
220 kV und 380 kV	28 018	37	0,1
1 kV ... 380 kV	429 815	192 256	44,7

Leitungen zu erfüllen haben (Verbund und Transport), und muß darum völlig anders bewertet werden. In den meisten Fällen wird es dabei um Fragen des Landschaftsschutzes gehen. Dagegen dürfte von den knapp 80 000 km Leitungslänge der beiden höheren Spannungsebenen in Deutschland nur ein relativ geringer Anteil den unmittelbaren Wohn- und Aufenthaltsbereich des Menschen betreffen. Der für die höchste Spannungsebene mit 37 km angegebene Kabelanteil zeigt immerhin, daß eine Verkabelung auch in diesen Bereichen technisch möglich ist. Es stellt also eine Herausforderung an die Technik dar, die hier zweifellos noch ungünstigen Voraussetzungen entsprechend zu verbessern, damit zu gegebener Zeit nötig werdende Verkabelungen nicht an wirtschaftlichen oder technischen Problemen scheitern müssen.

6.2 Unterschied zwischen Freileitung und Kabel

6.2.1 Aufbau

Freileitungen und Kabel, wie sie zur Übertragung elektrischer Energie Verwendung finden (siehe hierzu auch *Tabelle 6.1*), sind im Aufbau und damit im physikalischen und betrieblichen Verhalten grundsätzlich verschieden. Bei Freileitungen lassen sich die hohen Spannungen isolationsmäßig mittels genügender Leiterabstände (Länge der Isolatoren bis zu 5 m) technisch relativ leicht in den Griff bekommen. Bei Kabeln gibt es demgegenüber wegen des komplizierten Aufbaus erhebliche Probleme (bei Koaxialkabeln beträgt der Abstand Innenleiter – Außenleiter nur 28,5 mm).

6.2.2 Trassenbreite

Beim Vergleich der Arbeiten, wie sie bei der Verlegung einer Freileitung gegenüber einer Verkabelung erforderlich sind, zeigen sich erhebliche Unterschiede. Bei einer Freileitung kommen hier mehrere Daten zum Ansatz: die sich aus dem Abstand der äußersten Seile ergebende Breite (bei einer 380-kV-Leitung beträgt diese beispielsweise 28,4 m), zusätzlich die beispielsweise durch den Wind bedingte, sich durch die Ausschläge der Isolatoren ergebende Breite (zweimal 3,0 m), aus dem gleichen Grund die Ausschwingbreite der Leiterseile (zweimal 15,0 m) und schließlich noch ein Sicherheitsstreifen (zweimal 4,8 m). Die Summe dieser Werte (74,0 m) ergibt die eigentliche Trassenbreite. Natürlich beeinflußt die Betriebsspannung die nötige Trassenbreite ganz erheblich (bei Mittelspannung sind nur ca. 20 m erforderlich). Das Umfallen eines Mastes wird offenbar nicht in die Überlegungen miteinbezogen, da die Masthöhe keine Berücksichtigung findet. Dies erscheint erstaunlich, da zumindest bei extremen Witterungsbedingungen immer wieder auch von solchen Fällen berichtet wird.

Bei einer Kabelanordnung ist zum einen die Breite des eigentlichen Kabelgrabens zu berücksichtigen (4,2 m bei einer Betriebsspannung von 380 kV); hinzu kommt noch der nötige Sicherheitsstreifen, woraus sich dann insgesamt die in diesem Fall erforderliche Trassenbreite ergibt (9,2 m). Zwischen den beiden Verlegungsarten besteht somit prinzipiell hinsichtlich der erforderlichen Trassenbreite ein erheblicher Unterschied (näheres hierzu siehe *Bild 6.1*).

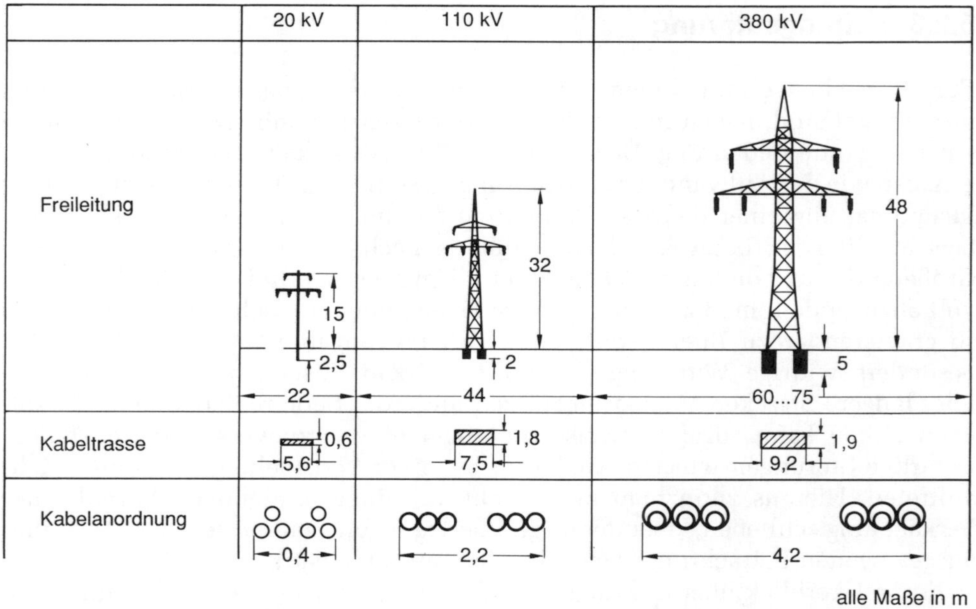

Bild 6.1 Vergleich der Trassenabmessungen, wie sie sich bei den Spannungsebenen 20 kV, 110 kV und 380 kV für Freileitungen und für Kabel ergeben (nach Wanser et al. [55])

Bei einem Vergleich der beiden Leitungsverlegungsarten jedoch nur die Trassenbreite heranzuziehen, wäre eine zu grobe Vereinfachung der Gegebenheiten. Während nämlich bei einer Kabelanordnung die volle Trassenbreite über die gesamte Länge für jegliche Nutzung verlorengeht, ist dies bei den Freileitungen nur für die Sockelfläche der Hochspannungsmasten der Fall; sie beträgt etwa 0,5 % der gesamten Trassenfläche. Die restliche Fläche kann beispielsweise landwirtschaftlich genutzt und „unter bestimmten Voraussetzungen, so in Industriegebieten, auch bebaut werden". Worin „die bestimmten Voraussetzungen" bestehen, die gestatten, auch Wohnhäuser unmittelbar mit Freileitungen zu überspannen, wie dies immer wieder zu beobachten ist, lassen die Autoren Wanser et al. [55] nicht erkennen. Da im Rahmen einer umweltbewußten Beurteilung der Gegebenheiten im Falle der Freileitungen auch das Schneiden von Trassen durch Wälder mit zu berücksichtigen ist, wird klar, daß beim Abwägen der Vor- und Nachteile der beiden Verlegungsarten keine pauschalen Maßstäbe angelegt werden können, sondern jeder Einzelfall entsprechend zu würdigen ist: Wohngebiete, Industriebereiche, Wälder sowie landwirtschaftlich genutzte Flächen, jeweils unter besonderer Berücksichtigung von Mensch und Tier, sollten hier die Maßstäbe setzen. Wirtschaftlichen Aspekten kommt selbstverständlich auch eine bestimmte Bedeutung zu, sie dürfen jedoch keinesfalls Priorität haben, wenn dies im krassen Widerspruch zu einem umweltbewußten Denken stehen würde.

6.2.3 Leitungsstörung

Für Wirtschaftsunternehmen, wie es Energieversorgungsunternehmen (EVU) nun einmal sind, haben mit der Erfolgsbilanz zusammenhängende Fakten eine entscheidende Bedeutung. Dazu zählt die Zuverlässigkeit von Leitungsanlagen genauso wie der Aufwand für eine Störungsbeseitigung. Dabei zeigt sich, daß die Instandhaltung einer defekten Freileitung fast immer innerhalb eines Arbeitstags möglich ist; beim Kabel kann dies je nach Spannungsebene bis in die Größenordnung von einer Woche dauern. Um hier das Bild nach beiden Seiten voll abzurunden, muß bei solchen Vergleichen auch der seltene, aber dann um so gravierender zu Buche schlagende Fall mit angeführt werden, daß durch besonders widrige Witterungsverhältnise (Orkan, Eisbehang oder ähnliches) über längere Strecken Masten umstürzen und/oder Seile reißen können. In solchen Fällen kann sogar zeitweise die allgemeine Stromversorgung ausfallen. Derartige Störungen würden wiederum bei einer Verkabelung überhaupt nicht auftreten. Hieraus kann man zwar nicht auf einen eindeutigen Vorteil einer Verkabelung schließen, aber derartige Überlegungen gehören sehr wohl zu einer ausgewogenen Betrachtungsweise der Gesamtproblematik.

Einen Überblick über die Zuverlässigkeitsdaten für Freileitungen und Kabel der Betriebsspannung 110 kV gibt *Tabelle 6.2*. Demnach ist die Ausfallrate (pro 100 km und pro Jahr) bei Freileitungen insgesamt rund 3,4 mal höher als beim

Kabel, während die Ausfalldauer beim Kabel rund 5 mal größer als bei der Freileitung ist. Hinzu kommt noch jeweils der Zeitaufwand für die Störungerkennung bei jedem einzelnen Störungsfall (6 Stunden/3 Stunden bei Kabel/Freileitung).

Tabelle 6.2:
Zuverlässigkeitsdaten für Freileitungen und Kabel der Betriebsspannung 110 kV, wie sie sich störungsbedingt (stochastischer Anteil) und wartungsbedingt (deterministischer Anteil) pro 100 km Leitungslänge und pro Jahr darstellen. Hinzu kommt noch bei jedem Störungseinzelfall ein Zeitaufwand für die Störungserkennung (nach Wanser et al. [55])

	Dimension	Freileitung	Kabel
Störungsbedingter Anteil			
Ausfallrate λ	1/(100 km · a)	2,7	1,2
Ausfalldauer T_S	h	2,5	60,0
Wartungsbedingter Anteil			
Ausfallrate λ	1/(100 km · a)	1,3	–
Ausfalldauer T_S	h	9,7	–
Summe			
Ausfallrate λ	1/(100 km · a)	4,0	1,2
Ausfalldauer T_S	h/a	12,2	60,0
Zeit für Störungserkennung	h pro Fall	3,0	6,0

6.2.4 Lebensdauer

Bei Freileitungen wird eine Lebensdauer in der Größenordnung von 50 bis 70 Jahren für die Maste und von 35 bis 50 Jahren für die stromführenden Seile und die Blitzschutzseile angenommen. Bei Kabeln rechnet man mit einer Lebensdauer von 30 bis 40 Jahren; es sind aber auch entschieden ältere Kabel in Betrieb. Während bei Freileitungen Maßnahmen, welche die Lebensdauer erhöhen (Austausch von Leiterseilen, Isolatoren usw.), jederzeit ohne besondere Schwierigkeiten möglich sind, lassen sich solche Maßnahmen beim Kabel nicht durchführen.

6.2.5 Betriebswirtschaftliche Aspekte

Die Aufwendungen für die Errichtungskosten bei Freileitungen setzen sich im wesentlichen zusammen aus den Aufwendungen für Fundament, Gestänge, Stromkreise und Trasse, beim Kabel aus solchen für Tiefbaumaßnahmen, die Kabel einschließlich Garnituren, Nebeneinrichtungen und die Trasse. Auch die topographischen Verhältnisse haben hierauf Einfluß: Wegen der generellen Nichtbenutzbarkeit der Kabeltrasse für andere Zwecke fallen hier höhere Grund- und Entschädigungskosten an. Für zwei jeweils parallele Systeme für 20 kV und 110 kV sind für Freileitung und Kabel die Errichtungskosten und die Betriebskosten (Barwerte) vergleichend in *Tabelle 6.3* zusammengestellt. Mit steigender Betriebsspannung wird der Kabelbetrieb deutlich immer ungünstiger und erreicht beispielsweise bei einem 380-kV-System einen bis zu 20fachen Wert zu ungunsten des Kabels.

Tabelle 6.3:
Kostenvergleich Freileitung (F)/Kabel (K), jeweils für zwei parallele Systeme

	Dimension	20 kV			110 kV		
		F		K	F		K
Errichtungskosten	TDM/km	115		160	285		2 000
Verhältnis		1	:	1,4	1	:	7
Betriebskosten pro Jahr	TDM/km	238		289	519		2 854
Verhältnis		1	:	1,2	1	:	5,5

6.2.6 Zukunftserwartungen

Vielversprechend sind Aufwendungsziele, wie sie für beide Betriebsarten angegeben werden: noch größere Zuverlässigkeit, eine bessere Wirtschaftlichkeit und eine größere Umweltfreundlichkeit. Hierbei ist jedoch nicht klar, ob die angegebene Reihenfolge einen Maßstab für die gesetzten Prioritäten darstellt. Im Bereich der 110-kV-Ebene sind Kabel bereits voll im Einsatz, in noch höheren Spannungsebenen zumindest schon seit vielen Jahren im Versuchsstreckenbetrieb.

6.2.7 Bedeutung des 110-kV-Kabels

Diese Kabel sind verfügbar (zumindest unter den Randbedingungen der innerstädtischen Versorgung), erfreulicherweise seit Jahren Stand der Technik und ähnlich leistungsfähig wie Freileitungen. Die heterogenen Eigenschaften der 110-kV-Kabel und nicht deren höhere Kosten machen sie problematisch. Dies sollte aber letztlich nicht dafür entscheidend sein, im Zweifelsfall auf eine Verkabelung speziell in bebauten Bereichen zu verzichten. Gerade wegen der zu nehmenden Brisanz der Frage bezüglich einer gesundheitsschädigenden Wirkung, wie sie speziell für Freileitungen zur Diskussion steht, muß den menschlichen Belangen durch Verwendung der abstrahlungsmäßig wesentlich günstigeren Kabel absolute Priorität eingeräumt werden.

6.2.8 Parallelbetrieb

Es wäre zu überprüfen, ob unter dem Gesundheitsaspekt die Allgemeinheit für die strahlungsgünstigeren Kabel sogar nötigenfalls höhere Strompreise zu bezahlen gewillt ist, beispielsweise um die erhöhten Kosten für eine zweite parallele Kabelführung abzudecken, wenn dabei die nötige Verbesserung der zu fordernden Betriebssicherheit der Anlagen erreicht werden könnte. Gemäß *Tabelle 6.2* ergibt sich für die Freileitung pro Jahr und pro 100 km eine Ausfallzeit von (k % TS) 48,8 Stunden, beim Kabel von 72 Stunden. Bringt man ferner die Zeit, wie sie etwa für zwei angenommene Störungserkennungen nötig ist, also 6 bzw. 12 Stunden mit in Ansatz, dann stehen pro Jahr insgesamt rund 55 Stunden bzw. 84 Stunden Ausfallzeit zur Diskussion. Teilt man das Jahr in rund 100 Zeitintervalle von je 88 Stunden auf und ordnet bei einem Doppelkabel-Parallelbetrieb jedem Kabel eine solche Ausfallzeit pro Jahr zu, so ist die Wahrscheinlichkeit 1 %, daß beide Kabel gleichzeitig ausfallen, und das würde dann erst einem echten Ausfall der Energieübertragung entsprechen, vergleichbar mit dem Störungsfall bei einem einzigen Kabel. Dem Doppelkabel-Parallelbetrieb wäre somit nur eine effektive Ausfallzeit von 0,88 Stunden zuzuordnen (62 : 1 günstiger als der Freileitungsbetrieb). Das Problem Betriebssicherheit würde somit nicht mehr existieren, natürlich auf Kosten der Wirtschaftlichkeit: Doppelt so viele Ausfälle erhöhen entsprechend die Reparaturkosten, hinzu kommen erhöhte Wartungkosten sowie die Investitionskosten für das Doppelkabel und die automatische Ab- oder Umschaltung für den Fall einer Störung in einer der beiden Kabelführungen. Die rein wirtschaftlichen Komponenten einer solchen Maßnahme sollten aber kein entscheidendes Problem darstellen und kein Hindernis sein, derartige Überlegungen weiterzuverfolgen.

6.2.9 Mehrfachleitungs-Reparaturen

Mehrfachleitungen stellen beim Bau von Freileitungen eine Möglichkeit dar, insgesamt gesehen günstigere Verhältnisse zu schaffen. Hierbei tritt jedoch der Nachteil auf, daß unter Umständen alle Stromkreise, die einem Mast zugeordnet sind, abgeschaltet werden müssen. Dieser Nachteil entfällt bei parallel geführten Kabelleitungen, ein Vorteil, der bei solchen Systemen bereits entsprechend ausgenutzt wird.

6.2.10 Resümee

Die Ausführungen von *Wanser et al.* [55] geben ein Bild, wie aus dem Blickwinkel der EVU das Problem Freileitung oder Kabel gesehen wird. In dieser Arbeit [55] führt T. Reißing in seiner Schlußbemerkung folgendes aus: „Die Höhe der Zuverlässigkeit und Wirtschaftlichkeit der öffentlichen Stromversorgung beruht zu einem großen Teil auf einem leistungsfähigen Verbundnetz. Trassenmangel und die Belange des Landschaftschutzes lenken die Entwicklung in zunehmendem Maße hin zur Bündelung sowie zur Trassen sparenden Konzentration von mehreren Hoch- und Höchstspannungsstromkreisen in Form von Mehrfachleitungen. Dies bringt Mehraufwendungen und neue Problemstellungen mit sich, die technisch und organisatorisch zu bewältigen sind. Sie sollten aber bei der Diskussion über die Notwendigkeit von Leitungen und deren landschaftsgerechte Trassierung ausreichend berücksichtigt werden.“

Bis hierher kann dem Autor gefolgt werden. Schwieriger wird dies jedoch bei den weiteren Ausführungen:

„An dieser Stelle die Ablösung der Freileitungen durch Kabelleitungen zu fordern, ist insofern verfehlt, als eine Verkabelung bei den im Verbundnetz vorliegenden Übertragungsentfernungen technisch sehr aufwendig, weit weniger zuverlässig und um ein Vielfaches teurer wäre. Ohne die bekannten Argumente, die gegen die Verkabelung sprechen, im einzelnen zu wiederholen, muß darauf hingewiesen werden, daß der häufig angestellte direkte Kostenvergleich zwischen einer Kabel- und einer Freileitungsstrecke faktisch nicht berücksichtigt wird, daß ab einem bestimmten Kabelanteil im Netz in manchen Belangen – zum Beispiel hinsichtlich Netzredundanz, Übertragungsfähigkeit, Schutz und Instandhaltung – eine völlig andere Systemkonzeption erforderlich wird, deren Verwirklichung erhebliche Kosten in der Gesamtrechnung verursacht. Eine Abkehr von dem gegenwärtigen bewährten Gesamtkonzept der öffentlichen Stromversorgung mit ihrer weltweit anerkannten Zuverlässigkeit, Wirtschaftlichkeit und auch Umweltverträglichkeit zu Gunsten einer um ein Vielfaches teureren und letztendlich noch nicht erprobten und damit ungewissen Lösung kann die gegenwärtigen Probleme nicht beheben und widerspricht der Verantwortung, die den Stromversorgungsunternehmen gegenüber den Menschen in unserer Gesellschaft übertragen ist.“

Beleuchtet man die unter der Prämisse Umweltschutz und unter Berücksichtigung der Belange des Menschen gemachten Ausführungen im einzelnen, so ist folgendes festzustellen:

Niemand wird ernsthaft und sachlich, also nicht nur ideologisch oder ideell begründbar, verlangen können, alle Freileitungen durch Verkabelung abzulösen. Die Forderung nach einer Verkabelung sollte nämlich auf den Bereich beschränkt bleiben, für den er ernsthaft zur Diskussion steht, den unmittelbaren Lebensbereich des Menschen und den Bereich, welchem im Sinne eines Umweltschutzes eine deutliche Priorität einzuräumen ist.

Und was soll eine Argumentation in Richtung „technisch sehr aufwendig, weit weniger zuverlässig und um ein Vielfaches teuerer"? Einer umweltgerechten Müllbeseitigung sind dieselben Attribute zuzuordnen. Die gerade in diesem Bereich inzwischen laufend steigenden Kosten für den Bürger werden offensichtlich ohne erkenntlich großen Widerstand um der Sache willen akzeptiert. Um so unverständlicher sind die Einwände und Gegenargumente der Energieversorgungsunternehmen gegen aufwendige technische Maßnahmen, deren Kosten letztendlich doch wieder über die Stromrechnung vom Bürger beglichen werden müßten. In diesen beiden Bereichen ist die Technik gefordert und hat diese Herausforderung anzunehmen!

Die erheblichen Kosten werden als Begründung angeführt, weil ab einem bestimmten Kabelanteil eine völlig andere Systemkonzeption erforderlich ist. Lösbar ist das Problem jedoch. Hierauf läßt das Kostenargument schließen, welches ja nur im Zusammenhang mit einer möglichen Lösung einen Sinn ergibt. Bei einer solchen Argumentation fehlt darüber hinaus die Antwort auf die Frage, ab welchem Kabelanteil das Argument überhaupt greift. Weiter wird die Ansicht vertreten, daß eine Abkehr von dem gegenwärtig bewährten Gesamtkonzept der öffentlichen Stromversorgung der Verantwortung widerspräche, die den Stromversorgungsunternehmen gegenüber den Menschen in unserer Gesellschaft übertragen ist. Natürlich will und braucht praktisch jedermann elektrischen Strom, jedoch nicht unter Bedingungen oder Gegebenheiten, welche den Eindruck erwecken, Kostenprobleme hätten den Vorrang vor rein menschlichen Belangen.

6.3 Das Kabel

Die Spannungsebene, für die ein Kabel vorgesehen ist, bestimmt primär dessen konstruktive Eigenschaften. Extrem hohe Betriebsspannungen bedingen völlig andere technische Merkmale, als sie vergleichsweise im Niederspannungsbereich sinnvoll sind. Somit müssen alle im Zusammenhang mit dem Kabel interessierenden Punkte noch bezüglich der Spannungsebene aufgegliedert werden, für die es zum Einsatz kommt. Hier gilt es, in den verschiedensten Bereichen eine noch viel intensivere Forschung zu betreiben und die Entwicklung zu forcieren.

Kabel haben generell günstigere Feldabstrahlung als Freileitungen. Sie erzeugen in ihrer Umgebung schwächere Felder, da die einzelnen Leiter der Stromkreise wesentlich geringere Abstände untereinander haben, als sie vergleichsweise bei Freileitungen nötig sind, was feldkompensierend wirkt. In den untersten Spannungsebenen enthält das Kabel üblicherweise in verdrillter Form die Leiter für die drei Phasen des Drehstromsystems und die (den) nötigen Neutralleiter, was diese Forderung nach möglichst geringem Leiterabstand bereits sehr gut erfüllt. Für höhere Betriebsspannungen stellt das Koaxialkabel die technische Lösung dar. Ist der Außenleiter des Koaxialkabels geerdet, dann enden alle vom Innenleiter ausgehenden Feldlinien des elektrischen Feldes am Außenleiter. Damit ist der Bereich um das Kabel (elektrisch) feldfrei. Dieser Betrieb – als eine Art abgeschirmtes Kabel – ist im Zusammenhang mit dem Magnetfeld, das durch einen im Innenleiter fließenden elektrischen Strom entsteht, aber nur unter einer einzigen Voraussetzung zu erreichen, wenn nämlich im Außenleiter der identische Strom wie im Innenleiter in entgegengesetzter Richtung fließt, Außen- und Innenleiter also Bestandteil ein und desselben Stromkreises sind, womit sich deren Magnetfelder außerhalb des Kabels kompensieren. Ein Koaxialkabel, das hierzu geeignet ist, wäre die ideale Vorrichtung zur feldabstrahlungsfreien Übertragung elektrischer Energie. Die nötigen Voraussetzungen für die Stromkreise eines Drehstromsystems könnten geschaffen werden (*Bild 6.2*). Es sollte für Wissenschaftler und Techniker eine interessante und lohnende Aufgabe sein, derartige, für die verchiedenen Spannungsebenen geeignete preisgünstige Kabel zu entwickeln.

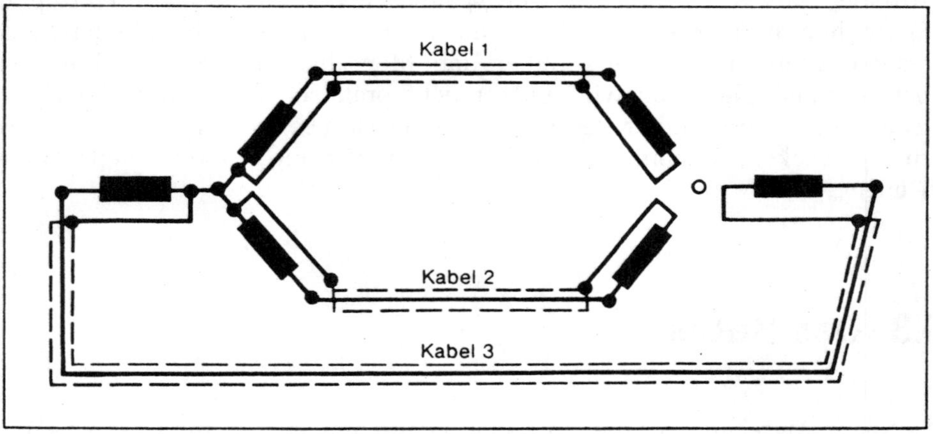

Bild 6.2 Abschirmgerechte Verkabelung einer 3-Phasen-Drehstromleitung als Verbindung zweier Transformatoren. Wegen der Hin- und Rückführung desselben Stroms in den einzelnen Koaxialkabeln strahlt eine solche Anordnung kein Magnetfeld mehr ab. Die nötige Neutralleiterverbindung läßt sich durch einen einzelnen, gesondert verlegten Leiter realisieren. Der in normaler Sternschaltung betriebene (linke) Transformator kann auch entsprechende Einzelverbraucher repräsentieren (nach König [8])

Die Herstellung von kostengünstigen Kabeln für alle Spannungsebenen, speziell aber von solchen, die für den Betrieb mit Hochspannung geeignet sind, stellt einen weiteren Schwerpunkt dar. Aus ökonomischen Gründen nimmt die Kostenfrage bei der Gegenargumentation oder gar bei der Ablehnung gewünschter Leitungsverkabelungen einen vorrangigen Stellenwert ein.

Die Betriebssicherheit derartiger Kabel spielt in mehrfacher Hinsicht eine bedeutende Rolle. Sie muß im Vergleich zu Hochspannungsfreileitungen noch verbessert werden. Damit sind bereits drei wesentliche Gründe für die Notwendigkeit einer intensivierten Forschung vor allem auf dem Gebiet der Hochspannungsübertragung elektrischer Energie mittels Kabel gegeben.

Darüber hinaus erscheinen Studien erforderlich, unter welchen Voraussetzungen vor allem im Hochspannungsbereich die Verkabelung gewisser Teilstrecken sinnvoll und vertretbar ist, wie sie zum Beispiel für begrenzte bebaute Bereiche immer wieder zur Diskussion steht. Hierzu gehört auch die Klärung aller sich in diesem Zusammenhang ergebenden technischen Fragen (siehe Wanser et al. [55]).

Gleiches gilt für das Problem, wie die Übergangsstellen zwischen Freileitung und Erdverkabelung und umgekehrt im Hochspannungsbereich in jeder Beziehung optimal zu gestalten sind.

6.4 Bereiche Wohnung und Arbeitsplatz

Auch der Bedarf an strahlungsarmen Vorrichtungen zur Stromversorgung in den einzelnen Haushalten und an in Haushaltungen verwendeten Geräten fand bislang noch viel zu wenig Beachtung. Gleiches gilt für den beruflichen Bereich. Geräte und Einrichtungen, die hinsichtlich der abgestrahlten elektrischen und magnetischen Felder minimalisiert sind, werden nach wie vor nur von „Außenseitern“ auf den Markt gebracht. In diesem Zusammenhang interessieren im Niederspannungsbereich:

- Ein möglichst strahlungsarmes Verlegungsprinzip für Steigleitungen und Leitungen in der horizontalen Ebene;
- für diesen Spannungsbereich speziell geeignete strahlungsarme Kabel, strahlungsarme elektrische Schalter und Steckdosen;
- insbesondere das Magnetfeld betreffende strahlungsarme Elektrizitätszähler (wenn diese in unmittelbarer Nähe – räumlich gesehen nach allen Richtungen – von Wohnbereichen angebracht werden), strahlungsarme Haushaltsgeräte sowie strahlungsarme Geräte mit hoher elektrischer Anschlußleistung für den privaten Bereich (elektrische Warmwassererzeuger, Heizgeräte usw., aber in erster Linie Nachtspeicherheizungen) wie auch Geräte für den industriellen bzw. beruflichen Bedarf (Maschinen usw.).

- Gerade im beruflichen Bereich sind es vor allem EDV-Anlagen (Bildschirm), die abstrahlungsmäßig noch erheblich verbessert werden könnten.

6.5 Netzfreischaltung

Unabhängig davon, ob es aus medizinischer Sicht nach strengen Maßstäben sinnvoll erscheinen mag (Schaefer [50]), ist das Verlangen nach Vorsorge zu akzeptieren, im häuslichen Bereich ein Minimum an elektrischen/magnetischen Feldern zu haben, beispielsweise mit Hilfe einer Netzfreischaltung. Solchen Schaltvorrichtungen muß wohl in zunehmendem Maße eine Existenzberechtigung eingeräumt werden, da im Rahmen von in Spanien durchgeführten epidemiologischen Studien festgestellt wurde, daß betroffene Personen über Kopfweh, Nervosität und Schlaflosigkeit klagten (Malboyson Correcher [56]). Eine ausführliche Beschreibung der Netzfreischaltung und der entsprechenden Schaltgeräte (Netzfreischalter) bringt das Kapitel 12.

Zur Netzfreischaltung sei an dieser Stelle nur folgendes angemerkt:

Die schon auf dem Markt befindlichen Netzfreischalter sollten technisch wie auch preislich begutachtet und im Bedarfsfall technisch verbessert werden. Im einzelnen wäre für diese Geräte auch noch zu ermitteln, welche technischen Vor- und Nachteile eine einphasige gegenüber einer zweiphasigen Abschaltmethode hat.

Bei Neuinstallationen erscheint es sinnvoll, zumindest vom Stromzähler zum Schlafraum eine gesonderte Leitung zu verlegen, um diesen unbeeinflußt und frei von immer Spannung führenden Leitungen über einen Netzfreischalter mit Strom zu versorgen. Ferner sollten immer Spannung führende Leitungen möglichst getrennt vom Leitungssystem des Netzfreischalters verlegt werden.

Die Integration einer durch Fehlerstrom ausgelösten Schutzabschaltung in den Netzfreischalter erscheint technisch interessant. Aus Sicherheitsgründen und zum Schutz der Bevölkerung gegen Elektrounfälle liegt es nahe, jede sich bietende Chance zu nutzen, um die Verwendung solcher Vorrichtungen wie den Fehlerstrom-Schutzschalter (FI-Schutzschalter) auf noch breiterer Basis zu erreichen.

7 Spezielle Hinweise

7.1 Dachwohnungen

Im Bereich von Dachwohnungen können sich in vielfacher Hinsicht kritische Feldbelastungssituationen ergeben, wenn in der Nähe Stromversorgungsleitungen vorhanden sind, sei es im Zusammenhang mit Dachständern für den Stromanschluß des betroffenen Hauses (*Bild 7.1*) oder auch in Form von in unmittelbarer Nähe des Dachbereichs vorbeigeführten Freileitungen der verschiedensten Spannungsebenen.

Bild 7.1 Beispiel von Dachständern für Wohnhäuser.

7.1.1 Elektrisches Feld

Je nach baulicher Beschaffenheit wird ein bestimmter Teil des von spannungsführenden elektrischen Leitungen herrührenden elektrischen Feldes in den Innenbereich des Hauses, vor allem durch die Fenster eindringen. Bei einer Stromversorgung über einen Dachständer kann durch eine horizontale Kabelführung im Dachboden-(Speicher-)Bereich die Feldeinstrahlung in die bewohnten Räume unter Umständen nachhaltig verstärkt werden, wobei nur einer Leitungsverlegung in geerdeten Metallrohren oder abgeschirmten Leitungen eine günstige Abschirmwirkung zuzuordnen ist. Bei einem geerdeten Blechdach gilt dies für außerhalb des Hauses vorbeiführende Leitungen gleichfalls.

Kritische Situationen können mit Wärmeisolationsmatten entstehen, die eine nicht speziell geerdete Aluminiumfolie als Trägermaterial verwenden. Durch eine kapazitive Einkoppelung von Wechselspannung auf diese Folie, beispielsweise im Zusammenhang mit einem Drehstromleitungssystem, das zu einem Dachständer geführt ist, kann der gesamte Dachraum durch die als Feldelektrode wirkende Aluminiumfolie von einem sehr starken elektrischen Feld betroffen sein, ohne daß im größten Teil des Dachraums elektrische Leitungen unmittelbar als Ursache dafür erkennbar sind. Diese kapazitiv bedingte Verschleppung des elektrischen Feldes entfällt bei denjenigen Wärmeisolationsmatten, die keine Aluminiumfolie als Basismaterial verwenden. Eine allerdings meist relativ aufwendige Erdung der Aluminiumfolie würde denselben Zweck erfüllen.

7.1.2 Magnetfeld

Die heimtückischen Eigenschaften des Magnetfeldes können sich im Dachbereich besonders nachhaltig auswirken. Dem direkten räumlichen Abstand zwischen den elektrischen Leitungen und betroffenen Personen kommt hinsichtlich der wirksamen magnetischen Feldstärke bekanntlich eine entscheidende Bedeutung zu. Keinerlei Baumaterial (Stahlbetonwände oder -decken, Ziegelmauer, Dachkonstruktion usw.) hat hierauf Einfluß. Da Freileitungen immer in einer gewissen Mindesthöhe angebracht sein müssen, sind die oberen Wohnräume eines Hauses, also vor allem auch bewohnte Dachräume, vom Magnetfeld in der Nähe vorbeiführender Leitungen aller Art besonders betroffen.

Bei schon vor längerer Zeit erbauten Wohnsiedlungen erfolgt der Stromanschluß der Häuser häufig über Dachständer auf den einzelnen Häusern, wobei die Freileitungen des Drehstromsystems von Dach zu Dach fortgeleitet werden, manchmal sogar nur im nötigen Mindestabstand über das gesamte Dach. Wegen des aus Gründen der gegenseitigen Berührungsgefahr erforderlichen Mindestabstands der einzelnen Leiter untereinander und wegen der meist sehr unterschiedlichen Belastung der einzelnen Phasenleiter (die bei Drehstrom im Idealfall gleich sein müßte) strahlen solche Freileitungen besonders gut das Magnetfeld ab. Die Schlafräume in derartigen Siedlungshäusern befinden sich aber fast immer in den oberen Stockwerken, wenn nicht gar im ausgebauten Dachgeschoß. Aus diesem Grund sind gerade diejenigen Räume besonders stark vom Magnetfeld betroffen, welche außerdem noch während der längsten Zeit der Nacht benutzt werden. Entsprechend dem Prinzip, einen möglichst großen Abstand zu stromführenden Teilen einzuhalten, wäre es in solchen Fällen sinnvoll, zumindest Schlafräume in den unteren Bereichen des Hauses unterzubringen. Zu einer gewissen Verbesserung würde in den oberen Bereichen unter bestimmten Umständen auch schon ein seitliches Ausweichen führen.

Je näher ein Haus einer solchen Versorgungskette beim Transformator liegt, um so mehr muß mit einer Magnetfeldbelastung gerechnet werden, da die Summe aller Verbraucherstöme der dahinter liegenden Häuser und sonstiger Verbraucher magnetfelderzeugend wirkt. Die Zeitabhängigkeit des Stromverbrauchs bestimmter Verbrauchergruppen spielt somit im Einzelfall eine bedeutende Rolle. Vergleichbare Verhältnisse bestehen auch bei Freileitungen, die auf einer höheren Spannungsebene betrieben werden (Mittelspannungs-, aber auch Hochspannungsbereich), wenn sie in unmittelbarer Nähe bewohnter Gebäude vorbeiführen. Die Strombelastung der Leitungen ist nur mit zunehmender Betriebsspannungsebene über 24 Stunden hinweg relativ gleichmäßig.

Im allgemeinen herrscht die Ansicht vor, Hochspannungsleitungen seien weitaus gefährlicher als die in den Hausleitungen vorhandene Spannung (230/400 V). Sicher wird über eine Hochspannungsleitung besonders viel elektrische Leistung übertragen. Da sich die Leistung aus dem Produkt von Spannung und Strom ergibt, kommt der Hochspannung dabei eine entscheidende Bedeutung zu. Es mag auch sein, daß der in einer Hochspannungsleitung fließende elektrische Strom im allgemeinen stärker ist als in einem Niederspannungssystem. Entscheidend dürfte hier jedoch wiederum der Abstand zwischen dem Leitungssystem und dem bewohnten Bereich sein (Luftlinie), und dieser ist aus Sicherheitsgründen bei einem Hochspannungssystem wesentlich größer als bei einer mit Niederspannung betriebenen Anlage. Deswegen ist damit zu rechnen, daß unter einer unmittelbar über ein Hausdach geführten 230/400-V-Leitung durch diese beispielsweise im Dachbereich ein stärkeres Magnetfeld erzeugt wird als durch eine sogar relativ nahe vorbeiführende Hochspannungsleitung.

7.2 Schutz gegen Magnetfelder

7.2.1 Magnetfeldschirmung – Magnetfeldreduzierung

Aus wohnhygienischen Gründen scheidet zwar grundsätzlich die Schirmung eines 50-Hz-Magnetfeldes mit Hilfe von Eisen für einen von Menschen bewohnten Raum aus. Magnetfeld erzeugende technische Vorrichtungen können jedoch unter gewissen Einschränkungen und bei entsprechend finanziellem Aufwand hinsichtlich ihrer Magnetfeldabstrahlung beeinflußt werden. So berichtet Maes [72] von einer Umkleidung einer Transformatorenstation mit MU-Metall für über 80 000 DM. Hier wird also nicht der Lebensraum des Menschen unmittelbar abgeschirmt, sondern die Abstrahlung des Magnetfelderzeugers (Transformtor) entsprechend reduziert. Die Reduktionsraten des Magnetfeldes in der Umgebung der Transformatorenstation ergaben sich teilweise mit über 90 %, aber auch an anderen Stellen mit deutlich weniger. Abgesehen von den erheblichen Kosten birgt dieses Verfahren jedoch keine Garantie in sich, daß es jedesmal derart erfolgreich wirksam ist, wenn, wie hier beschrieben, vorgegangen wird.

Wenn auch nicht in Form einer Abschirmung, so besteht technisch unter bestimmten Umständen zumindest für ein gewisses räumliches Volumen, das ohne weiteres den Bereich eines Einfamilienhauses erreichen kann, auch noch eine andere Möglichkeit, ein störendes Magnetfeld der hier interessierenden Art erheblich zu reduzieren und dies auf Werte, die normalerweise auch unter Berücksichtigung besonders niedriger Grenzwerte noch als befriedigend anzusprechen sind. Eine derartige Versuchsanlage hat sich im Probebetrieb bereits bewährt. Der hierzu nötige technische Aufwand und damit verbunden das Ausmaß der erforderlichen Mittel sind aber gleichfalls erheblich. Schon deswegen dürfte die Anwendung dieses Verfahrens zur Magnetfeldreduzierung nicht generell möglich sein.

7.2.2 Schirmung – Kompensation

Unabhängig von der anhaltenden Diskussion über die gesundheitliche Problematik energietechnischer Felder bei offensichtlich im rein technischen Bereich ausgelösten Störungen (etwa PC-Bildstörungen) ist die Situation klar. Im Einzelfall wird sich immer die Frage stellen, was letztlich zum Schutz vor allem gegen derartige Magnetfelder getan werden kann. Das Ergreifen von Vorsichtsmaßnahmen dürfte dabei eine wesentliche Rolle spielen. Die klassische Vorstellung, mit Hilfe irgendwelcher Abschirmvorrichtungen weiterzukommen, greift bekanntermaßen nicht. Die für die Abschirmung von Magnetfeldern in diesem Frequenzbereich nötige Technik ist zwar bekannt. Sie kann aber mit vertretbarem sachlichem und finanziellem Aufwand nur unter ganz bestimmten Voraussetzungen und räumlich relativ eng begrenzt eingesetzt werden. Eine Anwendung des Verfahrens im Privatbereich bzw. im Wohn- oder Aufenthaltsbereich des Menschen scheidet in jedem Fall aus.

Die Magnetfeldkompensation (König 1994) stellt hier in vielen Fällen als einzige Methode eine hervorragende Alternative zur Abschirmung dar. Was ist der Unterschied zwischen einer Abschirmung und der Kompensation eines Magnetfeldes?

- Schirmung

  Es wird versucht, die Ausbreitung des störenden Magnetfeldes innerhalb eines bestimmten räumlichen Bereiches durch passive Maßnahmen hinreichend zu verhindern. Die falsche Vorstellung, dies beispielsweise mit Platten oder Rohren im erwünschten Ausmaß zu erreichen, sind hinlänglich bekannt.
- Kompensation

  Mit Hilfe eines künstlich erzeugten „Gegenmagnetfeldes“ wird durch aktive Maßnahmen das störende Magnetfeld so weit wie möglich eliminiert. Die sich für den Laien dabei manchmal stellende Frage, ob dann nicht das Kompensationsfeld im interessierenden räumlichen Bereich Nachteile mit sich bringe, ist zwar verständlich, stellt sich jedoch hier technisch/physikalisch erfreulicherweise nicht. Die im Raum durch das Störfeld vorhandene Energie wird durch die mit dem Kompensationsfeld aufgebaute Gegenenergie sozusagen neutralisiert. An jeder Stelle im Raum kann nur ein ganz bestimmtes Magnetfeld existieren. Die Aufteilung eines solchen Feldes in mehrere Komponenten (Vektoren) ist eine rein theoretische Maßnahme mit dem Ziel, die Physik des Magnetfeldes anschaulicher und leichter verständlich zu machen. Der hieraus sich im vorliegenden Fall ergebende Endzustand – keine Energie und damit kein Magnetfeld im Raum – stellt die Magnetfeldkompensation dar.

Technisch gesehen, sind für eine gute Magnetfeldkompensation bei einem beliebigen Punkt im Raum folgende drei Forderungen zu erfüllen:

1. Das kompensierende Magnetfeld muß betragsmäßig genau so stark wie das störende Magnetfeld sein. Beide werden durch gleich lange Feldvektoren (Pfeile) dargestellt;
2. das kompensierende Magnetfeld muß räumlich genau entgegengesetzt zum störenden Magnetfeld orientiert sein, das heißt, die beiden, das störende und das kompensierende Magnetfeld repräsentierenden Feldvektoren müssen räumlich auf einer gemeinsamen Achse liegen und entgegengesetzte Vorzeichen haben;
3. das kompensierende Magnetfeld muß alle zeitabhängigen Veränderungen (z. B. 50-Hz-Schwingung) des störenden Magnetfeldes innerhalb eines entsprechenden, zu definierenden breiten Frequenzbandes möglichst *zeitlich betragsmäßig* nachvollziehen. Das System muß hinreichend breitbandig sein.

Die mit diesen drei Forderungen angesprochenen Zusammenhänge weisen bereits auf die Tatsache hin, daß ein innerhalb eines interessierenden Raumbereichs vorhandenes störendes Magnetfeld an verschiedenen Punkten im Raum immer nur so gut kompensiert sein kann, wie genau dort jeweils obige drei Kompensationsforderungen erfüllt sind. Ergänzend hierzu ist noch eine besonders gut ausgeprägte Stabilität für den Betrieb einer solchen, gegebenenfalls nötigen Kompensationsanlage zu fordern.

Zwei sich wesentlich voneinander unterscheidenden Ausgangssituationen kommen im Rahmen der Magnetfeldkompensation grundsätzliche Bedeutungen zu. Auf die ein störendes Magnetfeld erzeugenden Ströme kann erstens bezüglich deren räumlicher Positionierung kein unmittelbarer Einfluß genommen werden, oder das Magnetfeld hat zweitens in einem Hin- und Rückstrom führenden Leitungssystem seinen Ursprung, dessen einzelne Leiter räumlich variabel angeordnet werden können.

7.2.3 Magnetfelder, auf die kein Zugriff auf die sie verursachenden Ströme besteht

Solche Magnetfelder resultieren in den meisten Fällen aus nicht zu beeinflussenden elektrischen Strömen, wie sie z. B. im Erdboden als sogenannte vagabundierende Ströme bekannt oder in der allgemeinen Stromversorgung vorgegeben sind (Hochspannungsleitungen, Kabel, Transformatoren usw.). Hier bietet es sich an, im zu kompensierenden Raumbereich das Magnetfeld entsprechend meßtechnisch stärkemäßig, richtungsabhängig und zeitabhängig zu erfassen und z. B. mittels sogenannter Helmholtzspulen vergleichbarer Anordnungen ein kompensierendes Gegenfeld zu erzeugen. Diese Methode wird auch zur Kompensation des praktisch statischen Teils des Erdmagnetfeldes in bekannter Wei-

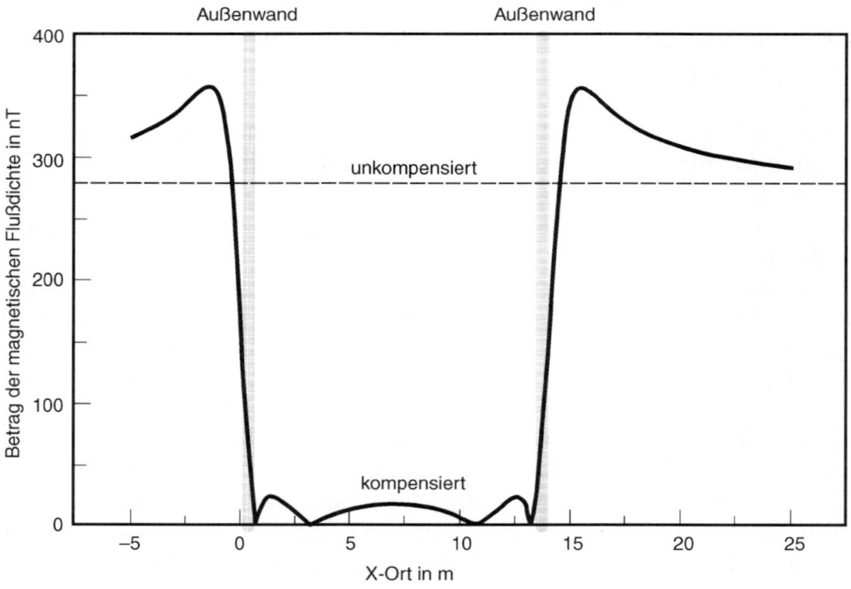

Bild 7.2 Magnetfeld im Innern eines Hauses mit Parallelabstand y = 2,5 m von der Giebelwand, in der Höhe h = 1 m.

se angewandt. Ihre Übertragung auf magnetische Wechselfelder des ELF-Bereichs bereitet insbesondere bei erhöhten Ansprüchen an die Qualität, d. h. das Ausmaß der Kompensation, erhebliche Schwierigkeiten, so z. B. an die Bandbreite des Systems wegen auftretender Instabilitäten des Regelkreises. Unter Zuhilfenahme einer computergestützten Feldverteilungsberechnung und einer aufwendig entwickelten speziellen schaltungselektronischen Anordnung war es möglich, unter anderem in einem kompletten Mehrfamilienwohnhaus mit drei Wohnebenen das außerhalb des Hauses erzeugte 50-Hz-Magnetfeld fast überall auf 10 % des ursprünglichen Wertes unter absolut konstanten Betriebsbedingungen zu kompensieren. In einem vorherbestimmten kleinen Teilbereich wurde das Magnetfeld dabei sogar bis auf weniger als 1 % kompensiert.

Eine typische Magnetfeldverteilung innerhalb des Hauses zeigt im Querschnitt *Bild 7.2*. Ursprünglich ließ sich auch bei einer Unterbrechung der Stromversorgung in der nahegelegenen Transformatorstation innerhalb aller in der Umgebung vorhandenen weiteren Wohnhäuser in ihrem unteren Bereich eine Stärke der magnetischen Induktion von ca. 280 nT nachweisen. Offensichtlich flossen im Erdboden großräumig entsprechend starke vagabundierende 50-Hz-Ströme. Nach Inbetriebnahme der Magnetfeld-Kompensationsanlage waren nur mehr Werte für die magnetische Induktion unter 30 nT zu messen.

7.2.4 Magnetfelder, erzeugt durch ein geschlossenes definiertes Leitungssystem

Bei einem hin- und rückstromführenden Leitungssystem werden wegen der in entgegengesetzter Richtung fließenden Ströme und der dadurch erzeugten jeweils entgegengesetzt orientierten Magnetfelder sowie wegen deren identischen zeitlichen Verlaufs bereits teilweise die für eine Kompensation des Magnetfeldes nötigen Voraussetzungen erfüllt. Typische Beispiele hierfür sind Hochspannungsfreileitungen oder Stromkabel. Bekanntlich kompensieren sich hier die jeweiligen Magnetfelder zwar entsprechend der geometrischen Anordnung der Leiter mehr oder weniger. Bei starken Strömen und ungünstiger geometrischer Anordnung kann diese Kompensation unter Umständen jedoch ungenügend sein.

Bei einer Betrachtung des magnetischen Feldes H, wie es sich außerhalb eines sehr langen, geraden Leiters darstellt, gilt vereinfacht folgendes: Für jeden einzelnen Leiter eines Leitungssystems besteht prinzipiell die in *Bild 7.3* beschriebene Situation für das magnetische Feld H. Es ist kreisförmig um den von Strom durchflossenen Leiter L aufgebaut. Der Strom + I fließt in die Betrachterebene hinein, wenn das Magnetfeld + H im Uhrzeigersinn orientiert ist und entsprechend umgekehrt (– H), wenn der Strom (– I) entgegengesetzt fließt. Die Magnetfeldsituation bei einer bestimmten Stelle P im Abstand r vom Leiterzentrum wird durch einen Vektorpfeil (+ H, – H) beschrieben, der im Punkt P entspre-

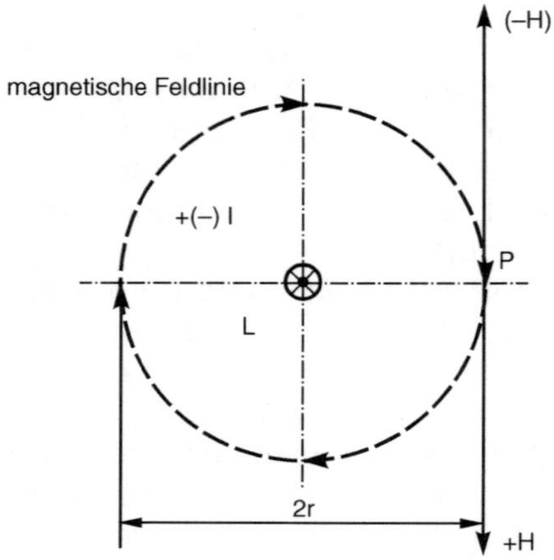

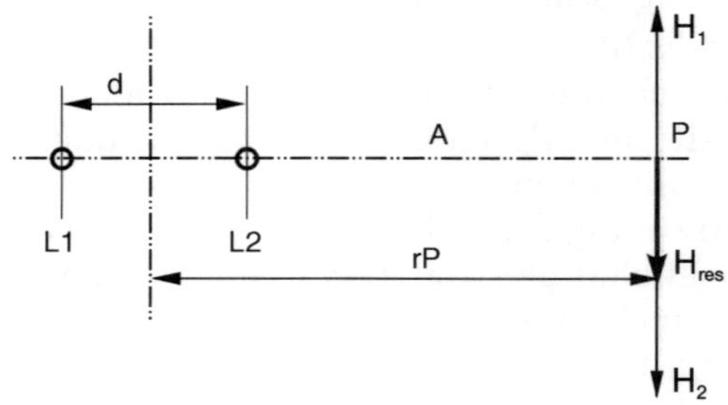

Oben: Bild 7.4 Magnetfeld eines Leitungssystems mit Hin- und Rückleitung.

Links: Bild 7.3 Magnetisches Feld eines einzelnen Leiters.

chend der Tangente (rechter Winkel zum Radius r) an dem H-Kreis orientiert ist. Die Länge des Vektorpfeils ist in der Darstellung ein Maß für die Stärke des magnetischen Feldes H im Punkt P. Erzeugen mehrere Strompfade im Punkt P durch ihre Ströme jeweils ein magnetisches Feld, so ergibt die vektorielle Addition (die Pfeile werden entsprechend ihrer Länge und Richtung aneinandergesetzt) der verschiedenen Magnetfeldvektoren das insgesamt wirklich im Punkt P vorhandene magnetische Feld (Strecke vom Ursprung zum Ende der Pfeilkette).

Anhand eines einphasigen Leitungssystems, das aus je einem Leiter für den Hin- und für den Rückstrom besteht, lassen sich nun auf einfache Weise zwei wesentliche Kompensationszustände beschreiben. Gemäß *Bild 7.4* wird im Querschnitt auf der durch die Leitungen L1 und L2 festgelegten Achse A im Punkt P das Magnetfeld betrachtet. Der Abstand zwischen Punkt P und der Symmetrieachse der beiden Leiter sei rP, so daß Leiter L2 von P entfernt ist: rP minus d/2, während L1 den Abstand rP plus d/2 von P hat. Bei einem langen geraden Leiter nimmt das Magnetfeld radial umgekehrt proportional zur Entfernung r ab. Dementsprechend größer ist im Punkt P das vom Leiterstrom in L2 erzeugte Magnetfeld H_2 im Vergleich zum Magnetfeld H_1. Wegen der entgegengesetzten Stromrichtungen sind die Feldvektoren H_1 und H_2 entgegengesetzt orientiert und liegen auf einer gemeinsamen Achse, die im rechten Winkel zu der durch L1 und L2 sowie Punkt P festgelegten Achse orientiert ist. Gemäß dem Superpositionsgesetz existiert im Punkt P ein resultierendes Magnetfeld H_{res}, das sich aus der Differenz von H_2 und H_1 ergibt. Das verbleibende Restmagnetfeld (als die eigentliche Störgröße) hat konsequenterweise in den unterschiedlichen Abständen der beiden stromführenden Leiter L1 und L2 vom Punkt P seinen Ursprung.

Dieser Nachteil wird in der Leiteranordnung gemäß *Bild 7.5* beseitigt. Gegenüber dem Zustand in Bild 7.4 (Achse A) ist die durch die Leiter L1 und L2 festgelegte Achse V um 90° gegenüber Achse A gedreht, weshalb aus Symmetriegründen jetzt diese Leiter identische Abstände vom Punkt PV haben. Dennoch ist im Punkt PV wiederum keine vollständige Magnetfeldkompensation vorhanden. Die Richtungsorientierungen der Magnetfeldvektoren H_1 und H_2 sind jetzt unterschiedlich. Eine genauere Berechnung zeigt für diese beiden Fälle (*Bilder 7.4* und *7.5*), daß die Restmagnetfelder praktisch fast unabhängig von der radialen Richtung zur Leitungstrasse ab einer bestimmten Entfernung überall einen näherungsweise gleichstarken, die Stärke des Feldes beschreibenden Wert des Betrages haben.

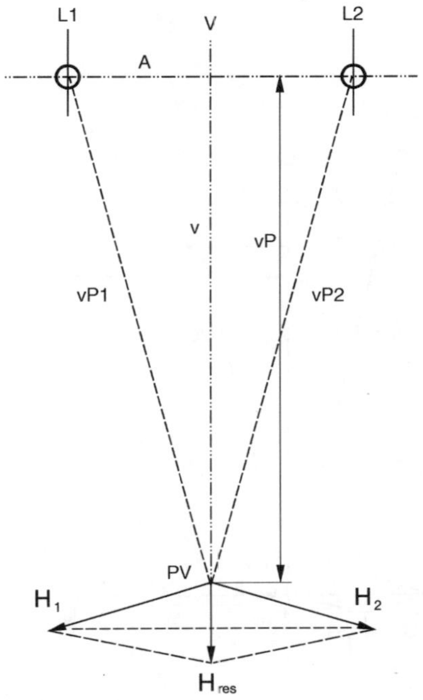

Bild 7.5 Leiteranordnung mit identischen Abständen von Punkt PV.

7.2.5 Spezielle Kompensationsanordnung

Durch die Aufspaltung wenigstens eines der Strompfade des Leitungssystems in zwei unabhängige Strompfade läßt sich eine erhebliche Verbesserung der Magnetfeldkompensation in der Umgebung des Leitungssystems gegenüber der ansonsten vorhandenen Situation erzielen, wie sie oben beschrieben ist. Dies insbesondere dann, wenn die räumliche Anordnung der aus der Spaltung hervorgegangenen Leiter optimal erfolgt (König 1992, 1993, 1994).

In *Bild 7.6* ist beispielsweise der Leiter L1 in das Symmetriezentrum der Leitungsanordnung gesetzt. Der Leiter L2 wurde in zwei Einzelleiter L2.1 und L2.2 aufgespalten, die im Abstand $d_1 = d_2$ vom Leiter L1 so angeordnet sind, daß alle drei Leiter auf einer gemeinsamen Achse A liegen. Aus Gründen der vereinfachten Darstellung sei der Strom im Leiter L2 zu gleichen Teilen auf die beiden Leiter L2.1 und L2.2 verteilt. Dementsprechend erzeugt der halbe Strom im Leiter L2.2 im interessierenden Punkt P ein stärkeres Magnetfeld $H_{2.2}$ und der Strom im Leiter L2.1 dort ein hierzu relativ schwächeres Magnetfeld $H_{2.1}$. In der Summenwirkung nähert sich damit das Magnetfeld $H_2 = H_{2.1} + H_{2.2}$ jetzt weit besser dem Wert von H_1, als dies beim ursprünglichen Zweileitersystem (*Bild 7.3* bzw. *7.4*) der Fall war, was letztlich demgegenüber zu einer etwa um den Faktor 10 verbesserten Magnetfeldkompensation führt.

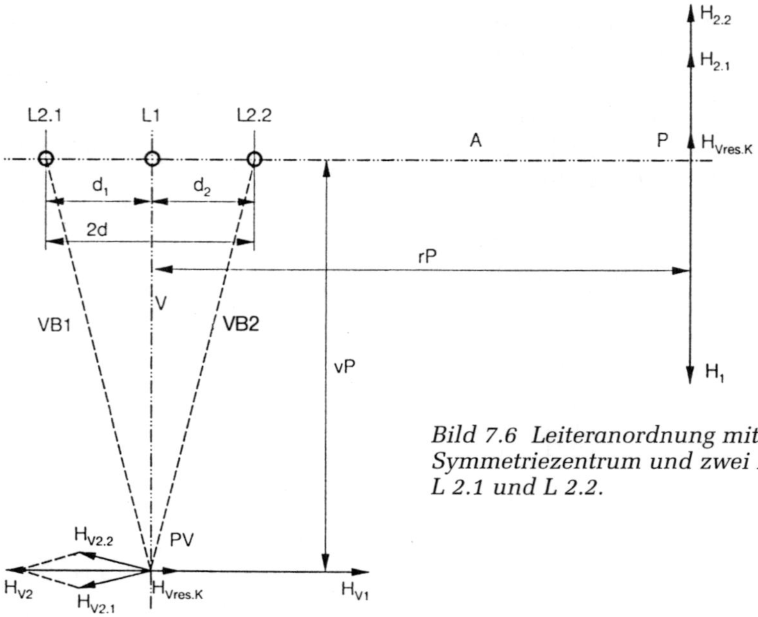

Bild 7.6 Leiteranordnung mit L1 im Symmetriezentrum und zwei Einzelleitern L 2.1 und L 2.2.

Es kann sogar außerhalb des Leitungssystems an beliebiger Stelle der Achse A oder der Achse V ein absoluter Nullabgleich des Magnetfeldes in einer vorher festlegbaren Entfernung durchgeführt werden, wenn der Leiter L1 auf der A-Achse (für den Abgleich bei P) oder längs der V-Achse (für Abgleich bei Punkt PV) entsprechend plaziert wird.

Das für ein Einphasensystem beschriebene Kompensationsprinzip läßt sich analog auch bei einem Dreiphasensystem anwenden, also bei entsprechenden Hochspannungsleitungen/Freileitungen und Kabeln.

Mittels computergestützter Berechnung des Magnetfeldes für ein Freileitungssystem ergibt sich, insbesondere im Bereich von 30 x 50 m, z. B. bei einer Hochspannungsleitung, eine wesentliche Verbesserung der Magnetfeldsituation gegenüber dem Zweileitersystem der klassischen Art. Mit Hilfe einer computergestützten Magnetfeldberechnung läßt sich die günstigste Kompensationsanordnung ermitteln.

7.2.6 Kabel

Bei einem Kabel zur Übertragung elektrischer Energie ist im Normalfall davon auszugehen, daß auf den Querschnitt bezogen die Summe aller im Kabel fließenden Ströme gleich Null ist, entsprechend der Situation bei einer Freileitung. Beide Systeme unterscheiden sich jedoch grundsätzlich hinsichtlich der räumlichen Fixierung der einzelnen Leiter der Systeme. Während diese bei einer Freileitung vorher eindeutig festgelegt wird, ist bei einem Kabel von einer beliebigen Verdrehung um die Längsachse auszugehen. Damit ergibt eine Nullfeldkompensation in einer vorher bestimmten radialen Richtung keinen Sinn mehr. Beim Kabel kommt es folglich im wesentlichen auf eine besonders gute Rundumkompensation des Magnetfeldes an, wie sie sich durch die Aufteilung einzelner Strompfade in wenigstens zwei möglichst optimal positionierte anbietet.

Als Beispiel diene ein Kabel zur Übertragung elektrischer Energie mittels eines Dreiphasen-Stromsystems. Insbesondere im Bereich der Endverbraucher ist hier damit zu rechnen, daß in einem zusätzlichen Neutralleiter bei einer unsymmetrischen Belastung des Systems ein gewisser Strom fließt, der im Zuge der Magnetfeldkompensation mitberücksichtigt werden muß. Um unter diesen Umständen allen Betriebsbedingungen gerecht zu werden, ist es sinnvoll, alle drei Phasenleiter, wie in *Bild 7.7* gezeigt, in Paare aufzuspalten, die im Kabelquerschnitt kreissymmetrisch angeordnet sind. Der Neutralleiter muß aus Kompensationsgründen symmetrisch, das heißt zentral liegen. In diesem Fall wird somit ein 7-adriges Kabel benötigt, wobei der Schutzleiter in der Ummantelung des Kabels untergebracht sein könnte.

Berechnet man im radialen Abstand zum jeweiligen Leiterzentrum den Quotienten aus 3-Leiter-Magnetfeld zu 6-Leiter-Magnetfeld, so ergibt sich gemäß *Bild 7.8* in der Entfernung des hundertfachen Leiterabstandes, wie er im Kabel vorhanden ist, das Magnetfeld des 6-Leiter-Systems mit nur mehr rund dem 175. Teil des Wertes, wie er bei einem vergleichbaren 3-Leitersystem existiert.

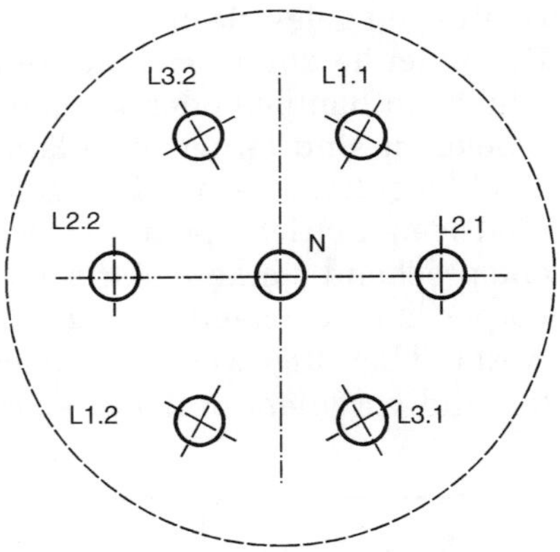

Oben: Bild 7.7 Phasenleiter in Paare aufgeteilt.

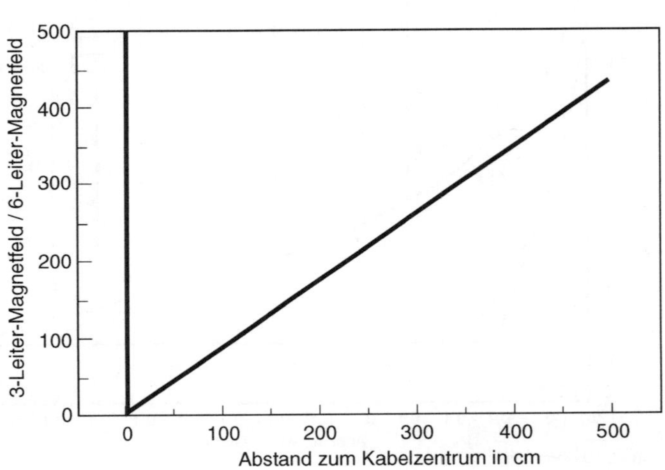

Bild 7.8 Vergleich 3-Leiter-Magnetfeld zu 6-Leiter-Magnetfeld.

Mittels der computergestützten Magnetfeldberechnung läßt sich für jeden speziellen Einzelfall die optimale Lösung ohne weiteres ermitteln.

7.2.7 Generelle Anwendung

Die Aufspaltung von Strompfaden bei Systemen zur Übertragung elektrischer Energie zum Zweck der Reduktion des um das Leitungssystem entstehenden Magnetfeldes ist vielfältig einsetzbar, und zwar immer dann, wenn beim Leitungssystem die Summe der hinfließenden Ströme gleich ist der Summe der rückfließenden Ströme. Das Verfahren läßt sich also beispielsweise bei Platinen anwenden, wie sie in der Schaltungselektronik Verwendung finden, um eventuell vorhandene magnetische Kupplungen zu vermeiden. Auch bei den in der Energietechnik üblicherweise verwendeten Verteilerschienen kann durch den zusätzlichen Einsatz einer Schiene pro Phase ein möglicherweise störendes Magnetfeld erheblich reduziert werden. Dies gilt auch bei elektrischen Heizvorrichtungen (elektrische Raumheizkörper der verschiedensten Art, elektrische Fußbodenheizung, Heizdecken, elektrisch beheizten Wasserbetten usw.). Leuchtstofflampen oder sogenannten Sonnenbänken u. ä.

Bekannt sind ferner Installationen zur Ausleuchtung von Räumen oder aber Tischleuchten, die mit Halogenlampen ausgestattet sind. Wegen deren relativ niedrigen Betriebsspannung benötigen solche Systeme bei gleicher Leistung entsprechend starke elektrische Ströme. Da außerdem derartige Beleuchtungskörper zur Stromversorgung oft an zwei Leitungsschienen mit relativ großem Abstand befestigt werden, entstehen dadurch bedingt im Bereich solcher Leuchten und vor allem in derart ausgeleuchteten Räumen oftmals relativ starke Ma-

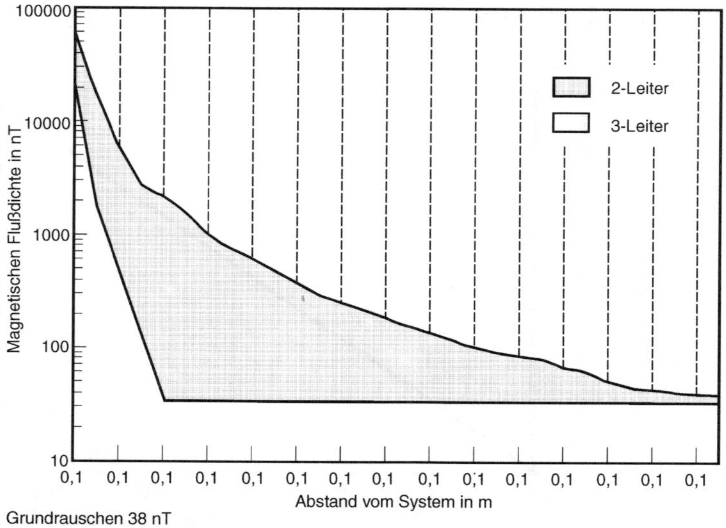

Bild 7.9 Magnetische Feldstärke bei einer Beleuchtungsanlage, 3-Leiter- und 2-Leitersystem.

gnetfelder. Bei einem praktischen Experiment wurde diesbezüglich eine solche Anlage in einem Vortragssaal näher untersucht. Bei ausgeschalteter Beleuchtung war im Raum ein Grundpegel der magnetischen Flußdichte von 38 nT zu messen. Wie *Bild 7.9* zeigt, stieg nach dem Einschalten der Beleuchtungsanlage die Belastung unterhalb in Kopfhöhe stehender Personen auf 2200 nT an. Nach Modifizierung der Beleuchtungsanlage auf ein 3-Leitersystem ergab sich ab einer Mindestentfernung von 0,5 m vom Leitungssystem für die magnetische Induktion nurmehr der Wert des Grundrauschens von 38 nT („Bioleuchten").

7.2.8 Zusammenfassung

Mit Hilfe des Prinzips der Magnetfeldkompensation ergibt sich die Möglichkeit, bei Anwendung einer speziellen Technik die im umgebenden Bereich bestimmter Vorrichtungen entstehenden Magnetfelder erheblich zu reduzieren. Dieses Prinzip läßt sich sogar für den Bereich kompletter Häuser erfolgreich anwenden. Über den gespaltenen Leiter ist außerdem die Möglichkeit gegeben, bei einem den Hin- und den Rückstrom enthaltenden Leitungssystem, dessen einzelne Leiter in einer vorher definierten Position fixiert werden können, unter Umständen in einer vorher bestimmbaren Richtung und für einen vorher bestimmbaren Abstand sogar eine Nullfeldkompensation damit zu erzielen, was für Hochspannungsfreileitungen und diverse andere Vorrichtungen von besonderem Interesse sein kann. Bei elektrischen Kabeln, die radial richtungsunabhängig ein besonders schwach ausgebildetes Magnetfeld erzeugen sollen, bietet das Verfahren die Möglichkeit, die Abstrahlungssituation in dieser Hinsicht erheblich zu verbessern.

7.3 Bahnstromanlagen

Nur bei den elektrifizierten Bahnlinien in Deutschland und in wenigen angrenzenden Bereichen wird (abweichend von der in Europa sonst üblichen Frequenz von 50 Hz für die Versorgung mit elektrischer Energie) Strom mit einer Frequenz von 16 $^2/_3$ Hz benutzt. Aus diesem Grund spricht die einschlägige internationale Fachliteratur zumindest bislang 16 $^2/_3$-Hz-Felder im Zusammenhang mit Gesundheitsproblemen praktisch nicht unmittelbar an. Trotzdem stellt sich die wichtige Frage, wo und wie die von solchen Bahnlinien und den zugehörigen Hochspannungsleitungen und -anlagen abgestrahlten elektrischen und magnetischen Felder dieser Frequenz diesbezüglich einzuordnen sind, da gerade in unmittelbarer Nähe von Bahnlinien sich sehr viele bewohnte Bereiche befinden.

Es gibt bis jetzt keine Hinweise, wonach 16 $^2/_3$-Hz-Felder kritischer einzuordnen sein sollten als 50-Hz-Felder. Aber es spricht auch nichts für eine gegenteilige Einschätzung der Situation.

Unter diesen Gegebenheiten erscheint es daher gerechtfertigt und auch sinnvoll, im Zusammenhang mit der Wirkung von Feldern, wie sie dem Bahnbetrieb zuzuordnen sind, dieselben Maßstäbe wie bei 50-Hz-Feldern anzulegen, da der frequenzmäßige Unterschied zumindest auf den ersten Blick als relativ gering einzustufen ist. Unabhängig hiervon muß es aber als eine Verpflichtung der hiervon betroffenen Länder angesehen werden, sich dieser zweifelsohne äußerst kritischen Frage anzunehmen, also die nötigen Forschungsaufträge an unabhängige Institutionen zu vergeben. Vorrangig dürfte es sich dabei um entsprechende epidemiologische Studien handeln, mit deren Hilfe unter Ausnutzung der inzwischen vorliegenden Erfahrungen die primär interessante Grundsatzfrage zu klären wäre, ob überhaupt und wenn, dann in welchem Ausmaß diesen Feldern gesundheitsrelevante Wirkungen zuzuordnen sind. Vergleichbare Überlegungen gelten für alle mit elektrischem Strom betriebenen Schienenfahrzeuge.

7.4 Hausinterne Maßnahmen

Bei der Planung der elektrischen Hausinstallation im Rahmen eines Neubaus können bestimmte Maßnahmen dazu beitragen, von vornherein die Belastung durch elektrische und magnetische Felder zu reduzieren. Hinweise dazu sind im Kapitel 18 zu finden.

Im Altbaubereich (Kapitel 17) liegen meist besonders ungünstige Verhältnisse vor, die es gilt, in den Griff zu bekommen:

Gegenüber (runden) umhüllten Leitungen, die auch bei der Hausinstallation eingesetzt werden, haben Stegleitungen die ungünstigsten Eigenschaften und erzeugen vergleichsweise die stärksten elektrischen und magnetischen Felder in ihrer Umgebung. Es sind auch Fälle bei in der Nachkriegszeit eingebauten Stegleitungen bekannt, wo das Isolationsmaterial im Laufe der Jahrzehnte derart brüchig wurde, daß wegen der damit verbundenen schlechten Isolationseigenschaften solcher Leitungen ganze Zimmerwände elektrisch gegenüber Erde unter Spannung standen. Solche Wände erzeugen als Elektrode im Raum ein ganz besonders starkes elektrisches Störfeld. Mit einer einfachen elektrischen Feldmeßsonde läßt sich hier eine entsprechende Überprüfung durchführen. Solche Leitungen sind generell im Interesse der elektrischen Sicherheit umgehend zu erneuern.

Unabhängig hiervon lassen sich mit jeweils entsprechend geerdeten Metallfolien oder mit elektrisch gut leitfähigen Lacküberzügen, die geerdet sind, kritische Zonen gegen das elektrische Feld abschirmen. Eine besondere Bedeutung ist in diesem Zusammenhang einmal mehr der schon angesprochenen Netzfreischaltung zuzuordnen.

Neben obigen, mehr allgemeinen Hinweisen haben auch nochfolgende Informationen eine spezielle Bedeutung:

- Jede Art frei herumliegender Verlängerungsleitungen stellt generell eine spezielle Quelle für elektrische und/oder magnetische Felder dar.
- Tisch- und Stehleuchten aus Metall, die über den Schutzkontakt geerdet sind, erzeugen in ihrer unmittelbaren Umgebung praktisch kein elektrisches Feld. Dementsprechend ungünstig sind in dieser Hinsicht solche Vorrichtungen aus elektrisch nichtleitendem Material (Holz, Kunststoff usw.). Ihre elektrische Sicherheit (Schutzisolierung) ist aber hiervon unabhängig so hoch zu bewerten, daß es derzeit unnötig ist, auf solche Körperkonstruktionen in jedem Fall zu verzichten. Die Industrie ist aufgerufen, hierzu Ideen zu entwickeln, die beide Belange – elektrische Sicherheit und Schutz vor Feldern – gebührend berücksichtigen. Ansatzpunkte wären z. B. Gerätegehäuse mit einer Graphit-Innenbeschichtung oder die Verwendung von elektrisch entsprechend schwach leitfähig gemachten Kunststoffen, die jeweils mit einem Schutzleiter verbunden werden müßten.

Bei der allgemein üblichen, nur einpoligen Abschaltung von Geräten hat die Polung des Steckers in der Steckdose auf die Abstrahlung des elektrischen Feldes einen besonderen Einfluß (siehe auch Kapitel 9). Befindet sich der Schalter im spannungsführenden Teil des Stromkreises, ist dies wesentlich günstiger; Zuleitung und Gerät strahlen dann deutlich weniger elektrisches Feld ab als im umgepolten Zustand (Stecker umgedreht). Die oft als Geheimtip gehandelte Überprüfung der richtigen Polung des Steckers mit Hilfe eines sogenannten Phasenprüferschraubendrehers sollte der Fachkraft vorbehalten bleiben. Die Spannungsüberprüfung, ob im ausgeschalteten Zustand z. B. bei einer Tischleuchte, beide Kontakte einer Glühlampenfassung richtigerweise spannungsfrei sind, ist nicht ungefährlich.

Stableuchten und Leuchstofflampen erzeugen vergleichsweise starke Felder. Abstrahlungsmäßig entsprechend ungünstig sind aus naheliegenen Gründen auch elektrische Heizdecken und vergleichbare Vorrichtungen.

Elektronische Geräte mit geringer Anschlußleistung werden häufig auf der Transformatorsekundärseite geschaltet; der Transformator läuft somit im Dauerbetrieb (Hörfunk- und Fernsehgeräte, Kassettenrecorder usw.). Kleine, also für geringe Leistung bestimmte Transformatoren haben ein besonders starkes magnetisches Streufeld, das aber mit zunehmender Entfernung sehr schnell geringer wird. Hierdurch ergibt sich für Geräte, die üblicherweise neben dem Bett (auf dem Nachttisch) stehen, eine besondere Situation. Bedingt durch den geringen Abstand zwischen Kopf und Gerät (Radiowecker, der außerdem noch ständig in Betrieb ist) von oft nur 20 ... 40 cm ist im Kopfbereich einer im Bett liegenden Person eine Magnetfelstärke zu erwarten, welche mit der zu vergleichen ist, wie sie durch eine in unmittelbarer Nähe vorbeiführende Hochspannungsleitung entstehen würde. Bereits bei einem Abstand von 2 ... 3 m dieser

Geräte vom Körper reduziert sich die magnetische Feldstärke in dessen Bereich jedoch fast auf das allgemeine übliche Niveau. Hier hilft also das einfache Umstellen des Geräts bereits entscheidend. Wesentlich günstiger dürften unabhängig hiervon allerdings mit Batterien betriebene Geräte sein (Gleichstrombetrieb).

Ein Problem besonderer Art stellt die Aufladung eines Speicherheizgerätes während der Nachtstunden dar, und zwar insbesondere dann, wenn es in einem Raum aufgestellt ist, der sich durch eine auf die Einschaltzeit bezogene hohe Verweildauer für Personen auszeichnet. Darunter fällt in erster Linie der Schlafraum. In Heizkörpern fließen wegen der relativ hohen elektrischen Anschlußleistung (kW-Bereich) immer starke Ströme, die für die Erzeugung entsprechend starker Magnetfelder verantwortlich zeichnen. Wegen des Nachtschaltungsbetriebs befinden sich Personen aber genau zu der Zeit in dem betroffenen Raum (Schlafzimmer), wenn die Geräte eingeschaltet und womöglich noch in deren unmittelbarer Nähe (Bett) aufgestellt sind. Die Verwendung solcher Geräte sollte, wenn dafür keine Alternative vorhanden ist, also wohlüberlegt sein, was deren Einschaltzeitraum und die Frage des räumlichen Abstands betrifft.

7.5 Abschirmdecken

Die Verwendung sogenannter Abschirmdecken ist im Zusammenhang mit Wünschelrute, „Erdstrahlen", Wasseradern usw. bekannt geworden. Hier ergibt sich nun eine begriffliche wie auch sachlich-fachliche Überschneidung, die es zu beleuchten gilt. Im vorliegenden Fall interessiert nicht, wie sinnvoll oder unsinnig es sein kann, eine sogenannte Schirmdecke gegen Erdstrahlen zu verwenden, sondern nur deren mögliche Schirmwirkung gegen das elektrische 50-Hz-Feld, wie es im Zusammenhang mit der allgemeinen Versorgung mit elektrischem Strom entsteht (das Magnetfeld scheidet bekanntermaßen bei solchen Betrachtungen wegen dessen Nichtabschirmbarkeit von vornherein aus).

Es geht dabei beispielsweise um Zudecken, die im Bett liegende Personen vor den sogenannten Erdstrahlen schützen oder auch abschirmen sollen. Ein charakteristisches Merkmal der meisten dieser Zudecken besteht darin, daß in das eigentliche Deckenmaterial klassischer Art zusätzlich ein mehr oder weniger feines Metallnetz aus Drähten (vorzugsweise aus Kupfer) eingearbeitet ist, wobei diese Drähte mittels eines externen Anschlusses (beispielsweise über den Schutzkontakt einer Steckdose) zu erden sind (manchmal mit der Begründung, daß dadurch die „Erdstrahlen" abfließen könnten).

Eine solche geerdete Decke stellt im Zusammenhang mit einer Betrachtung der Situation, wie sie sich für das elektrische 50-Hz-Feld in dem hier interessierenden Rahmen darstellt, eine großflächige geerdete Elektrode dar, an der im klassischen Sinn elektrische Feldlinien ihren Anfang/ihr Ende haben, wie sie durch spannungsführende elektrische Leitungen bedingt sind. Die im Raum vor-

Bild 7.10 Eine sogenannte Abschirmdecke, die charakteristischerweise ein Kupferdrahtnetz enthält, das über einen externen Anschluß zu erden ist, kann das elektrische 50-Hz-Feld, wie es von elektrische Spannung führenden Teilen ausgeht, für eine im Bett darunter liegende Person im Extremfall abschirmen, oder aber auch verstärken.
a) Die unter der nicht geerdeten (S) Abschirmdecke D liegende Person P ist von einem elektrischen Feld E betroffen, das in einer Leuchte L seinen Ursprung hat. Das Mauerwerk der Wand und der Fußboden entsprechen einer geerdeten Elektrode.
b) Die Abschirmdecke D sei jetzt am Schutzkontakt S einer Steckdose geerdet. Die von der verursachenden Leuchte L ausgehenden elektrischen Feldlinien E haben dann praktisch alle in der geerdeten Abschirmdecke D ihre andere Ausgangsstelle; die unter der Decke liegende Person P befindet sich in einem feldfreien Raum und ist somit vom elektrischen Feld abgeschirmt.
c) Die unter der nicht geerdeten (S) Abschirmdecke D liegende Person ist von einem elektrischen Feld E betroffen, das in einer Leuchte L und in deren lose auf dem Boden liegenden Anschlußkabel K seine Ursache hat.
d) Die Abschirmdecke D sei jetzt am Schutzkontakt S einer Steckdose geerdet. Für die von der Leuchte L verursachten elektrischen Feldlinien E ergibt sich so im oberen Bereich der geerdeten Abschirmdecke D ihre andere Ausgangsstelle, dagegen für die vom lose auf dem Boden liegenden Kabel K verursachten Feldlinien im unteren Bereich der geerdeten Abschirmdecke D. Die Feldlinienkonzentration ist speziell unter der Abschirmdecke D erhöht. Damit ist die unter der Abschirmdecke D liegende Person P hier einem stärkeren elektrischen Feld E ausgesetzt, als dies ohne die sogenannte Abschirmdecke D der Fall wäre.

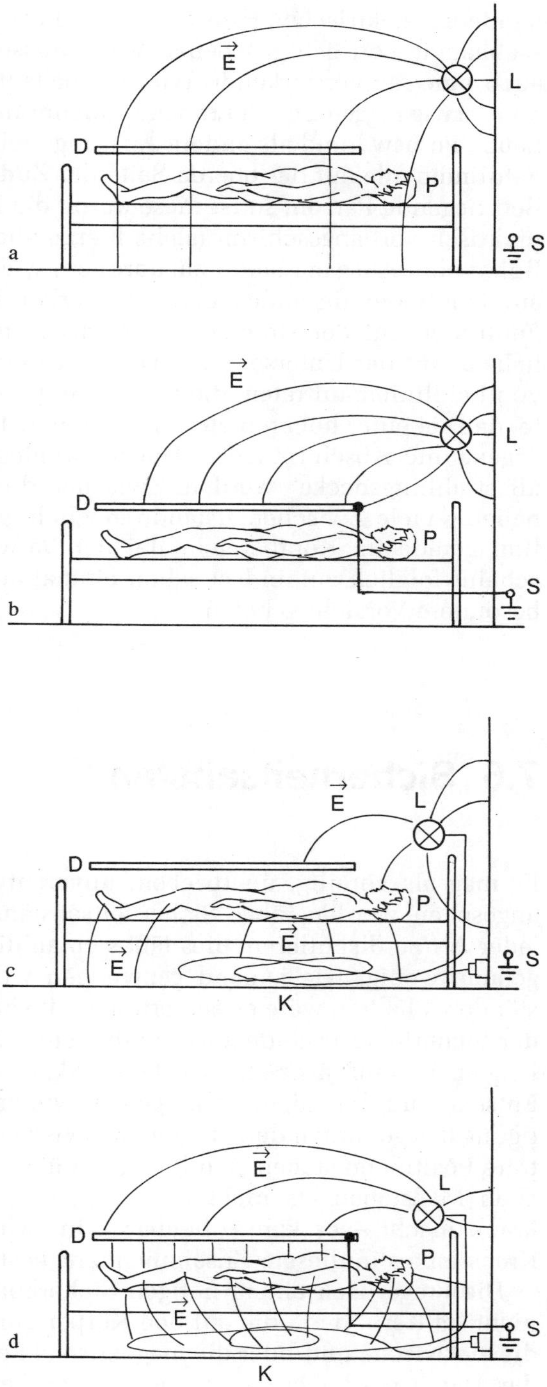

handenen elektrischen Feldlinien konzentrieren sich folglich auf der Decke, was – abhängig von den gegebenen Verhältnissen – sowohl eine abschirmende als auch eine feldverstärkende Wirkung bedeuten kann. Die Feldlinien haben als eine Ausgangsstelle elektrische Spannung führende Teile (Drähte, Kabel, Leuchten usw.) und als andere Ausgangsstelle die geerdete Zudecke. Enden die Feldlinien alle auf der oberen Seite der Zudecke, bezogen auf eine darunter im Bett liegende Person, so ist diese durch die Zudecke gegen das elektrische Feld praktisch voll abgeschirmt (siehe hierzu auch *Bild 7.10*). Ist dagegen den Feldlinien eine Ausgangsstelle zuzuordnen, wie sie sich beispielsweise durch eine auf dem Boden liegende elektrische Verlängerungsleitung darstellt, könnten alle Feldlinien auf der Unterseite der Abschirmdecke ihre andere Ausgangsstelle haben. Auf der Unterseite der Decke würde damit eine gewisse Konzentration von Feldlinien auftreten, die für eine unter der Decke liegende Person bedeutete, daß sie einer höheren elektrischen Feldstärke ausgesetzt wäre als ohne diese sogenannte Abschirmdecke. Die Schirmdecke würde in diesem Fall zu einer „Bestrahlungsdecke" werden. Zwischen diesen beiden Extremsituationen sind beliebig viele Zwischenzustände möglich, wie z. B. eine Feldlinienkonzentration gerade im Kopfbereich. Bei der Verwendung solcher Schirmdecken erscheint folglich zumindest schon einmal aus diesen Zusammenhängen heraus besondere Vorsicht geboten.

7.6 Sicherheitsabstand

Es mag als voreilig, übertrieben, unverantwortlich, provokativ oder sonstwie angesehen werden, über Sicherheitsabstände zu energietechnischen Anlagen jeder Art zu diskutieren; dies läßt sich an dieser Stelle nicht entscheiden. Aber genausowenig, wie jemand gezwungen werden kann, sich an Sicherheitsabstände zu halten, wäre es zu vertreten, die hier nötigen Informationen bezüglich der Sicherheitsabstände zurückzuhalten, die besorgte Bürger erwarten und verlangen. Es muß als Selbstverständlchkeit angesehen werden, jedermann freie Entscheidungsmöglichkeit zu geben, wie er sich persönlich unter Berücksichtigung des gesamten derzeitigen Wissenstandes zu verhalten gedenkt. Zwei konträre Positionen stehen sich hier gegenüber: Es gilt bislang nach wissenschaftlichen Maßstäben als nicht bewiesen, daß elektrische Energie mit Sicherheit krank macht – es kann offenbar kein Zweifel mehr bezüglich eines kleinen Krebsrisikos in diesem Zusammenhang bestehen.

Die Frage nach einem nötigen Sicherheitsabstand trifft das Problem jedoch nicht im Kern, denn die auf den Körper einwirkende Strahlungsintensität, also die elektrische und/oder die magnetische Feldstärke stellen das Maß aller Dinge dar. Damit wird aber bereits die erste vorhandene Komplikation angesprochen.

Weder für das elektrische noch für das magnetische Feld sind verbindliche Grenzwertangaben möglich. Als Ausweg bietet sich an, beispielsweise drei Sicherheitsschwellen einzuführen: die besonders kritische Einstufung der möglichen Gefahr, eine weitgehend unkritische sowie eine, die als Kompromißlösung einzustufen wäre. *Tabelle 7.1* zeigt für die entsprechenden Felder die jeweils denkbaren Werte bei einer Langzeit-Exposition.

Tabelle 7.1:
Denkbare bzw. gegebene Richtwerte für das elektrische und das magnetische 50-Hz-Feld (1 µT = 1000 nT), wie sie im Zusammenhang mit einem Sicherheitsabstand zu sehen sind, aufgeteilt in vier kritische Ebenen. Dabei enthält die letzte die derzeit offiziellen bzw. die zur Diskussion stehenden Grenzwerte (Normwerte für den Wohnungsbereich, gemäß DIN VDE 0848, Teil 4).

	Elektrisches Feld (V/m)	Magnetisches Feld (magnetische Flußdichte) (µT)
Werte bei besonders kritischer Einschätzung einer Gefahr	50 ... 100	< 0,1
mittlere Werte	200 ... 500	0,3 ... 30
relativ höhere Werte	1000	50
derzeit offizielle Richtwerte	10 000	5 000

Die zweite Komplikation besteht in der Unmöglichkeit, allgemeingültig für eine bestimmte energietechnische Anlage theoretisch die Entfernung anzugeben, in der jeweils bestimmte Felstärkewerte existieren. Die unterschiedlichsten Gründe sind hierfür maßgeblich.

Beim elektrischen Feld ist zwar die als ursächlich verantwortliche Betriebsspannung praktisch konstant und von der Größe her bekannt, Feldabstrahlung und -ausbreitung hängen jedoch von so vielen Unabwägbarkeiten ab, daß nur für den speziellen Einzelfall einigermaßen gültige Aussagen zu machen sind. Für das Magnetfeld gelten die dualen Zusammenhänge. Der fließende elektrische Strom ist ursächlich die bestimmende Größe. Der Strom hängt jedoch bei gegebener Betriebsspannung von dem angeschlossenen Verbraucher ab; dieser ist im Einzelfall aber unbekannt. Die Stromstärke kann somit im Bereich von Leerlauf (kein Strom) bis zu Vollast (maximal möglicher Strom) beliebig variieren. Die Feldabstrahlung hängt ferner stark vom jeweiligen Leitersystem ab, ist demnach quantitativ selbst größenordnungsmäßig nur schwer erfaßbar. Einzig die Feldausbreitung läßt sich vergleichsweise gut einschätzen, da das Magnetfeld bekanntlich durch jegliche Materie unbeeinflußt bleibt.

Bei dieser fast ausweglos erscheinenden Situation bietet sich im Grunde genommen – zumindest bei einer schon bestehenden Anlage – nur die Möglichkeit an, die jeweils am bestimmten Ort interessierende Feldstärke zu messen (siehe auch Kapitel 15). Die hierfür nötigen Meßgeräte sind prinzipiell vorhanden und erfüllen die an sie zu stellenden Ansprüche, vorausgesetzt, sie werden fachmännisch bedient, was eine sehr ernst zu nehmende und kritische Forderung darstellt.

7.6.1 Freileitung

Eine bei beiden Feldarten gleichermaßen komplizierte Situation ergibt sich im Fall einer Vorausplanung. Für die hier nötige theoretische Abschätzung müssen alle vorliegenden konstruktiven Einzelheiten bekannt sein, um zu genaueren Ergebnissen zu kommen.

Für jeweils vier Betrachtungsebenen gibt *Tabelle 7.2* grob abgeschätzte Richtwerte für den jeweils notwendigen Sicherheitsabstand, wie er sich beim elektrischen Feld für eine freie und eine gestörte (Bäume, Häuse usw.) Feldausbreitung darstellt, und entsprechend beim Magnetfeld (magnetische Flußdichte) für die drei Betriebsströme 40 A, 200 A und 1000 A. Beim elektrischen Feld sind die Betriebsspannung und die dadurch bedingten geometrischen Abmessungen der Leiteranordnungen von Bedeutung, beim Magnetfeld neben dem Strom nur die durch die jeweilige Spannungsebene bedingten geometrischen Abmessungen der Leiteranordnungen. Die Betriebsspannung ist ohne Belang. Ein Strich in der Tabelle bedeutet, daß derartige Werte im Bereich von Freileitungen nicht erreicht werden.

Die angegebenen Werte gelten für einen symmetrischen Betrieb der drei Phasen eines Drehstromsystems. Dies dürfte für die Spannung üblicherweise gewährleistet sein, nicht jedoch für den Strom. Bei einer einphasigen Strombelastung ist es für die Magnetfeldabstrahlung entscheidend, auf welchem Weg sich der Stromkreis schließt. Je weiter die beiden entgegengesetzt fließenden Ströme räumlich voneinander entfernt liegen, ein um so stärkeres Magnetfeld entsteht mangels des kompensierenden Gegenfeldes. Den ungünstigsten Fall würde ein Einleiterstrombetrieb darstellen. In *Tabelle 7.2* sind beim Magnetfeld die sich für diesen Fall ergebenden Abstandswerte ergänzend eingetragen. Hieraus läßt sich auch die besonders ungünstige Situation bei Ausgleichsströmen in der Erde (vagabundierende Ströme) ableiten (besonders große räumliche Entfernung der beiden zu einem geschlossenen Stromkreis gehörenden Strompfade). Die Abstände nehmen beim Magnetfeld (B) mit steigender Spannung zu, weil sich dementsprechend die Leiterzwischenräume und damit die effektive Abstrahlung vergrößern. *Tabelle 7.2* enthält jedoch zu viele Annahmen, um aus

Tabelle 7.2:
Grob geschätzte Sicherheitsabstände von Freileitungen für verschiedene angenommene Pegel des elektrischen Feldes E (zwei unterschiedliche Ausbreitungsverhältnisse) und der magnetischen Flußdichte B (drei verschiedenstarke, für die Entstehung des Feldes verantwortliche Ströme, jeweils Stromstärke pro Leiter), symmetrischer Drehstrombetrieb vorausgesetzt. Die letzte Spalte gibt für das Magnetfeld Werte für eine nur einphasige Strombelastung an, mit der Annahme, daß ein nennenswerter Anteil des Rückstroms nicht im eigentlichen Leitungssystem fließt.

	angenommener zulässiger Feldstärke-Pegel	notwendiger Abstand (m)			
		Freileitung – Drehstrom Spannungsebene			Strom einphasig
		20 kV	110 kV	380 kV	
E (V/m) freie Ausbreitung	50 ... 100	30 ... 60	50 ... 100	200 ... 300	–
	200 ... 500	10 ... 20	10 ... 30	100 ... 150	–
	1000	–	5 ... 10	30 ... 60	–
	5000 ... 10000	–	–	20 ... 30	–
E (V/m) gestörte Ausbreitung	50 ... 100	–	20 ... 50	50 ... 150	–
	200 ... 500	–	–	30 ... 100	–
	1000	–	–	20 ... 30	–
	5000 ... 10000	–	–	20 ... 30	–
B (µT) bei 40 A	> 0,1	20 ... 40	30 ... 50	30 ... 50	80
	1	5 ... 15	5 ... 15	8	25
	50	–	–	–	–
	500	–	–	–	–
B (µT) bei 200 A	> 0,1	40 ... 60	50 ... 80	100 ... 150	400
	1	10 ... 20	10 ... 25	40	100
	50	–	–	–	1
	500	–	–	–	–
B (µT) bei 1000 A	> 0,1	80 ... 100	90 ... 120	120 ... 200	2000
	1	40 ... 60	50 ... 80	200	500
	50	10 ... 20	10 ... 25	4	25
	500	–	–	–	–

ihr wirklich genaue Werte ableiten zu können. Von völlig unkritischer Situation in nächster Umgebung bis zu erforderlichen Abständen von einigen 100 Metern und mehr ist je nach den gemachten Voraussetzungen alles möglich – eben dies sollte hiermit demonstriert werden.

7.6.2 Kabel

Die Verwendung eines Kabels ist sowohl außerhalb eines Hauses als auch innerhalb möglich. Bekanntlich nehmen die Felder mit zunehmender Entfernung von den stromführenden Leitungen vor allem im Nahbereich beim Kabel (wegen des besonders geringen Leiterabstands) wesentlich schneller ab als bei Freileitungen. Da das elektrische Feld durch bekannte Maßnahmen jederzeit abzuschirmen ist, beschränkt sich das wesentliche Interesse auf die Magnetfeldsituation. Ein grober Richtwert, welcher Abstand r von einem Kabel einzuhalten ist, in welchem beide Stromrichtungen mit dem Strom I gleichmäßig vertreten sind bzw. wie er in einem symmetrisch betriebenen (dreiphasigen) Drehstromsystem vorhanden ist, ergibt sich aus folgenden Beziehungen:

$r_{2,3}$ (m) ≧ 0,1 · I (A) für B < 0,1 µT = 100 nT (Höchstwert)
$r_{2,3}$ (m) ≧ 0,01 · I (A) für B < 1 µT = 1000 nT (Höchstwert)

Dabei wurden zwei Feldstärkeebenen berücksichtigt: 0,1 µT (entsprechende magnetische Flußdichte B, bezogen auf Magnetfeld in Luft) als extrem kritische Feldstärkeeinschätzung, wie sie von sogenannten Insidern vertreten wird und welche auch die Ergebnisse der epidemiologischen Studien berücksichtigt, die Effekte auf der untersten Feldstärkeebene ergaben, sowie ein höherer Wert von 1 µT.

Allerdings wird der angenommene reine Zweileiter- oder Dreileiter-Betrieb nicht immer vorhanden sein. Dies entspräche im Extremfall fast einem Strom in einem langen geraden Leiter. Für diesen speziellen Fall gelten die Beziehungen

r_1 (m) ≧ 2,5·I (A) für B < 0,1 µT = 100 nT (Höchstwert)
r_1 (m) ≧ 0,25·I (A) für B < 1 µT = 1000 nT (Höchstwert)

Da der reine Einleiterbetrieb (r_1) praktisch ausscheidet, sind eigentlich die zwischen beiden Möglichkeiten liegenden Werte von Bedeutung. Ein typisches Beispiel hierfür wäre ein gewisser Anteil an vagabundierenden Strömen, die nicht in den Leitungen fließen. Höhere zulässige Magnetfeldwerte (B >> 1 µT) sind für derartige Betrachtungen nicht mehr interessant, da sich hier extrem geringe, in der Praxis nicht mehr relevante Abstandswerte ergeben.

Transformatoren werden meistens über Kabelanschluß betrieben, könnten aber auch unmittelbar an eine Freileitung angeschlossen sein. In diesem Fall ist noch das vom Transformator ausgehende Streufeld in die Betrachtungen mit einzubeziehen. Hierüber lassen sich jedoch keine Zahlenangaben machen, denn jeder Transformator erzeugt ein ihm eigenes magnetisches Streufeld, das bei modernen Ausführungen zumindest technisch gesehen als relativ klein einzustufen ist. Hinzu kommt ferner noch das durch die Anschlußanordnung bedingte Magnetfeld. Um hier wenigstens einen gewissen Hinweis zu geben, wird auf den notwendigen Abstand verwiesen, wie er in *Tabelle 7.2* für die 20-kV-Spannungsebene und für die Strombelastung 40 A, 200 A und 1000 A angegeben ist.

Nicht berücksichtigt werden konnte bei allen Überlegungen über Sicherheitsabstände der Zeitfaktor, welcher die Bestrahlungsdosis entscheidend mitbestimmt oder Belastungen an anderen Orten. Hierüber liegen bislang keine verwertbaren Informationen vor. Welche Konsequenzen sich beispielsweise aus einer stark schwankenden Intensität der Strahlung ergeben, ist nicht bekannt.

Im Zusammenhang mit dem Sicherheitsabstand müßte auch ein gewisser Sicherheitsfaktor zum Ansatz kommen, der die individuell streuende Reaktionsempfindlichkeit beim Menschen mitbewertet. Aber auch hierüber liegen bislang keine Erfahrungswerte vor.

II Elektroinstallation beim biologisch orientierten Wohnungsbau

Ein neuer Aspekt bei der Elektroinstallation

Enno Folkerts

8 Durch Elektroinstallation erzeugte Felder

Im Rahmen einer Elektroinstallation muß zwischen dem elektrischen Feld (E-Feld) und dem magnetischen Feld (H-Feld) unterschieden werden. Die Existenz beider Feldarten ist zu berücksichtigen, wenn eine strahlungsarme Installation angestrebt wird.

8.1 E-Feld

E-Felder sind grundsätzlich dort anzutreffen, wo elektrische Potentialunterschiede, also elektrische Spannungen auftreten, wie z. B. zwischen jeweils zwei Leitern des öffentlichen Versorgungsnetzes oder zwischen jeweils einem spannungführenden Leiter (L1, L2 oder L3) des Drehstromsystems und der Erde. E-Felder werden durch Pfeillinien dargestellt, die von dem positiven Spannungspotential hin zum negativeren Spannungspotential verlaufen (*Bild 8.1,* siehe auch *Bild 1.3*).

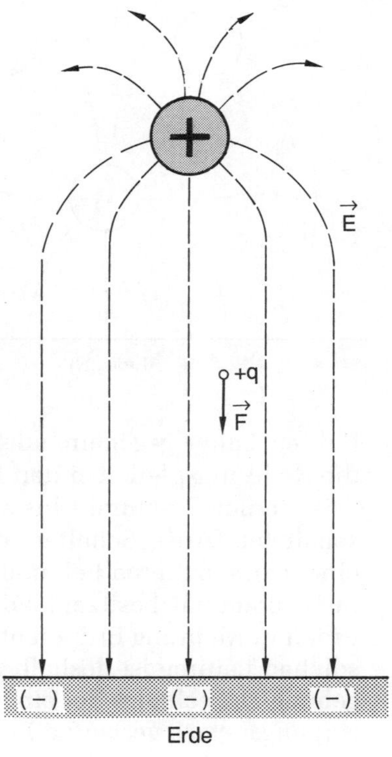

Bild 8.1 Elektrische Feldlinien $\vec{E}$ beginnen bei einer positiven und enden bei einer negativen Ladung. Sie beschreiben mit dieser Orientierung die Richtung der Kraftwirkung $\vec{F}$ auf eine positive Ladung + q, die sich in diesem Feld befindet. Zur Oberfläche elektrisch leitender Körper bilden die elektrischen Feldlinien immer einen rechten Winkel.

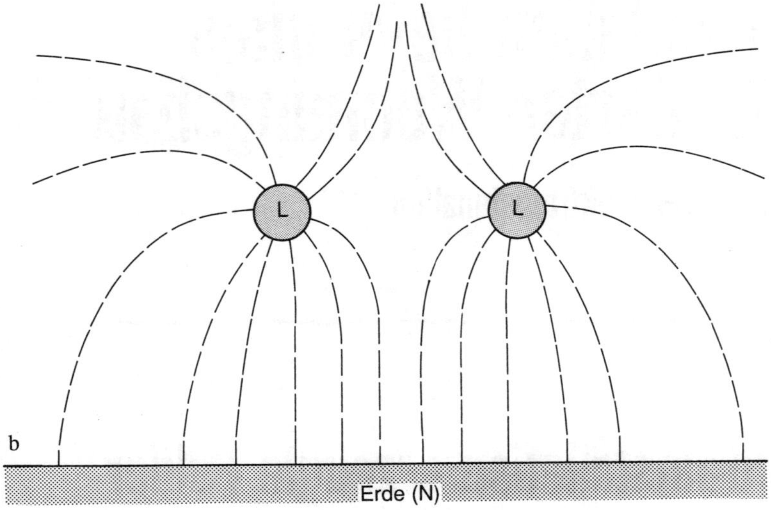

Oben: Bild 8.2 Feldlinienverlauf bei einem Zwei-Leitersystem, zwei Leiter (L) auf Spannungspotential gegenüber Erde (N).

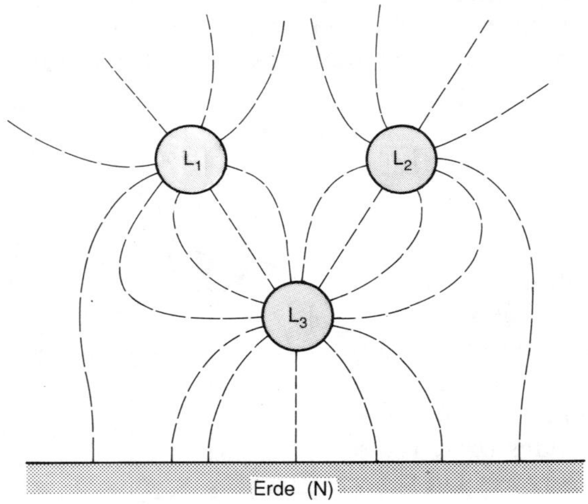

Links: Bild 8.3 Momentanbild einer bestimmten Verteilung des elektrischen Feldes bei einem aus den drei Leitern L_1, L_2 und L_3 bestehenden Drehstromsystem und Erde (N).

Führen Leiter gegeneinander Wechselspannung, so verzichtet man häufig auf die Richtungspfeile bei den Feldlinien.

Bei einer Zweidraht-Installationsleitung, die speziell nur zu einem eingeschalteten (Aus-) Schalter verlegt ist, bestehen dagegen keine E-Feldlinien von einem zum anderen Leiter, da beide Leiter in jedem Augenblick dasselbe Spannungspotential besitzen. Von jedem der beiden Leiter führen jedoch E-Feldlinien in Richtung Erdpotential (Boden, Wände, Decke usw. (*Bild 8.2*). Bei einer solchen Leitung ist deshalb grundsätzlich mit einem stärkeren Feld in der Umgebung zu rechnen. Bei einer Drehstromleitung innerhalb des öffentlichen Versorgungsnetzes verlaufen E-Feldlinien sowohl zwischen den drei Außenleitern (wegen der Potentialdifferenz von 400 V; siehe *Bild 8.3*) als auch zwischen den Leitern und der Erde (wegen der Potentialdifferenz von 230 V.

E-Felder sind zwischen Leitern untereinander sowie zwischen Leitern und allen hinreichend elektrisch leitenden und geerdeten Oberflächen vorhanden, die gegeneinander Spannung führen.

8.2 H-Feld

H-Felder bilden sich um einen Leiter aus, wenn dieser von einem elektrischen Strom durchflossen wird. Das Fließen eines Stromes – nicht das bloße Vorhandensein einer elektrischen Spannung also – ist hierfür die Voraussetzung. Auch H-Felder werden mit Hilfe von Feldlinien dargestellt, die in sich geschlossen (gegebenenfalls kreisförmig) um den Leiter herum verlaufen (siehe auch *Bild 1.4a*). Die Linien markieren im Raum die Kraftwirkung auf magnetisierbare Stoffe (zum Beispiel Eisen, Kobalt, Nickel sowie Legierungen davon).

H-Felder bilden sich um Leiter und elektrisch leitende Materialien, die einen elektrischen Strom führen.

Manchmal wird irreführend und unklar im Rahmen der „biologisch orientierten Elektroinstallation“ ausgesagt, daß die Außenleiter L1, L2 und L3 des Netzes der öffentlichen Stromversorgung ständig „Störfelder abstrahlen“, während der N-Leiter (Neutralleiter) nur dann „strahlt“, wenn auch ein elektrischer Strom fließt. Eine solche pauschale Beschreibung unterscheidet nicht zwischen der Art des jeweiligen Feldes, sondern definiert Felder unterschiedlicher Art unverbindlich als „Strahlung“.

8.3 Die Schirmung von E- und H-Feldern

E-Felder sind relativ einfach und wirkungsvoll gegenüber ihrer Umgebung abzuschirmen. Hierzu ist ein Werkstoff erforderlich, dessen elektrische Leitfähigkeit wesentlich größer als die der Luft ist. In der Regel dienen als Schirmung Metalle. *Bild 8.4* zeigt am Beispiel einer koaxial aufgebauten Leitung die Feldverteilung für den gegenüber Erde eine positive Spannung führenden elek-

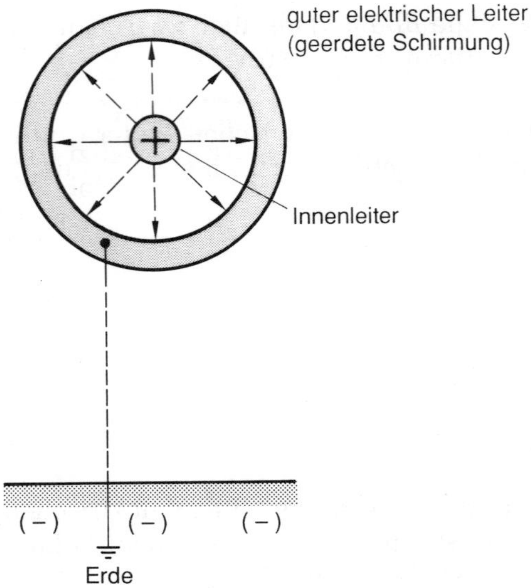

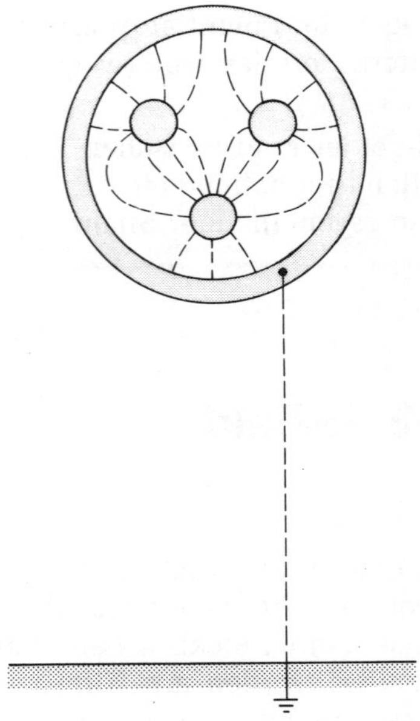

Links: Bild 8.4 Elektrisches Feld zwischen Innenleiter und geerdeter Schirmung einer koaxial aufgebauten Leitung.

Rechts: Bild 8.5 Elektrisches Feld in einem Drehstromkabel zwischen den drei Phasenleitern einerseits sowie zwischen den Phasenleitern und der geerdeten Bewehrung bei einer bestimmten Phasenlage.

trischen Innenleiter. Um den Leiter herum ist hier eine mit der Erde verbundene Metallschirmung angebracht. Durch die Erdung hat auch die Schirmung Erdpotential, so daß die E-Feldlinien nur noch zwischen Leiter und Schirmung verlaufen. Der Raum zwischen Schirmung und Erde bleibt damit feldfrei. Dieselbe Wirkung ist auch bei einer geschirmten Drehstromleitung vorhanden (*Bild 8.5*).

H-Felder, wie sie um einen stromdurchflossenen elektrischen Leiter entstehen, sind dagegen aus verschiedenen Gründen praktisch nicht abzuschirmen, wie an anderer Stelle bereits erläutert wurde. Sie treten im Nahbereich moderner Installationsleitungen und -kabel im Vergleich zu einem vom Strom durchflossenen einzeln verlegten Leiter aber deutlich geschwächt auf, da sich die an die Leiter eines Wechsel- oder Drehstromsystems gekoppelten H-Felder aufgrund der unterschiedlichen Stromrichtungen in den Einzelleitern größtenteils kompensieren. Deshalb ist die Art der im Bereich von Hausinstallationen üblichen Verlegung – in Form von Mantelleitungen oder Kabeln mit besonders eng beieinander liegenden Leitern – günstig. Für Stegleitungen trifft dies jedoch weitestgehend nicht zu.

8.4 Anmerkungen zur feldarmen Elektroinstallation

Es kann nicht Aufgabe des Elektrofachmanns sein, seinem Kunden medizinisch fundierte Begründungen für die Notwendigkeit einer feldarmen Elektroinstallation zu liefern. Er soll den Kunden vielmehr dahingehend beraten, wie dieser weitgehend die mit der Hausinstallation verbundenen E- und H-Felder vermeiden kann, wenn dieser es ausdrücklich wünscht. Da sich die Existenz dieser Felder zweifelsfrei und mit wissenschaftlich anerkannten Mitteln meßtechnisch nachweisen läßt, kann die erfolgreiche Tätigkeit der Elektrofachkraft auch überzeugend demonstriert werden.

Bei jeder Tätigkeit – und natürlich auch bei der Herstellung von feldreduzierenden Elektroinstallationen – sollte die Elektrofachkraft ein Grundprinzip aber nicht außer acht lassen:

> Alle vorzusehenden Maßnahmen müssen so getroffen werden, daß sie unter keinen Umständen Kompromisse zu geltenden VDE-Bestimmungen darstellen. Ein mangelhafter Schutz (zum Beispiel) gegen gefährliche Körperströme bedeutet in jedem Fall eine nicht zu unterschätzende Gefährdung.

9 Allgemeine Hinweise zur Ausführung feldarmer Elektroinstallation

Die zuverlässigste Methode, die durch die Elektroinstallation entstehenden E- und H-Felder zu vermeiden, wäre der völlige Verzicht auf jede Art der Verwendung von elektrischer Energie im unmittelbaren Lebensbereich des Menschen. Aber dies ist natürlich nicht möglich. Spätestens am Arbeitsplatz – unter dem Einfluß „künstlicher" Beleuchtung oder/und an einer Maschine – würde man von der Wirklichkeit eingeholt. Die Elektrotechnik hat zu viele Bereiche des täglichen Lebens erobert und leistet unzählige Dienste, so daß man auf ihre Nutzung allgemein nicht verzichten könnte und möchte. Aber als Kompromiß und im Sinne einer Vorsorge bietet es sich an, die Einwirkung der durch Elektroinstallationen bedingten Felder auf den Menschen zu bestimmten Phasen des Tagesablaufes – zum Beispiel während der Ruhestunden – einzuschränken.

So ist es sinnvoll, im Rahmen einer biologisch orientierten Elektroinstallation innerhalb der privaten Wohnung oder des privaten Hauses „feldarme Zonen“ einzurichten. Dafür steht eine Reihe verschiedener technischer Mittel und Möglichkeiten zur Verfügung.

Die Entstehung von Feldern aus Elektroinstallationen läßt sich reduzieren, eingrenzen oder gegebenenfalls ganz verhindern (alternativ) durch

- Abschirmungen,
- besondere Ausführung und Anordnung der Elektroinstallation oder
- Abschaltung.

Die aufgeführte Reihenfolge gibt zugleich auch einen ungefähren Eindruck der Wirksamkeit der genannten Maßnahmen wieder.

Manchmal wird die Meinung vertreten, daß zur Verringerung elektrischer Streufelder die Hausinstallation möglichst weitgehend auf Niedervoltbetrieb umzustellen sei. Insbesondere für den Bereich der Beleuchtung liegt eine solche Maßnahme auf der Hand, da in den letzten Jahren die Lampentechnik durch das Aufkommen der Halogenglühlampen mit 6 V, 12 V und 24 V Nennspannung eine rasante Entwicklung erlebte. Dies ist jedoch aus Sicht einer biologisch orientierten Elektroinstallation ein Irrweg. Mit der Verringerung der elektrischen Spannung U steigt nämlich zugleich der elektrische Strom I, da die erforderliche elektrische Leistung P bei gleichem Nutzen nicht wesentlich verändert werden kann ($P = U \cdot I$). Und mit Zunahme des Stroms steigt zugleich die Intensität des H-Feldes an. Man erreicht also mit dem Abbau der E-Feldkomponente eine Zunahme der H-Feldkomponente. Das Magnetfeld ist jedoch kaum abzuschirmen, durchdringt alles und wird mit den bei dieser Lampentechnik üblichen vergrößerten Leiterabständen in deren Umgebung stärker.

9.1 Schirmung

9.1.1 Leitungen, Vorrichtungen

Zur Schirmung elektrischer Felder (E-Felder), wie sie durch Leitungsführungen bedingt sind, steht heute aus dem Bereich der MSR-Technik (Messen, Steuern, Regeln) für die feste Verlegung eine größere Zahl geschirmter mehradriger Leitungen zur Verfügung, wie zum Beispiel die Typen mit den Bezeichnungen (N)YM(St)-J (Kabelwerk Wagner), ÖLMASS-CY, ÖLMASS-SY (Lapp) und ähnliche. Die *Bilder 9.1* und *9.2* zeigen dazu Beispiele. Darüber hinaus sind inzwischen auch halogenfreie Leitungen mit verbessertem Verhalten im Brandfall, wie z. B. die Type (N) HXMH (St) – J (Wanisan) für diesen Anwendungsbereich im Handel.

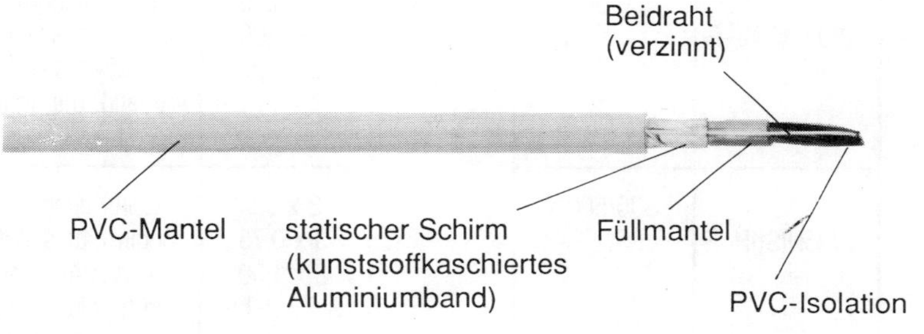

Bild 9.1
Leitungstype (N)YM(ST)-J (Foto: Kabelwerk Wagner).

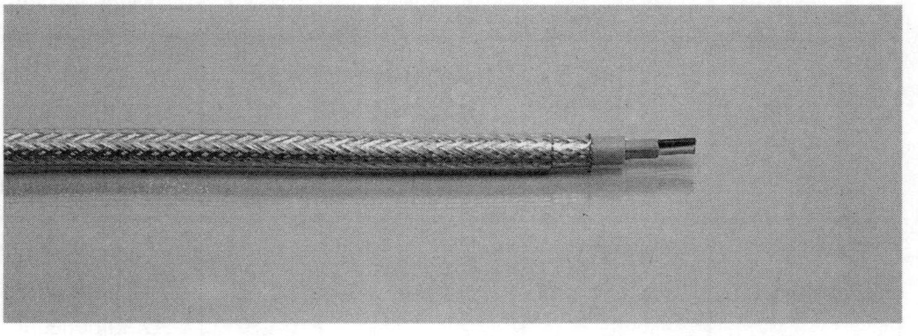

Bild 9.2
Leitungstype ÖLMASS-CY (Foto: Lapp Kabel).

Für den beweglichen Anschluß leichter Elektrogeräte sind ebenfalls geschirmte mehradrige Leitungen (Schlauchleitungen), z. B. WO5V (St) –F (Wasan-flex) und WO5H (St) H–F (Wanisan-flex) – letztere mit halogenfreier Mantelmischung – erhältlich. Die *Tabelle 9.1* gibt entsprechende Daten der genannten Leitungstypen wider.

Tabelle 9.1:
Daten einiger Leitungstypen mit Schirmung (nach Herstellerangaben)

Übersicht der Daten nach Herstellerangaben einiger Leitungstypen mit Abschirmung					
Leitungstype	Nennspannung U_0 / U	Hersteller	Aderz. x Leiterqu. mm^2 Cu (als Beisp.)	Beschreibungen	Anmerkung
(N)YM(ST)–J	300 / 500 V	Kabelwerk Wagner, Wuppertal	3. .5 x 1,5 3. .5 x 2,5	Leiter eindrähtig; Schirm kunststoffkaschiertes Aluband; mit grün-gelbem Leiter	Mantelleitung in Anlahnung an DIN VDE 0250 T 204 u. T 209
(N) HXMH (St)–J	300 / 500 V		3. . 5 x 1,5 3 u. 5 x 2,5	Leiter eindrähtig; Schirm kunststoffkaschiertes Aluband; mit grün-gelbem Leiter; halogenfrei (mit verbessertem Verhalten im Brandfall)	Mantelleitung in Anlehnung an DIN VDE 0250 T 214
W05V(St)V–F	300/500 V		3 x 0,75 3 x 1,00 3 x 1,5	Leiter feindrähtig (Litze); Schirm kunststoffkaschiertes Aluband; mit grün-gelbem Leiter	Schlauchleitung in Anlehnung an DIN VDE 0281 T 402
W05H(St)H–F	300/500 V		3 x 0,5 3 x 0,75 3 x 1,00 3. . 5 x 1,5 3. . 5 x 2,5	Leiter feindrähtig; Schirm kunststoffkaschiertes Aluband; mit grün-gelbem Leiter; halogenfreie Mantelmischung	Schlauchleitung in Anlehnung an DIN VDE 0281
Y(St)M	300/500 V	Waskönig + Walter, Ramsloh	3 x 1,5 3 x 2,5	Leiter eindrähtig; Schirm kunststoffkaschierte Alufolie; mit grün-gelbem Leiter	Mantelleitung in Anlahnung an DIN VDE 0250 T 204
ÖLMASS-CY	300/500 V	Lapp Kabel, Stuttgart	3 x 1,5 5 x 1,5 7 x 1,5 3 u. 5 x 2,5	Leiter eindrähtig; Schirm aus Cu-Drahtgeflecht; mit grün-gelbem Leiter	Mantelleitung in Anlehnung an DIN VDE 0250
ÖLMASS-SY	300/500 V		2. . 5 x 1,5 7 x 1,5 3 u. 5 x 2,5	Leiter eindrähtig; Schirm aus Stahldrahtgeflecht; 2 x 1,5 ohne grün-gelbem Leiter; alle anderen Typen m. grün-gelbem Leiter	Mantelleitung in Anlehnung an DIN VDE 0250

Unterhalb der Schirmung dieser Leitungen wird ein sogenannter Beidraht mitgeführt, der großflächig und somit elektrisch gut leitend mit der Schirmung verbunden ist. Der Beidraht dient zum Anklemmen der Schirmung in der Verteilung bzw. innerhalb von Installationsdosen. In diesem Zusammenhang ist es wichtig, darauf hinzuweisen, daß als Schutzleiter (PE) innerhalb der in der Tabelle aufgeführten Leitungen nur der grüngelbe Leiter in Frage kommt. Er darf für keine andere Aufgabe verwendet werden.

Die Schirmung einschließlich Beidraht ist zur Verwendung als Schutzleiter bei diesen Leitungstypen ungeeignet, da sie bezüglich ihres Querschnitts bzw. ihrer elektrischen Leitfähigkeit (zum Beispiel Aluminiumband) für diesen Zweck in der Regel zu schwach ausgelegt ist.

Auch Installationsdosen, wie Schalterdosen für die Unterputz- oder Hohlwandmontage und Abzweigkästen (*Bilder 9.3 bis 9.5*) sind mit Schirmung er-

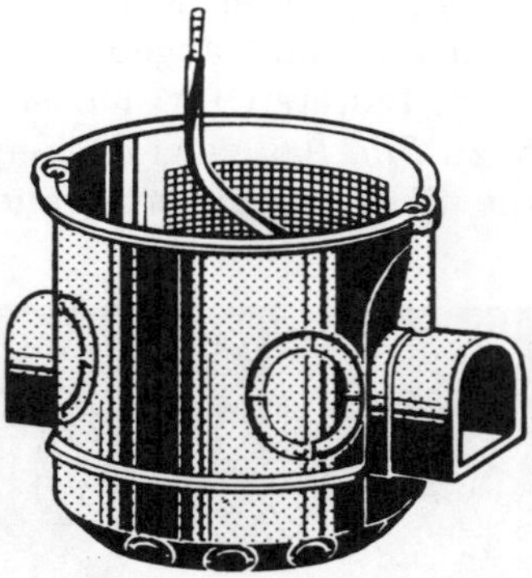

Links: Bild 9.3 Abzweig-Schalterdose mit Graphit-Außenbeschichtung und Erdungsanschluß für die Unterputzmontage (Nach Unterlagen der Fa.Kaiser).

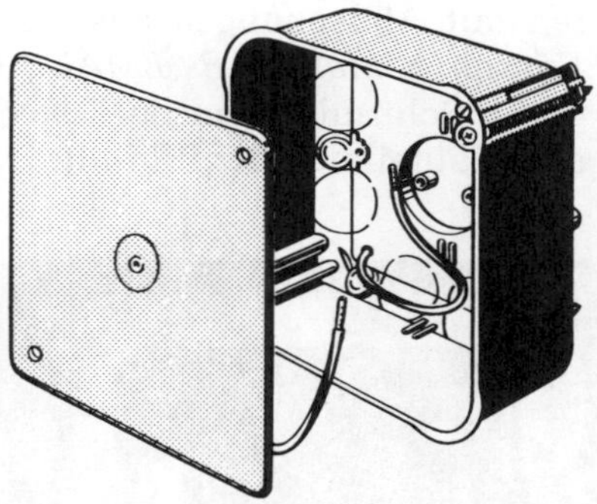

Rechts: Bild 9.4 Abzweigkasten mit Deckel, Graphit-Außenbeschichtung und Erdungsanschlüssen für die Unterputz- und Hohlwandmontage (Nach Unterlagen der Fa. Kaiser).

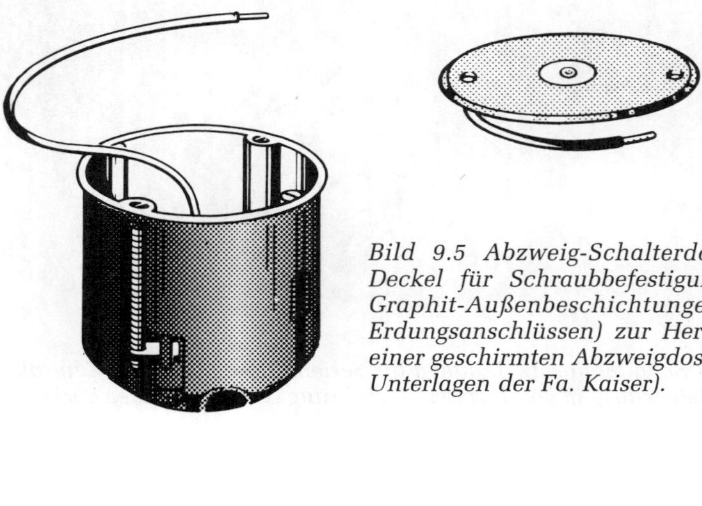

Bild 9.5 Abzweig-Schalterdose mit Deckel für Schraubbefestigung (mit Graphit-Außenbeschichtungen und Erdungsanschlüssen) zur Herstellung einer geschirmten Abzweigdose (Nach Unterlagen der Fa. Kaiser).

hältlich. Sie besitzen dazu auf ihrer Außenseite eine elektrisch leitfähige Beschichtung (beispielsweise aus Graphit) sowie einen Erdungsanschluß (gegebenenfalls einen zweiten für den Deckel), der mit den Schirmungen der ankommenden und abgehenden Leitungen und Kabel mit Hilfe einer zusätzlichen in der Dose vorzusehenden Klemme zu verbinden ist.

Für die Elektrofachkraft ist noch folgender Hinweis von Bedeutung:

Die genannten Leitungstypen und Dosen werden nur „in Anlehnung" an geeignete VDE-Bestimmungen gebaut. Für diese Materialien bestehen zur Zeit keine besonderen Normen.

Die Wirksamkeit geschirmter Schalterdosen stößt auch bezüglich des E-Feldes an gewisse Grenzen, wenn deren Bestückung mit herkömmlichen Einsätzen erfolgt. Die Vorderfront bleibt dann offen und somit ungeschirmt. Die Firma *Gebrüder Berker, Schalksmühle,* hat angekündigt, diese Lücke wirksam zu schließen. Ihr Schalter- und Steckdosenprogramm „Modul MB", schon seit Jahren mit Abdeckungen aus rostfreiem Edelstahl angeboten, wird von der *Fa. Ericson & Malm AB (EMAB), Örebro,* (vorerst) für den schwedischen Markt durch Schirmleiteranschlüsse ergänzt. *Bild 9.6* zeigt drei entsprechend erweiterte Bauteile. In der Bildmitte ist die Rückseite eines Schaltereinsatzes erkenn-

Bild 9.6 Schaltereinsatz, Rahmen für Serienkippschalter und Zentralscheibe für Schutzkontaktsteckdose in geschirmter Ausführung (Foto: Gebrüder Berker).

bar, an dessen metallischen Befestigungsring ein Schirmdraht angebracht wurde. Links oben ist der Rahmen eines Serienwippschalters abgebildet, dessen metallische Außenbeschichtung über eine Blattfeder mit der Schirmung verbunden wird. Und die Spiralfeder – auf der Rückseite des Zentralstücks einer entsprechenden Schutzkontaktsteckdose (rechts im Bild) – verbindet deren metallische Außenbeschichtung mit der Schirmung. Die Belieferung des deutschen Marktes mit diesen Produkten ist geplant und hängt sicherlich vom Umfang der künftigen Nachfrage ab.

9.1.2 Bewertung der Wirksamkeit einer Schirmung

Leitungsschirmungen besitzen – entgegen landläufiger Meinung – im Sinne der Ziele einer biologisch orientierten Elektroinstallation keine allumfassende Wirksamkeit. Zwar können richtig angeordnete Schirmungen durchaus die elektrischen Felder der zugehörigen Betriebsmittel völlig „absorbieren", gegen deren magnetische Streufelder sind sie jedoch praktisch wirkungslos bzw. ungenügend wirksam, und zwar auch dann, wenn Stahl (Stahlgeflechte) oder andere Werkstoffe mit hoher magnetischer Leitfähigkeit (ferromagnetische Stoffe) als Schirmmaterial eingesetzt werden. Das gilt auch für den Fall, daß elektrische Leitungen in (zum Beispiel flexible) magnetische Schirmschläuche eingezogen werden (Herstellerbeispiel: Vacuumschmelze GmbH, Hanau), die speziell für die MSR-Technik aus weichmagnetischem Werkstoff (μ-Metall) angeboten werden. Diese Schläuche sind nur geeignet, H-Felder, die von *außen* auf elektrische Leitungen einwirken (z. B. auf Meßkabel, die nur schwache Signale führen), abzuschirmen. Sie sind jedoch unwirksam, wenn es darum geht, H-Felder zu absorbieren, die von den Kabeln selbst ausgehen. Auf die Ursache für die Unwirksamkeit solcher H-Feldschirmung wurde an anderer Stelle bereits eingegangen.

Außerdem läßt sich mit einer Leitungsschirmung und mit anderen feldreduzierenden Maßnahmen praxisbedingt nur immer eine begrenzte Wirkung erzielen, da die üblicherweise im Haushalt verwendeten Elektrogeräte in der Regel selbst keine Schirmung besitzen. Dort, wo der Mensch den unmittelbaren Kontakt zum Betriebsmittel hat, fehlt also die Schirmung. Darüber hinaus sollte nicht übersehen werden, daß die im Handel erhältlichen Haushaltshandgeräte überwiegend schutzisoliert (doppeltisoliert, Symbol ⧈) ausgeführt sind. Da gerade diese Konstruktion einen zuverlässigen „Schutz gegen gefährliche Körperströme" gewährleistet, hat sie mitentscheidend dazu beigetragen, die Zahl der tödlichen elektrischen Unfälle im Haushalt trotz immer noch weiter steigender Anwendung der elektrischen Energie auf vergleichsweise niedrigem Niveau zu halten. Es wäre eine Aufgabe für die Zukunft, neue Methoden zu entwickeln, die auch den hier zu stellenden Anforderungen genügen.

Mit der Beschränkung auf das E-Feld ist die Leitungsschirmung immerhin bei allen Einrichtungen der Elektroinstallation wirksam, die ständig unter Spannung stehen, aber häufig keinen Strom führen, wie zum Beispiel

- Steckdosenstromkreise und
- Teile von Lichtstromkreisen (im ausgeschalteten Zustand der Leuchten).

Anwendungsbeispiele dazu werden in den Kapiteln 11, 18.2.2 und 18.3 behandelt.

9.2 Die besondere Ausführung und Anordnung der Elektroinstallation

Zusammengehörende Leitungsadern desselben Stromkreises sollten möglichst gemeinsam (also in Form von eng beieinander liegenden, miteinander verdrillten Hin- und Rückleitern) geführt werden, damit sich ihr Magnetfeld möglichst vollständig kompensiert. Außerdem wird damit auch eine gewisse Reduzierung des E-Feldes erreicht. Diese Bedingung wird generell mit dem heute üblichen Aufbau einer Elektroinstallation unter Verwendung von umhüllten Leitungen oder Kabeln erfüllt. Einzelleiter, z. B. von Freileitungen (Einzeladern mit grösserem Abstand zueinander) bilden – wie bereits eingehend beschrieben – in ihrer nahen Umgebung ein intensiveres H-Feld aus.

Intensive magnetische Streufelder treten auch in der Nähe von Transformatoren (insbesondere Streufeldtransformatoren), induktiven Vorschaltgeräten (zum Beispiel für Entladungslampen) und ähnlichen Betriebsmitteln auf.

Transformatoren sind heute in vielen Haushaltselektrogeräten vorhanden, wie in Fernsehgeräten, Radiogeräten, Radioweckern, Kassettenrecordern, Ladegeräten (für akkumulatorbetriebene Kleingeräte aller Art), Computern und ähnlichen Einrichtungen. Diese Art von Geräten sollte möglichst weit entfernt von angestrebten feldarmen Zonen (Ruhezonen) aufgestellt und betrieben werden.

Für den Betrieb von Leuchtstofflampen wird in diesem Zusammenhang anstelle konventioneller induktiver Vorschaltgeräte (KVG) häufig der Einsatz elektronischer Vorschaltgeräte (EVG) empfohlen. Deren magnetischer Streufluß ist möglicherweise kleiner. Da diese EVG für den Betrieb der Lampen jedoch einen Strom mit einer Frequenz von ca. 35 kHz (Ultraschallbereich) abgeben, ist aber auch die maximal akzeptable magnetische Feldstärke geringer anzusetzen. In einer als feldarm konzipierten Zone einer biologisch orientierten Elektroinstallation ist darum eigentlich vom Betrieb beider Vorschaltgerätearten abzuraten. Darüber hinaus sollte bei einer fachlichen Beratung in diesem Zusammenhang auch bedacht werden, daß stabförmige Leuchtstofflampen (nicht jedoch unbedingt die modernen Kompaktleuchtstofflampen) dem Prinzip nach wie eine einzelne stromführende Leitungsader aufgebaut sind und deshalb stets ein stärker streuendes Magnetfeld ausbilden.

In Neuanlagen lassen sich ferner für jedes Zimmer getrennt meist verhältnismäßig leicht besondere „Installationswände" festlegen, an denen alle erforderlichen elektrischen Leitungen des Raumes zu verlegen sind. Die jeweils verbleibenden Wände könnten dann frei von jeglichen Elektroinstallationen bleiben. Dadurch hat der künftige Nutzer die Möglichkeit, seinen Wohnbereich derart zu gestalten, daß längerzeitig genutzte Aufenthaltsorte (Ruhebereiche wie Sofa, Bett usw.) in feldarmen Zonen eingerichtet werden können. Bei benachbarten Räumen sollten dabei möglichst die gemeinsamen Wände als Installationswände dienen.

Bei konsequenter Anwendung dieses Konzeptes kann eine biologisch orientierte Elektroinstallation ausschließlich mit Bauelementen (Leitungen, Verteilerdosen usw.) herkömmlicher Art errichtet werden. Im Idealfall erhält man in Räumen mit Ruhezonen eine Installationswand und drei installationsfreie Wände, so daß die jeweilige Ruhezone möglichst weit von der Installationswand einzurichten ist. Der Begriff Installations*wand* muß jedoch nicht immer ganz eng ausgelegt sein. Eine feldarme Zone kann auch im Nahbereich des rechten Winkels zweier aufeinanderstoßender Wände eingerichtet werden, die an dieser Stelle installationsfrei gehalten sind. Die jeweils entgegengesetzten Hälften der Wände könnten durchaus Installationen führen. Dies ist generell eine Frage der jeweiligen Wandlängen bzw. Raumabmessungen. Im Interesse der Übersichtlichkeit der Elektroinstallation, die auch in späteren Jahren nicht verloren gehen sollte, sind jedoch eindeutigere Wandzuordnungen zu bevorzugen. Weitere Hinweise können anhand des Beispiels einer Einzelhausinstallation dem Abschnitt 18.2.1 entnommen werden.

9.2.1 Stromkreise mit Trenntransformatoren

Nur der Vollständigkeit halber soll an dieser Stelle ergänzt werden, daß auch über Trenntransformatoren (zum Beispiel mit dem Symbol 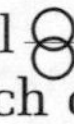) gespeiste Stromkreise ein reduziertes elektrisches Feld aufweisen, da durch den Transformator eine galvanische Trennung vom öffentlichen Versorgungsnetz erfolgt und damit kein Leiter ein definiertes Potential gegen Erde aufweist, sofern auf der Transformator-Sekundärseite von der Erdung eines aktiven Leiters abgesehen wird und die kapazitive Kopplung vernachlässigt werden kann. Unter diesen Bedingungen ist neben einem magnetischen Streufeld nur noch ein elektrisches Feld zwischen den Leitern vorhanden. In diesem Falle sind zum Schutz bei indirektem Berühren die Bedingungen für die „Schutztrennung" nach DIN VDE 0100 Teil 410 einzuhalten. Das heißt im wesentlichen, daß die maximal zulässige Leitungslänge auf der Transformator-Sekundärseite begrenzt ist. Die Körper der Betriebsmittel dürfen absichtlich weder mit der Erde noch mit dem Schutzleiter oder Körpern anderer Stromkreise verbunden werden, und es darf nur ein Verbrauchsmittel pro Transformator betrieben werden oder bei einem Betrieb mehrerer Verbrauchsmittel pro Transformator sind deren Körper über isolierte, *ungeerdete* Potentialausgleichsleiter miteinander zu verbinden.

Da durch den Transformator selbst aber auch starke magnetische Streufelder entstehen, sollte die Verwendung von Trenntransformatoren im Zusammenhang mit einer biologisch orientierten Elektorinstallation nur auf Anwendungsfälle beschränkt bleiben, wo ein angemessener Abstand zwischen Speisestelle und Betriebsmittel eingehalten werden kann.

9.2.2 Bewertung der Wirksamkeit besonderer Ausführungen und Anordnungen der Elektroinstallation

Im Nahbereich installationsfreier Wände und in Bereichen, wo keine elektrischen Verbrauchsmittel betrieben werden, existieren im Normalfall keine E- und H-Felder aus elektrischen Einrichtungen. Das Problem ist nur, daß eine noch so gut geplante Energiewand zwecklos ist, wenn später in der vorgesehenen feldarmen Zone Geräte über bewegliche Anschlußleitungen versorgt werden. Dem elektrotechnischen Laien ist nämlich häufig nicht bewußt, daß ein ausgeschaltetes Farbfernsehgerät/Videorecorder eben noch nicht unbedingt abgeschaltet ist, daß von einer ausgeschalteten Leuchte dennoch ein H-Feld ausgehen kann und ein „stiller“ Radiowecker keinesfalls abgeschaltet ist, solange der Uhrenteil des Gerätes arbeitet.

9.3 Abschaltung

Die Abschaltung eines Stromkreises ist zweifellos der zuverlässigste Weg, die Entstehung von E- und H-Feldern zu verhindern. Man kann auf diese Weise zum Beispiel während der Nachtstunden – vor allem im Schlafraum, im unmittelbaren Bereich der Schlafstelle – durch die Elektroinstallation bedingte Felder am besten vermeiden. Dabei ist von vornherein ein Stromkreisaufbau anzustreben, der mindestens eine raumweise Abschaltung der Elektroinstallation ermöglicht.

Besonders praktisch ist eine *automatisierte Abschaltung*. Verschiedene Hersteller bieten hierzu sogenannte Netzfreischalter an, auf die im Kapitel 12 näher eingegangen wird. Kap. 18.3 behandelt desweiteren Einzelheiten im Zusammenhang mit einer Einzelhausinstallation.

10 Grenzwerte für elektrische und magnetische Felder

Mit Verabschiedung der Norm *DIN VDE 0848 Teil 4* (Sicherheit bei elektromagnetischen Feldern; Grenzwerte für Feldstärken zum Schutz von Personen im Frequenzbereich von 0 Hz bis 30 kHz) wurden auch offiziell Grenzwerte – getrennt für E- und H-Felder – im Niederfrequenzbereich festgelegt. Diese Feldstärkegrenzwerte dienen zur Bemessung des Schutzes von Personen, gelten aber nicht für den Schutz von Patienten, die bei einer medizinischen Behandlung gezielt solchen Feldern ausgesetzt werden.

Die Grenzwerte der Norm berücksichtigten im wesentlichen auch internationale Empfehlungen, wie etwa der IRPA (International Radiation Protection Association –1988) bzw. der WHO (World Health Organisation – Weltgesundheitsorganisation).

Diese Grenzwerte standen aber offenbar anderen Interessen entgegen, so daß der ursprüngliche Normteil nunmehr durch eine Vornorm DIN V VDE 0848 Teil 4 A2 (Sicherheit in elektromagnetischen Feldern; Grenzwerte zum Schutz von Personen im Frequenzbereich von 0 bis 30 kHz; Änderung 2), Ausgabe Dezember 1992, ersetzt wurde, die zum Teil erheblich höhere Grenzwerte zuläßt. Das zuständige DKE-Unterkomitee (DKE – Deutsche Elektrotechnische Kommission im DIN und VDE) beabsichtigt offenbar, auf der Basis der neuen Grenzwerte die internationale bzw. die regionale (europäische) Diskussion zu beeinflussen. Die 26. Verordnung nach dem Bundes-Immissionsschutzgesetz wird wahrscheinlich die DKE zwingen, die niedrigeren IRPA/WHO-Werte anzuerkennen.

Die noch geltende Vornorm unterscheidet die Expositionsbereiche (Einwirkbereiche) 1 und 2, wobei im Expositionsbereich 1 die höheren Grenzwerte zugelassen sind.

Der *Expositionsbereich 1* betrifft kontrollierte Bereiche, z. B. Betriebsstätten, vom Betrteiber überprüfbare oder allgemein zugängliche Bereiche, in denen aufgrund der Betriebsweise der Anlagen oder der Aufenthaltsdauer sichergestellt ist, daß eine Exposition jeweils nur kurzzeitig erfolgt.

Der *Expositionsbereich 2* ist für die Allgemeinheit von größerer Bedeutung. Er betrifft Bereiche, in denen mit einer Dauerexposition gerechnet werden muß, wie z. B. in Gebieten mit Wohn- und Gesellschaftsbauten, einzelnen Wohngrundstücken, Anlagen für Sport, Freizeit und Erholung sowie Arbeitsstätten, in denen Felder bestimmungsgemäß nicht erwartet werden.

Die zulässigen Grenzwerte (Effektivwerte) im Expositionsbereich 2 errechnen sich aus der Vornorm – bei jeweils angenommener Dauerbelastung (24 h/d) – für die hier besonders interessierenden Frequenzbereiche

- für das E-Feld (f = 35 Hz bis 420 Hz) nach der Formel:

$$E_g = \frac{350}{f\,(Hz)} \text{ in kV/m}$$

- für das H-Feld (f = 16 Hz bis 250 Hz) nach der Formel:

$$H_g = \frac{16000}{f\,(Hz)} \text{ in A/m}$$

Unter Zugrundelegung einer Netzfrequenz f = 50 Hz erhält man damit die maximal zulässigen Werte

für das E-Feld: E_g = 7 kV/m und
für das H-Feld: H_g = 320 A/m (≈ 400 µT).

Innerhalb von Wohnungen mit speziell biologisch orientierter Elektroinstallation sollten jedoch – insbesondere innerhalb der Ruhezonen – deutlich geringere Grenzwerte angestrebt werden. Da entsprechende allgemeingültige Festlegungen zur Zeit noch ausstehen, empfehlen die Autoren nur für diesen Anwendungsbereich vorerst folgende Grenzwerte (bezogen auf f = 50 Hz) anzusetzen:

a) für das E-Feld: 50 V/m
b) für das H-Feld: 0,8 A/m (beziehungsweise 1 µT).

Diese Werte entsprechen jeweils einem Hundertstel der von IRPA bzw. WHO vorgesehenen Grenzwerte. Falls persönlich extreme Sicherheitsansprüche gestellt werden, können speziell beim H-Feld auch nochmals geringere Werte um den Faktor 0,3 ... 0,1 angesetzt werden (siehe hierzu auch Kap. 7.5).

11 Aufbau von Stromkreisen mit geschirmten Leitungen

Einige, im Handel erhältliche Leitungstypen, Schalterdosen und Einsatzbauteile für Hausinstallationen, die mit einer Schirmung ausgestattet sind, wurden bereits im Kap. 9.1.1 vorgestellt.

11.1 Wirksamkeit der Schirmung

Die Wirksamkeit der Schirmung ist nur dann gegeben, wenn diese eine Verbindung zur Erde – und damit auch zum Schutzleiter – hat. Diese Verbindung wird zweckmäßigerweise am Anfang des Leitungszuges, z. B. innerhalb der Verteilung, hergestellt (Erdung nach dem „Baum-Äste-Prinzip", Einpunkt-Erdung). Weitere Verbindungen mit dem Schutzleiter im Verlauf des Leitungszuges sollten unbedingt unterbleiben, um Leiterschleifen (Brummschleifen) zu vermeiden, die ihrerseits dann wiederum elektrische und magnetische Felder zur Folge hätten. An geschirmten Doseneinsätzen (für Steckdosen, Schalter und ähnliches), wie z. B. auch in Bild 9.6 gezeigt, wird in der Regel (vom Hersteller bislang noch) keine besondere Schirmleiterklemme vorgesehen. Um auch an dieser Stelle die (unerwünschte) Verbindung mit dem Schutzleiter zu vermeiden, sollte in die Schalterdosen eine entsprechende Zusatzklemme mit eingebaut werden, an der die Schirmungen von Leitung, Dose und Doseneinsatz – ohne örtliche Verbindung zum Schutzleiter – zusammengeführt werden.

Innerhalb von Verteilungs- und Schalterdosen sind die Schirmungen bzw. Beidrähte aller ankommenden Leitungen und Kabel mit Hilfe einer zusätzlichen Klemme (ohne örtliche Verbindung mit dem PE) untereinander zu verbinden. Zweckmäßig ist es – um das Schirmungsmaß der Gesamtanlage weiter zu erhöhen – darüber hinaus Dosen (Verteilerdosen, Schalterdoden) mit leitfähiger Beschichtung zu verwenden. Im Handel sind solche Typen (wie bereits in den Bildern 9.3 bis 9.5 gezeigt) sowohl für die Unterputz-(UP-)-Montage als auch für die Hohlwandmontage erhältlich. Die Erdungsleiter der Dosen sowie (gegebenenfalls) die ihrer Deckel sind mit den Beidrähten der Leitungen in jeder Dose zu verbinden.

Auf den Einsatz geschirmter Leitungen und Dosen innerhalb von Räumen mit Badewanne oder Dusche sollte allerdings verzichtet werden. Dies ist schon aus Gründen der relativ geringen Aufenthaltsdauer (Zeitfaktor) in solchen Räumen

vertretbar. In diesen Bereichen haben andere Sicherheitsüberlegungen Vorrang. Der Mensch ist im Bad aufgrund der dort vorliegenden besonderen Umgebungsbedingungen und aufgrund seines Zustands (durchfeuchtete Haut, barfuß) grundsätzlich beim Auftreten gefährlicher Körperströme stärker gefährdet, und beim Einsatz geschirmter Leitungen und Betriebsmittel ist die Möglichkeit der Verschleppung einer Fehlerspannung nicht auszuschließen. Außerdem ist eine entsprechende Passage der hier zu beachtenden Norm DIN VDE 0100 Teil 701 (Errichten von Starkstromanlagen mit Nennspannungen bis 1000 V; Räume mit Badewanne oder Dusche) in diesem Zusammenhang durchaus mehrdeutig. Sie lautet (Kap. 5.2.1 der Norm):
„Es dürfen nur folgende Kabel und Leitungen verlegt werden:

- Kunststoffkabel ohne metallene Umhüllung, z. B. NYY nach VDE 0271,
- Mantelleitungen, z. B. NYM nach DIN VDE 0250 Teil 4 ...“

Es bleibt damit der alleinigen Entscheidung der Elektrofachkraft überlassen, ob die nicht genormten – nur in Anlehnung an DIN VDE 0250 hergestellten – geschirmten Typen alle Bedingungen für Mantelleitungen erfüllen. Da die Fachkraft mit einer solchen Entscheidung aber in aller Regel überfordert sein dürfte, ist zu empfehlen, in diesem Bereich nur auf herkömmliche Installationsmaterialien (Leitungen und Dosen) zurückzugreifen.

11.2 Schutz bei indirektem Berühren

Im Zusammenhang mit geschirmten Installationen ist stets ein besonderes Augenmerk auf die Möglichkeit der Spannungsverschleppung zu richten. Dieser Gefahr kann man am wirkungsvollsten dadurch begegnen, daß für die automatische Abschaltung im Fehlerfall (Erdschluß, Körperschluß) Fehlerstrom(FI-)-Schutzeinrichtungen und ein möglichst umfassender Potentialausgleich vorgesehen werden. Ein zusätzlicher Schutz gegen direktes Berühren – und damit ein besonders hoher Sicherheitsgrad – wird erreicht, wenn hochempfindliche FI-Schutzeinrichtungen mit Nennfehlerströmen $I_{\Delta n} \leq 30$ mA zum Einsatz gelangen. Diese Schutzschalter „erkennen“ langsam entstehende Erdschlüsse häufig bereits im Ansatz und unterbrechen den Stromkreis, bevor größere Fehlerströme auftreten. Die automatische Abschaltung im Fehlerfall darf zwar (nach DIN VDE 0100) auch durch Überstromschutzeinrichtungen (Leitungsschutzschalter, Schmelzsicherungen o. ä.) erfolgen (preiswertere Lösung!), dies ist aber – im Zusammenhang mit einer Leitungsschirmung – wegen der größeren Gefahr der Verschleppung eines gefährlichen Spannungspotentials nur bedingt zu empfehlen.

Nach DIN VDE 0100 Teil 410 (Errichten von Starkstromanlagen mit Nennspannung bis 1000 V; Schutzmaßnahmen; Schutz gegen gefährliche Körperströme) sind in Hausinstallationen nach diesen Überlegungen dann folgende Varianten der „Schutzmaßnahme bei indirektem Berühren" denkbar: Automatisches Abschalten in Fehlerfall durch Fehlerstrom-Schutzeinrichtungen mit $I_{\Delta n} \leq 30$ mA

- im TN-System oder
- im TT-System.

Was man darunter versteht, läßt sich am besten durch die Beschreibung der wesentlichen Unterschiede dieser Varianten verdeutlichen:

Im *TN-System* erhält der Schutzleiter (PE) der Anlage eine direkte Verbindung mit dem PEN-Leiter (PEN = N-Leiter mit Schutzleiterfunktion; veraltete Bezeichnung: „Nullleiter") des speisenden Netzes (*Bild 11.1*). Diese Verbindung hat an einer Stelle zu erfolgen, wo ein Querschnitt von mindestens 10 mm^2 Cu gegeben ist. Die Maßnahme ist jedoch nur in den Anlagen zulässig, für die das zuständige Energieversorgungsunternehmen (EVU) ausdrücklich die Schutzleiterfunktion des PEN zuläßt.

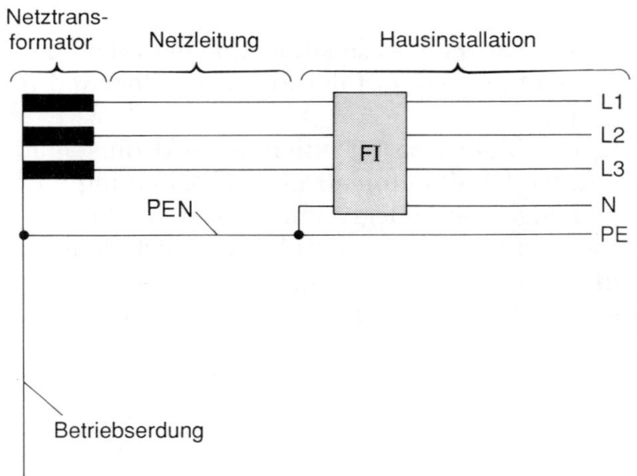

Bild 11.1 Schaltungsprinzip eines TN-Systems mit automatischer Abschaltung der Hausinstallation im Fehlerfall durch FI-Schutzeinrichtung.

Im *TT-System* fehlt dagegen die direkte Verbindung des Schutzleiters (PE) mit dem N-Leiter (in der Bezeichnung dieses Netzleiters fehlt deshalb auch der Vorsatz „PE"). Der Schutzleiter (PE) der Anlage ist hier direkt mit einem geeigneten Erder zu verbinden (*Bild 11.2*).

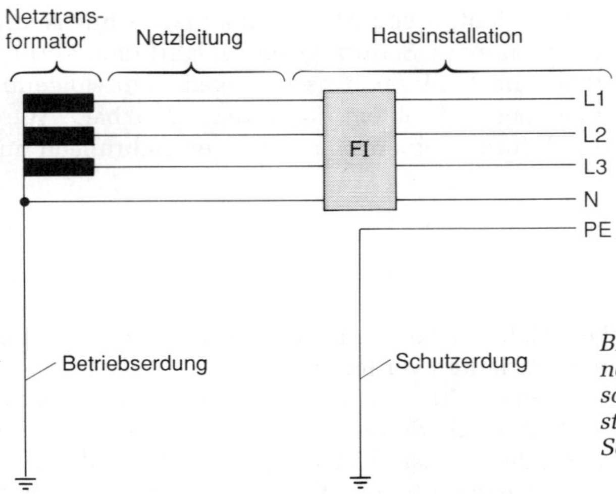

Bild 11.2 Schaltungsprinzip eines TT-Systems mit automatischer Abschaltung der Hausinstallation im Fehlerfall durch FI-Schutzeinrichtung.

Der Erdungswiderstand muß die Bedingung

$$R_A \leqq \frac{50\ \text{V}}{I_{\Delta n}}$$

erfüllen. Erfolgt das automatische Abschalten im Fehlerfall durch einen FI-Schutzschalter mit $I_{\Delta n}$ = 30 mA, so darf der Erdungswiderstand höchstens den Wert R_A = 1660 Ω erreichen.

Im Zusammenhang mit biologisch orientierten Elektroinstallationen ist die Anwendung des TT-Systems (mit automatischer Abschaltung durch FI-Schutzeinrichtungen) zu bevorzugen (eine Begründung dafür wird im Kapitel 15 gegeben). Diese Maßnahme ist grundsätzlich für alle Hausinstallationen zulässig.

Auf eine Besonderheit soll aber noch hingewiesen werden: In landwirtschaftlichen Betriebsstätten mit Tierhaltung gilt abweichend für den Erdungswiderstand im TT-System die Bedingung

$$R_A \leqq \frac{25\ \text{V}}{I_{\Delta n}}$$

Beim Einsatz von FI-Schutzeinrichtungen mit Nennfehlerstrom $I_{\Delta n} \leq 30$ mA darf der Erdungswiderstand des Schutzleiters maximal den Wert R_A = 830 Ω erreichen.

Die wichtigsten Punkte zum Aufbau von Stromkreisen mit geschirmten Leitungen lassen sich wie folgt zusammenfassen:

- Schirmung und Beidraht geschirmter Leitungen nicht als Schutzleiter (PE) verwenden.

- Schirmungen bzw. Beidrähte im Leitungsverlauf innerhalb der Abzweigdosen nur miteinander (und nicht mit dem Schutzleiter) verbinden.
- Schirmungen bzw. Beidrähte eines Stromkreises nur einmal (!) am Leitungsanfang mit dem geerdeten Schutzleiter (PE) verbinden (Leiterschleifen vermeiden).
- Im Interesse einer erhöhten Sicherheit bevorzugt FI-Schutzeinrichtungen mit $I_{\Delta n} \leqq 30$ mA im *TN*- oder *TT-System* einsetzen.

12 Stromkreise mit automatisch arbeitendem Netzfreischalter

12.1 Netzfreischalter

12.1.1 Funktion

Unter „Netzfreischalter“ (Netzfreischaltautomat) wird eine elektrische Schaltvorrichtung verstanden, die im Niederspannungsbereich 230 / 400 V, 50 Hz, für alle nachgeschalteten Stromversorgungsleitungen die Versorgungspannung automatisch abschaltet, wenn kein Verbraucher mehr eingeschaltet ist. Bei einem Einschalten irgendeines über diese Leitungen gespeisten Verbrauchers wird die Versorgungsspannung automatisch wieder zugeschaltet.

Da Netzfreischalter üblicherweise für den Einbau in den Stromkreisverteiler vorgesehen sind, bedeutet dies, daß nach Abschalten des letzten, am Verteilungssystem des Netzfreischalters angeschlossenen Verbrauchers, das gesamte Leitungssystem ab Stromkreisverteiler und damit auch sämtliche daran angeschlossenen elektrischen Geräte spannungsfrei geschaltet sind. Mit dem Abschalten des letzten Verbrauchers bricht dann das Magnetfeld zusammen (Sonderfälle ausgenommen), da nunmehr kein Strom fließt, und mit der darauffolgenden Freischaltung entfällt zugleich auch das an die Spannung gekoppelte elektrische Feld. Diese Wirkungen sind in Wechselstromkreisen sowohl bei einpoliger (Schaltung nur des L-Leiters) als auch bei zweipoliger (Schaltung von L- und N-Leiter) Unterbrechung gegeben.

12.1.2 Prinzip der technischen Lösung

Aus dieser Aufgabenstellung ergibt sich für den Netzfreischalter die Forderung, daß er den bei einem angeschalteten Verbraucher im Leitungssystem fließenden elektrischen Strom als „In-Betrieb-Information“ verarbeitet, was üblicherweise mittels eines Strom/Spannungs-Wandlers geschieht. Letztendlich wird auf diese Weise ein Arbeitskontakt (oder zwei) eines Relais so lange gehalten, wie ein Verbraucherstrom fließt, womit dann auch das Zuleitungssystem unter Spannung steht. Nach dem Abschalten des letzten Verbrauchers fließt kein Strom mehr; damit fällt der Arbeitskontakt des Relais ab und trennt das gesamte angeschlossene Leitungssystem von der Netzspannung.

Um nun die Netzspannung im Bedarfsfall wieder auf das betreffende Leitungssystem zuschalten zu können, wird auf das abgeschaltete System eine (meist) Gleichspannung in der Größenordnung einiger Volt geschaltet. Sie ergibt beim Einschalten eines Verbrauchers einen Pilotstrom, der als auslösende Information dient, damit durch Schließen des Arbeitskontaktes – bei gleichzeitigem Abschalten des Pilotstroms – das Leitungssystem wieder unter normale Netzspannung gesetzt wird. Das betriebsstromabhängige Selbsthalten des Arbeitskontaktes und die Gleichspannungskontroll- und Meßautomatik zum Wiedereinschalten läßt sich ohne besondere Schwierigkeiten durch auch spezielle elektronische Schaltungsanordnungen verwirklichen.

12.1.3 Einphasige oder zweiphasige Netzabschaltung

Das Prinzip des Netzfreischalters ist an sich einfach. Trotzdem geben genauere Betrachtungen bezüglich der Forderung nach optimaler Feldfreiheit des gesamten abgeschalteten Verbrauchersystems Hinweise auf einige Probleme.

Bei einpoliger Abschaltung wird im Zustand ohne eingeschaltete Verbraucher durch den Netzfreischalter nur der Phasenleiter, also der gegenüber Erde unter Spannung stehende Leiter, mit einem Relaiskontakt abgetrennt. Der N-Leiter bleibt weiterhin mit dem N-Leiter des Stromversorgungssystems verbunden.

Das gesamte System des Phasenleiters ist also verbraucherseitig (ohne Berücksichtigung der Erdungseigenschaften des Netzfreischalters) ohne festes niederohmiges Bezugspotential (floating potential), da jede Verbindung zum geerdeten Leiter fehlt. Am Ausgang des Netzfreischalters wird aber statt der Netzspannung die oben schon beschriebene geringe Gleichspannung dem Verbrauchsleitungssystem zugeführt, so daß es letztlich auf den Innenwiderstand dieser Gleichspannungsquelle ankommt, wie niederohmig gegenüber Erdpotential sich in diesem Zustand der abgetrennte Phasenleiter darstellt.

Manchmal befinden sich aber in der Nähe des freigeschalteten Phasenleiters noch andere, jedoch immer unter Spannung stehende Leitungen derselben Anlage die aber nicht zum System des Netzfreischalters gehören. In diesem Fall hängt es zunächst von der Kapazität zwischen dem freigeschalteten Phasenleiter und diesen Leitungen ab (also in erster Näherung letztlich irgendwie vom Verhältnis des kapazitiven Blindwiderstandes zum Innenwiderstand der angeschlossenen Gleichspannungsquelle), wieviel von der Netzspannung kapazitiv auf den abgeschalteten Leiterteil übertragen wird und wie groß das damit entstehende unerwünschte Feld in der Umgebung des gesamten Systems ist. Das Ausmaß der kapazitiven Einkopplung der störenden Netzspannung hängt ferner auch mit der kapazitiven Situation des abgetrennten Leitersystems zusammen (Kapazität gegenüber Erde), also zum Beispiel auch davon, wie viele auf Erdpotential liegende Drähte im Leitungsverbund vorhanden sind. Jede auf Erdpotential liegende Leitung reduziert nämlich bei gemeinsam verlegten Leitungen das Ausmaß der kapazitiven Einkopplung von Störspannungen, und zwar einmal durch eine Art Schirmwirkung und zum anderen durch ihre Kapazität zum freiliegenden Leiter (abgeschalteter Phasenleiter) als eine kapazitive Belastung für diesen. Der bei einer einphasigen Abtrennung neben dem Schutzleiter vorhandene geerdete N-Leiter übt somit in diesem Fall eine günstige Funktion aus.

Der Innenwiderstand der Gleichspannungsquelle, die auf den vom Netz abgetrennten Phasenleiter geschaltet ist, bestimmt neben den sicher zu vernachlässigenden Isolationswiderständen im wesentlichen die ohmsche Komponente des Erdungs-Scheinwiderstandes des Phasenleiters. Insgesamt handelt es sich also um eine Situation, welche die Berücksichtigung von mehreren Einzelfaktoren erfordert, die für jeden Einzelfall zu klären sind.

Bei der zweipoligen Abschaltung werden im Zustand ohne eingeschalteten Verbraucher sowohl der Phasenleiter wie auch der N-Leiter vom Netz abgetrennt. Ausgangspunkt einer solchen Maßnahme stellen Überlegungen dar, daß angeblich eine vollständige Abschaltung mehr die Forderung nach völliger (elektrischer) Feldfreiheit (Spannungsfreiheit von Leitern und Geräten gegenüber Erdpotential) erfüllen würde als eine einpolige Abschaltung. Unter gewissen Umständen könnte nämlich auch der N-Leiter gegenüber Erdpotential noch eine gewisse Restspannung haben, zum Beispiel durch Ausgleichsströme im N-Leiter aufgrund unsymmetrischer Belastungen des Drehstromsystems und/oder durch Zwangserdungen an räumlich verschiedenen Stellen.

Die im Zusammenhang mit einer einpoligen Abschaltung durchgeführten Überlegungen sind jetzt bezüglich der kapazitiven Einkopplung von Störspannungen unter diesen neuen Voraussetzungen nachzuvollziehen. Dabei zeigt es sich, daß sich die Situation hinsichtlich der jeweiligen Kapazitäten prinzipiell nicht verändert (Leiter-Leiter-Kapazitäten und Leiter-Erdpotential-Kapazitäten). Eine entscheidend neue Situation ist jedoch bei der ohmschen Belastungskomponente der vom Netz abgetrennten Leitungen vorhanden. Phasenleiter und N-Leiter sind jetzt beide vom Erdpotential abgetrennt. Der Innenwiderstand der aufgeschalteten Gleichspannungsquelle spielt somit keine Rolle mehr, sondern nur der Erdungswiderstand des die Gleichspannung erzeugenden Systems sowie der Isolationswiderstand, wie er sich für die beiden abgeschalteten Leiter gegenüber Erdpotential jeweils darstellt. Es ist davon auszugehen, daß dieser Erdungswiderstand im allgemeinen nur bei speziellen Maßnahmen niederohmiger sein wird als der bei der einphasigen Abschaltung maßgebliche Innenwiderstand der Gleichspannungsquelle, man aber ansonsten einen wesentlich grösseren Wert annehmen muß.

Unter diesen Umständen ist damit zu rechnen, daß bei der zweipoligen Abschaltung stärkere kapazitiv eingekoppelte Störspannungen auftreten, als dies bei einer einphasigen Abschaltung zu erwarten ist.

Wie sich erkennen läßt, haben die beiden Abschaltmethoden (einpolig und zweipolig) sowohl Vorteile als auch Nachteile, was unerwünschte Restspannungen auf den Verteilungsleitungen und bei den Geräten im abgeschalteten

Zustand des Systems betrifft. Es hängt offenbar vom Einzelfall ab, welche der beiden Abschaltarten besser die gestellten Forderungen erfüllen kann. Deshalb werden nachfolgend diese unterschiedlichen Abschaltarten bezüglich ihrer Konsequenzen genauer analysiert, um damit eine Basis für konkretere Aussagen über die Eignung der beiden Systeme zu erhalten.

Unabhängig hiervon läßt sich vorweg schon folgendes feststellen:

- Oberwellen werden in diesem Zusammenhang mit steigender Frequenz bei beiden Abschaltarten unter Umständen sogar frequenzproportional stärker eingekoppelt und treten damit gegenüber dem Zustand im Netz wesentlich stärker auf. Dieses Hochpaßverhalten ergibt sich, wenn die ohmschen Erdungswiderstände in der Größenordnung der kapazitiven Blindwiderstände liegen oder kleiner sind.
- Grundsätzlich ist bei der Verwendung von Netzfreischaltern zu empfehlen, überhaupt keine dauernd Spannung führenden und somit vom Netzfreischalter unabhängigen Leitungen unmittelbar räumlich zusammen mit den Leitungen zu verlegen, die vom Netzfreischaltersystem abhängen und abgeschaltet werden. Dann erübrigt sich nämlich die Frage nach Vor- und Nachteilen der beiden Abschaltarten, zumindest bezüglich kapazitiv übertragener Spannung auf das Netzfreischalterleitungssystem.

Untersucht man, ob zwischen Netzfreischaltern mit einpoliger oder zweipoliger Abschaltung für die abgeschalteten Leitungen ein prinzipieller Unterschied besteht, so interessiert vor allem die Größe der dort jeweils zu erwartenden kapazitiv eingekoppelten Störspannungen, die in anderen, dauernd unter Netzspannung stehenden Leitungen ihren Ursprung haben. Dabei zeigt sich, daß es hierauf keine für jeden Einzelfall gültige Antwort gibt, da zu viele Einzelumstände eine wesentliche Rolle spielen. Prinzipiell vorteilhaft sind bei beiden Systemen jedenfalls diejenigen Vorrichtungen, die im abgeschalteten Zustand für jeweils alle abgeschalteten Leitungen einen möglichst geringen Erdungswiderstand haben. Eine Forderung, die bis jetzt üblicherweise vor allem von Vorrichtungen mit einpoliger Abschaltung erfüllt wird. Dort wird dies z. B. mittels des Eingangswiderstandes des Pilotstromsystems verwirklicht. Bei einem zweipoligen Abschaltsystem müßte eine jederzeit denkbare spezielle Erdung für diesen Zweck gegebenenfalls erst noch vorgesehen werden.

Sieht man somit von der wohl im allgemeinen zu vernachlässigenden Größe eventuell induktiv eingekoppelter Störspannungen und von N-Leiterpotentialverschiebungen ab, so gibt es sowohl bei einpoliger wie auch bei zweipoliger Abschaltung kein prinzipielles technisches Problem bei der Aufgabe, die Restspannung auf den abgeschalteten Leitungen hinreichend klein zu halten. Bei den üblichen Anwendungsfällen von Netzfreischaltern und unter vergleichbaren Verhältnissen ist jedoch die einpolige Abschaltung bezüglich der Restspannung bislang zumindest prinzipiell der zweipoligen überlegen, und dies ganz besonders ausgeprägt bei den im allgemeinen in Gebäuden anfallenden Leitungslängen (Schalter bis Geräte) von 6 m bis unter 60 m und/oder wenn der

Erdungswiderstand des zweipoligen Systems wie üblich bei 10 MΩ und darüber liegt. Es dürfte technisch jedoch keine Schwierigkeit sein, derartige Geräte auch mit einem speziell geringen Erdungswiderstand auszustatten.

12.1.4 Technische Daten

Automatisch arbeitende Netzfreischalter (Herstellerbezeichnungen: Netzfreischalt-Automat, Netzfreischalt-Relais u. ä.) werden meist in Form und Baugröße üblicher Leitungsschutzschalter (Sicherungsautomaten) hergestellt (*Bilder 12.1* und *12.2*), die sich problemlos in moderne Stromkreisverteiler einfügen lassen (zum Beispiel Montage durch Schnappbefestigung auf 35-mm-Hutschiene). Die Schalter sind in der Regel für Wechselstromkreise mit 230 V Nennspannung ausgelegt und bis 16 A belastbar. Dabei sind im einzelnen jedoch die Herstellerangaben zu beachten. In der Regel werden von den Herstellern Schaltgrenzströme (Ausschaltstrom und Einschaltstrom) angegeben, bei denen die Freischal-

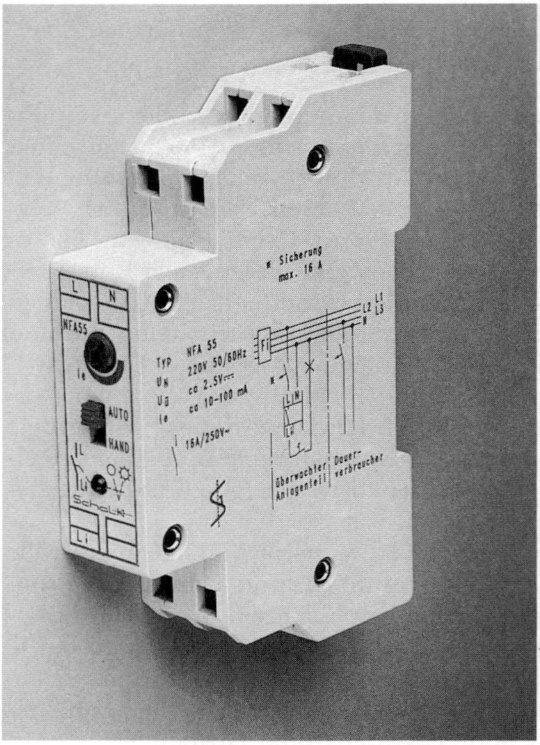

Bild 12.1 Netzfreischalter mit vorwählbarem Einschaltstrom (Foto: Schalk Steuerungstechnik).

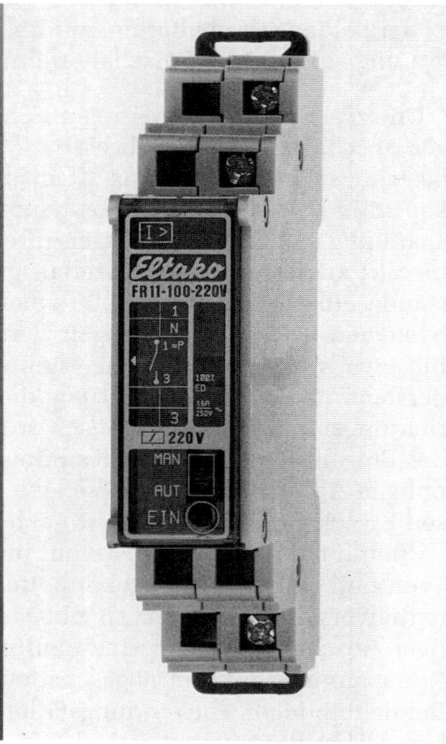

12.2 Netzfreischalter (Foto: Eltako Schaltgeräte).

tung beziehungsweise Wiedereinschaltung erfolgt. Der Schalter nach *Bild 12.1* hat als besondere Möglichkeit einen von Hand vorwählbaren Einschaltstrom. Um das von der Überwachungsspannung des Schalters abhängende E-Feld möglichst klein zu halten, sollte diese Spannung möglichst gering sein. Sinnvoll erscheint, als Überwachungsspannung eine Gleichspannung zu verwenden, die der 50-Hz-Wechselspannung (50-Hz-Wechselfelder) vorzuziehen ist.

> ACHTUNG! Netzfreischalter gewährleisten im freigeschalteten Zustand keine galvanische Trennung der Anlage vom öffentlichen Versorgungsnetz. Das gilt in der Regel auch für den Fall, daß die Netzfreischalter von Hand abgeschaltet (stillgesetzt) wurden.

Sofern Arbeiten im Bereich aktiver elektrischer Teile der Anlage durchzuführen sind, muß die Trennung auf andere Art (zum Beispiel durch Ausschaltung am Hauptschalter, Leitungsschutzschalter oder Entfernen der Stromkreissicherung) vorgenommen werden. Darum legen die meisten Firmen ihren Netzfreischaltern einen Aufkleber bei, der an der Verteilung anzubringen ist (*Bild 12.3*).

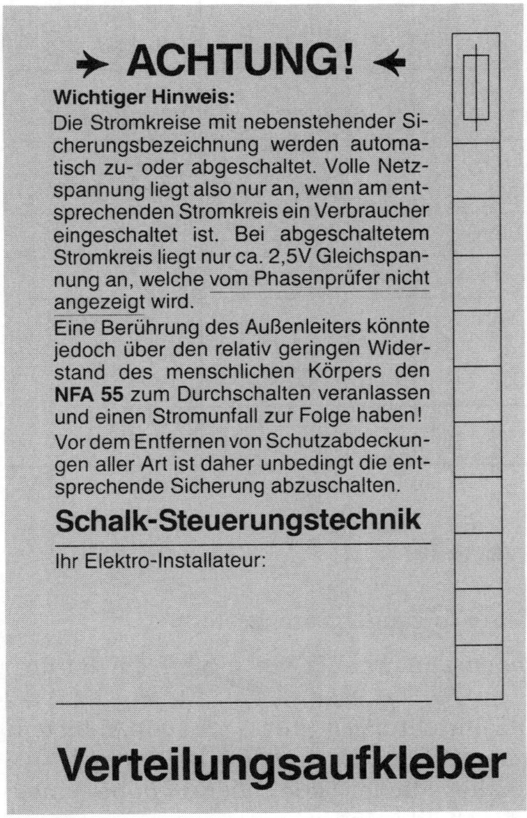

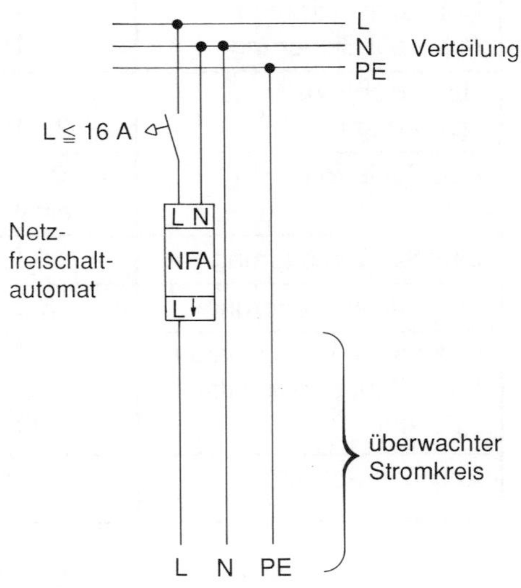

Oben: Bild 12.4 Anschlußschema am Stromkreisverteiler für einen Wechselstromkreis mit einpolig schaltendem Netzfreischalter.

Links: Bild 12.3 Hinweis (Aufkleber) zum Anbringen im Stromkreisverteiler.

Zu beachten ist, daß einpolige und zweipolige automatisch arbeitende Netzfreischalter auf ihrer Einspeiseseite mit einem Außenleiter (L1, L2 oder L3) *und* außerdem stets mit dem N-Leiter des Netzes zu verbinden sind (*Bild 12.4*). Die N-Leiterverbindung dient der Funktion der inneren Elektronik des Schalters. Im einzelnen müssen jedoch die jeweiligen Angaben der Hersteller beachtet werden. Einige technische Daten (nach Herstellerangaben) der beiden in den *Bildern 12.1* und *12.2* vorgestellten automatisch arbeitenden Netzfreischalter sowie eines weiteren Typs (Fa. Vögele) beinhaltet die *Tabelle 12.1.*

Tabelle 12.1

Hersteller	Schalk-Steuerungstechnik	Eltako Schaltgeräte	Vögele
Bezeichnung	NFA 55	FR 11–100	SS 16–3
Nennspannung	250 V	230 V	250 V
Nennfrequenz	50/60 Hz	AC	50 Hz
Nennschaltstrom (max. zu. Sicherung)	16 A	16 A	16 A
Überwachungs spannung (ca.)	2,5 V DC	2,5 V DC	24 (16) VDC
Einschaltstrom (ca.)	10 ... 100 mA, einstellbar	10 mA	einstellbar
Einschaltverzögerung	10 ... 20 ms	ca. 30 ms	–
Ausschaltverzögerung	5 ... 15 ms	ca. 3000 ms	–
elektrische Lebensdauer (max. Zahl der Schalt-spiele)	100 0000	100 000	–
Abschalt-Polzahl	1	1	2

12.1.5 Schaltung der Stromkreisverteiler

Zur Klärung der Aufgaben und Begriffe sei folgendes vorangestellt:

- Fehlerstromschutzeinrichtungen dienen zum Schutz bei indirektem Berühren.
- Hochempfindliche Fehlerstromschutzeinrichtungen (mit $I_{\Delta N} \leqq 30$ mA) bieten darüber hinaus auch einen *zusätzlichen* Schutz bei direktem Berühren.
- Automatisch arbeitende Netzfreischalter dienen der *Überwachung* eines Stromkreises und schalten diesen frei, sobald kein Verbraucherstrom entnom-

men wird, bzw. sobald der Verbraucherstrom bestimmte Werte (zum Beispiel 10 mA) unterschreitet.

Der Nennstrom des Netzfreischalters legt den maximal zulässigen Nennstrom für die vorzuschaltende Überstromschutzeinrichtung (Leitungsschutzschalter, Schmelzsicherung usw.) fest.

Die Organisation im Stromkreisverteiler kann unterschiedlich erfolgen. In *Bild 12.5* wurde für jeden zu überwachenden Stromkreis ein Netzfreischalter vorgesehen. Diese aufwendigere Installation hat gewisse Vorteile, auf die noch in späteren Abschnitten eingegangen wird. Eine solche Installation ist in der Regel aber nur in einem Neubau oder in einem Gebäude, in dem die Installationsanlage komplett erneuert wird, konsequent durchführbar.

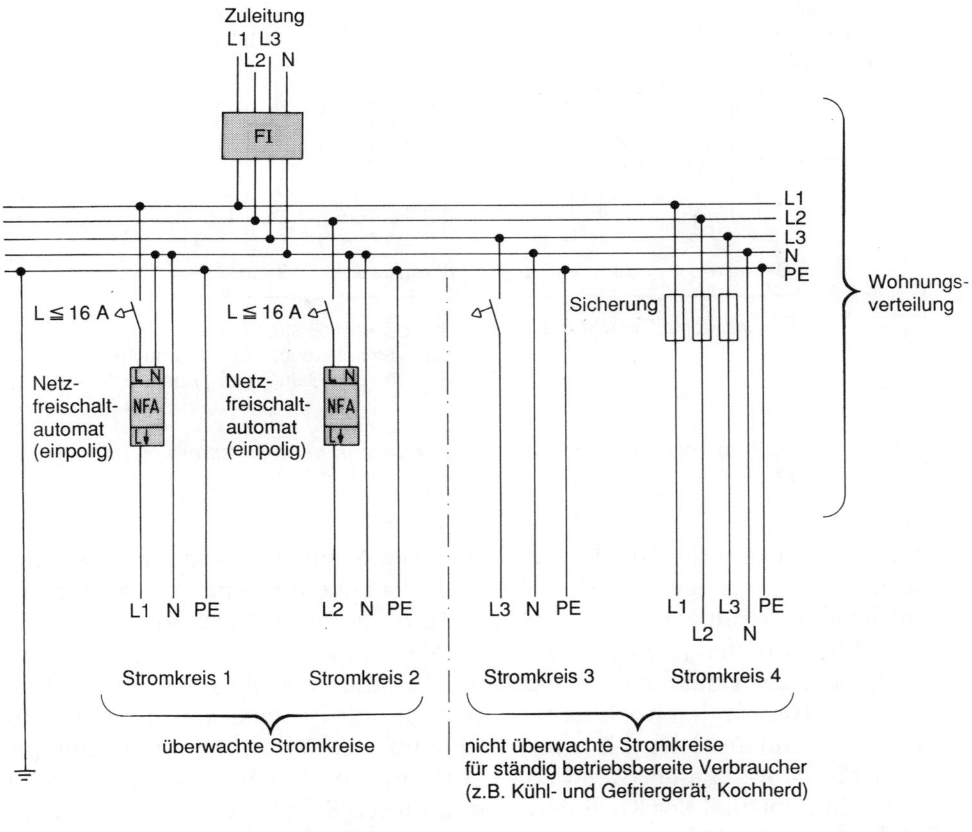

Bild 12.5 Anschlußschema im Stromkreisverteiler mit eigenem Netzfreischalter für jeden zu überwachenden Stromkreis.

Bild 12.6 zeigt eine andere Schaltungsvariante, bei der ein einzelner Netzfreischalter mehrere (im vorliegenden Fall zwei) Stromkreise überwacht. Die vorgeschaltete Überstromschutzeinrichtung darf unter Berücksichtigung des

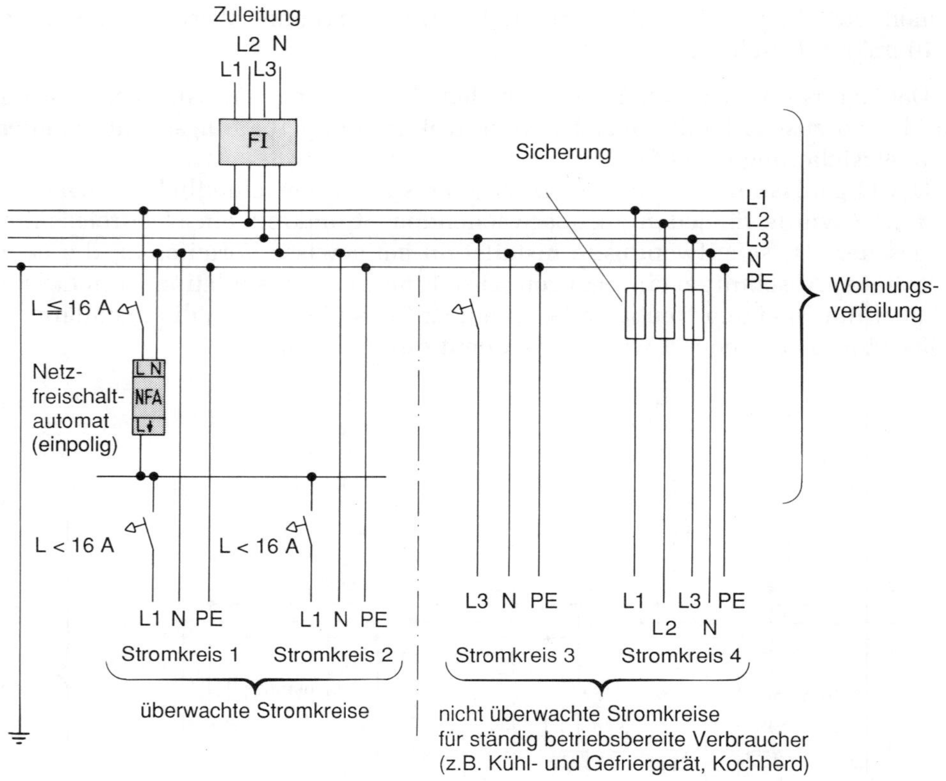

Bild 12.6 Anschlußschema im Stromkreisverteiler mit gemeinsamem Netzfreischalter für zwei Stromkreise.

Schaltvermögens des Netzfreischalters einen Nennstrom von maximal 16 A aufweisen. Die nachgeschalteten Überstromschutzeinrichtungen sollten zweckmäßigerweise mit Nennströmen unter 16 A ausgewählt werden.

Beide Varianten (*Bilder 12.5* und *12.6*) sind noch verbesserungswürdig, da es nicht sehr zweckmäßig ist, die gesamte Installationsanlage – einschließlich des Stromkreises für den Kochherd – durch nur eine Fehlerstrom(FI-)Schutzeinrichtung zu schützen. Dies gilt insbesondere für den Fall, wenn ein hochempfindlicher FI-Schutzschalter ($I_{\Delta N} \leqq 30$ mA) zum Einsatz kommt und Wärmegroßgeräte (zum Beispiel der Kochherd) mit in diesen Schutz bei indirektem Berühren einbezogen werden.

Die Gründe dafür sind:

- Der noch zulässige Ableitstrom (zulässiger Maximalwert) eines einzelnen Wärmegroßgerätes mit einer Heizleistung $P \geqq 6$ kW erreicht annähernd die untere Ansprechgrenze einer 30-mA-Fehlerstromschutzeinrichtung. Es sind somit nur noch einige zusätzliche Kleingeräte (mit intakter Isolation!) bei zeitgleichem Betrieb erforderlich, um den Schalter unerwünscht zum Auslösen zu bringen.

- Ein einziger Isolationsfehler eines Gerätes oder einer Leitung innerhalb der Anlage führt bereits zur Abschaltung aller Stromkreise. Das bedeutet eine Unfallgefahr, wenn zum Beispiel der Stromkreisverteiler bei Dunkelheit „gesucht" werden muß.

Diese beiden Punkte sind wichtige Argumente für eine Unterteilung der Anlage auf mehrere Fehlerstromschutzeinrichtungen. Das Gegenargument sind die höheren Installationskosten. Dem muß aber entgegengehalten werden, daß eine biologisch orientierte Elektroinstallation gleichwohl eine besondere Einrichtung darstellt und in der Regel schon deswegen einen höheren Aufwand bei der Errichtung erfordert. Die Kosten eines einzelnen Netzfreischalters (für 16 A Wechselstrom) liegen beispielsweise etwa in derselben Größenordnung wie die eines 4poligen Fehlerstromschutzschalters (mit $I_N = 25$ A und $I_{\Delta n} = 30$ mA). Unter dieser Sicht ist kaum einzusehen, daß ein möglicherweise höherer Aufwand im Interesse einer Überwachung zu Lasten anderer Sicherheitsüberlegungen geht.

Technisch besonders einfach ausführbar – allerdings keinesfalls preisgünstiger – ist eine Installation, bei der anstelle von Leitungsschutzschaltern sogenannte 2polige FI/LS-Schalter, also Kombinationen aus einem FI- und einem Leitungsschutz(LS-)Schalter, in der Wohnungsverteilung installiert werden. Diese Geräte besitzen in der Regel (nur) die doppelte Breite eines einzelnen Leitungsschutzschalters. Die Elektrofachkraft ist über die verschiedenen Möglichkeiten dieser Ausführung im allgemeinen bestens informiert, da sie auch in üblichen Installationsanlagen als Stand der Technik anzusehen ist.

12.2 Besonderheiten, die beim Betrieb von Stromkreisen mit Netzfreischaltern zu beachten sind

12.2.1 Wichtige Hinweise

- Netzfreischalter stellen – wie bereits an anderer Stelle beschrieben – in der Regel *keine* galvanische Trennung zwischen einem Stromkreis und seiner Einspeisung her, zum Beispiel im Sinne von DIN VDE 0100 Teil 460 (Errichten von Starkstromanlagen mit Nennstromspannungen bis 1000 V; Schutzmaßnahmen; Trennen und Schalten). Ein (allein) durch einen Netzfreischalter freigeschalteter Stromkreis muß deshalb sicherheitstechnisch grundsätzlich als „unter Spannung stehend" angesehen und behandelt werden.

- Die in der Praxis üblichen *Spannungsprüfer* (ein- oder zweipolige Ausführung) zeigen dennoch „keine Spannung“ an, wenn durch einen Netzfreischalter freigeschaltet worden ist. Durch den relativ geringen elektrischen Widerstand des menschlichen Körpers kann jedoch bei Berührung eines Leiters der Einschaltvorgang herbeigeführt werden. Darin besteht eine nicht zu unterschätzende Gefahr (!) für eventuell später in der Anlage tätig werdende Elektrofachkräfte. Ein Stromkreisverteiler, der Stromkreise enthält, welche durch Netzfreischalter überwacht werden, sollte deshalb bei der Inbetriebnahme mit einem auffälligen diesbezüglichen Hinweis gekennzeichnet sein. Von den meisten Herstellern automatisch arbeitender Netzfreischalter sind spezielle Aufkleber zu beziehen (*Bild 12.3*).

12.2.2 Wichtige Betriebseigenschaften

Nicht alle elektrischen Betriebsmittel lassen sich in Stromkreisen mit Netzfreischaltern wie gewohnt betreiben. Es geht dabei vor allem um Gerätetypen, die im Moment des Einschaltens nur einen kleinen Strom aufnehmen, so daß der Einschaltstrom (Einschaltpegel) des automatisch arbeitenden Netzfreischalters nicht erreicht wird. Oder es handelt sich um Geräte, die während des Betriebs in Abständen beziehungsweise periodisch den Strom immer wieder unterbrechen oder verringern. Zu solchen Betriebsmitteln zählen zum Beispiel:

- Leuchtstofflampen in Glimmstarterschaltung oder an elektronischen Vorschaltgeräten (EVG),
- Verbraucher, die über sogenannte Phasenanschnittsteuerungen oder andere Steuerungen betrieben werden (zum Beispiel Leuchten mit „Dimmern“, Staubsauger mit elektronischer Saugkraftsteuerung, Handbohrmaschinen mit elektronischer Drehzahlsteuerung),
- Kleinverbraucher, die über Transformatoren oder andere induktive Vorschalteinrichtungen betrieben werden (Haustürklingel, Kassettenrecorder, Kleinrechner usw.) sowie Kleinverbraucher, deren Stromaufnahme im allgemeinen kleiner ist als der Einschalt- beziehungsweise Haltestrom des Netzfreischalters.

Der Einsatz solcher Betriebsmittel in Anlagen mit automatisch arbeitenden Netzfreischaltern ist aber dennoch möglich,

- wenn der Betrieb der Geräte an besonderen Stromkreisen erfolgt, die nicht von Netzfreischaltern überwacht werden oder
- wenn durch den Einsatz parallel geschalteter Grundlasten, also zusätzlicher Verbraucher, der Einschalt- beziehungsweise Haltestrom des Freischalters gewährleistet ist.

Als Grundlast kann im einfachsten Fall eine (nicht dimmergesteuerte) Glühlampenleuchte (zum Beispiel mit P = 25 W) dienen. Das bedeutet in der Praxis, daß die Leuchte stets auch dann in Betrieb gesetzt werden muß, wenn ein in dieser Hinsicht problematischer Verbraucher an das Netz geschaltet wird.

Einige Hersteller von Netzfreischaltern bieten im Rahmen ihrer Programme besondere Grundlastbauelemente verschiedener Art an, die den zusätzlichen Energiebedarf auf ein Minimum begrenzen. *Bild 12.7* zeigt als Beispiel eine Grundlastklemme, die auch innerhalb des Stromkreisverteilers montiert werden kann. Sie wird vom Hersteller im Zusammenhang mit Glühlampen-, Dimmer- und Leuchtstofflampenschaltungen (für Leuchtstofflampen in Einzel-, Duo- oder Tandemschaltung sowie in Schaltung mit EVG) zum Einsatz empfohlen und ist jeweils gemeinsam mit den Lampen einzuschalten.

Oben: Bild 12.7 Grundlastklemme mit Einbaumöglichkeit in den Stromkreisverteiler (Foto: Schalk Steuerungstechnik).

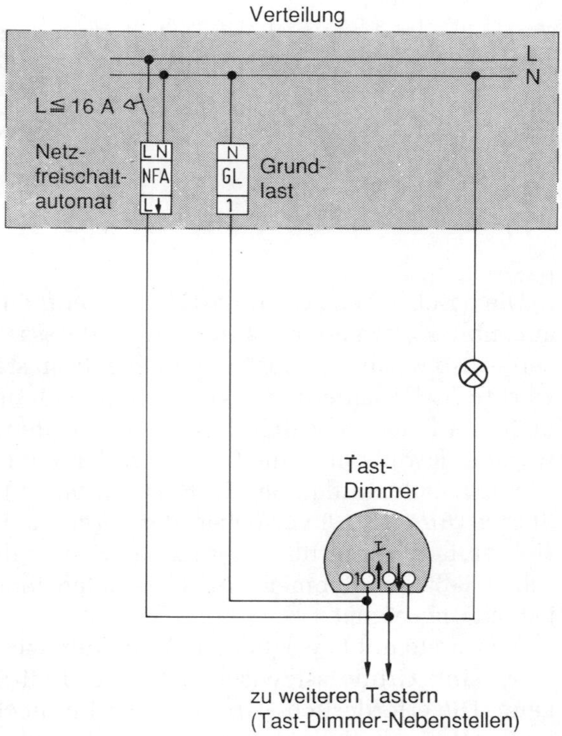

Rechts: Bild 12.8 Schaltungsbeispiel für einen Glühlampen-Stromkreis mit Netzfreischalter, Tastdimmer und Grundlast.

Bei Dimmerschaltungen ist die beschriebene Grundlastklemme allerdings nur im Zusammenhang mit sogenannten Tastdimmern einsetzbar. *Bild 12.8* zeigt ein Schaltungsbeispiel dazu und *Bild 12.9* den Einsatz der Grundlastklemme im Rahmen einer Leuchtstofflampenschaltung mit elektronischem Vorschaltgerät (EVG). Die Klemme kann natürlich auch in diesem Fall innerhalb der Verteilung montiert werden.

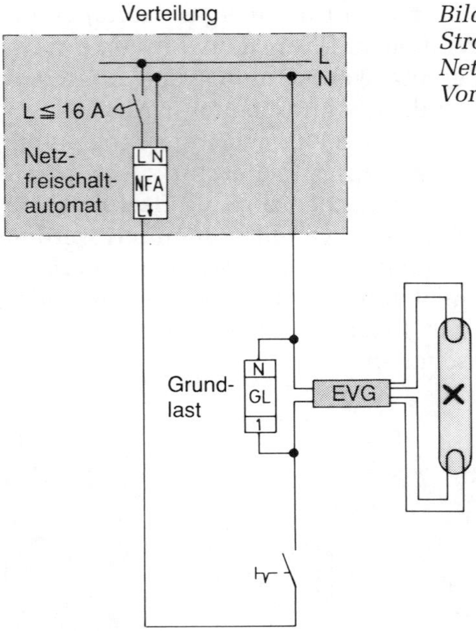

Bild 12.9 Schaltungsbeispiel für einen Stromkreis mit Leuchtstofflampe und Netzfreischalter sowie elektronischem Vorschaltgerät (EVG) und Grundlast.

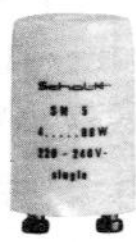

Bild 12.10 Starter für Leuchtstofflampen mit eingebauter Grundlast zum Betrieb in Stromkreisen mit Netzfreischalter (Foto: Schalk Steuerungstechnik).

Bild 12.11 Zwischenstecker mit eingebauter Grundlast zum Betrieb an Stromkreisen mit Netzfreischalter (Foto: Schalk Steuerungstechnik).

Die beschriebene Grundlastklemme enthält ein Bauelement, das im Einschaltaugenblick etwa 60 mA aufnimmt und dessen Strom sich nach kurzer Betriebszeit – also wenn sich der Verbraucherstrom stabilisiert hat – auf circa 2 mA reduziert (PTC-Verhalten). Zu beachten ist, daß pro Schaltgruppe (also beim Betrieb mehrerer Lampen beziehungsweise Leuchten, die stets gemeinsam eingeschaltet werden) jeweils nur eine Grundlastklemme installiert werden muß.

Für Leuchtstofflampen in Einzel-(Starter-)Schaltung ist auch ein besonderer Starter (*Bild 12.10*) verfügbar, der bereits eine geeignete Grundlast enthält und sich einfach gegen den „normalen" Starter der Lampeneinzelschaltung austauschen läßt. Im Rahmen von Duo- oder Tandemschaltungen ist dieser Starter jedoch ungeeignet.

Für Geräte mit beweglichem Anschluß, wie Staubsauger, Handbohrmaschinen usw., sind Grundlastzwischenstecker erhältlich, über die der Betrieb erfolgen kann. Die erforderliche Grundlast ist im Stecker (*Bild 12.11*) bereits eingebaut.

Eine Variante der eingangs beschriebenen Grundlast, ein sogenanntes Grundlastgerät, bietet ein anderer Hersteller an. Das Gerät ist ebenfalls in Verteilungen einbaubar und besitzt Ausgangsklemmen zum Anschluß für bis zu vier getrennte Schaltkreise desselben Stromkreises. *Bild 12.12* zeigt als Beispiel den Betrieb mit zwei Schaltkreisen, die von einem gemeinsamen Netzfreischaltautomaten überwacht werden.

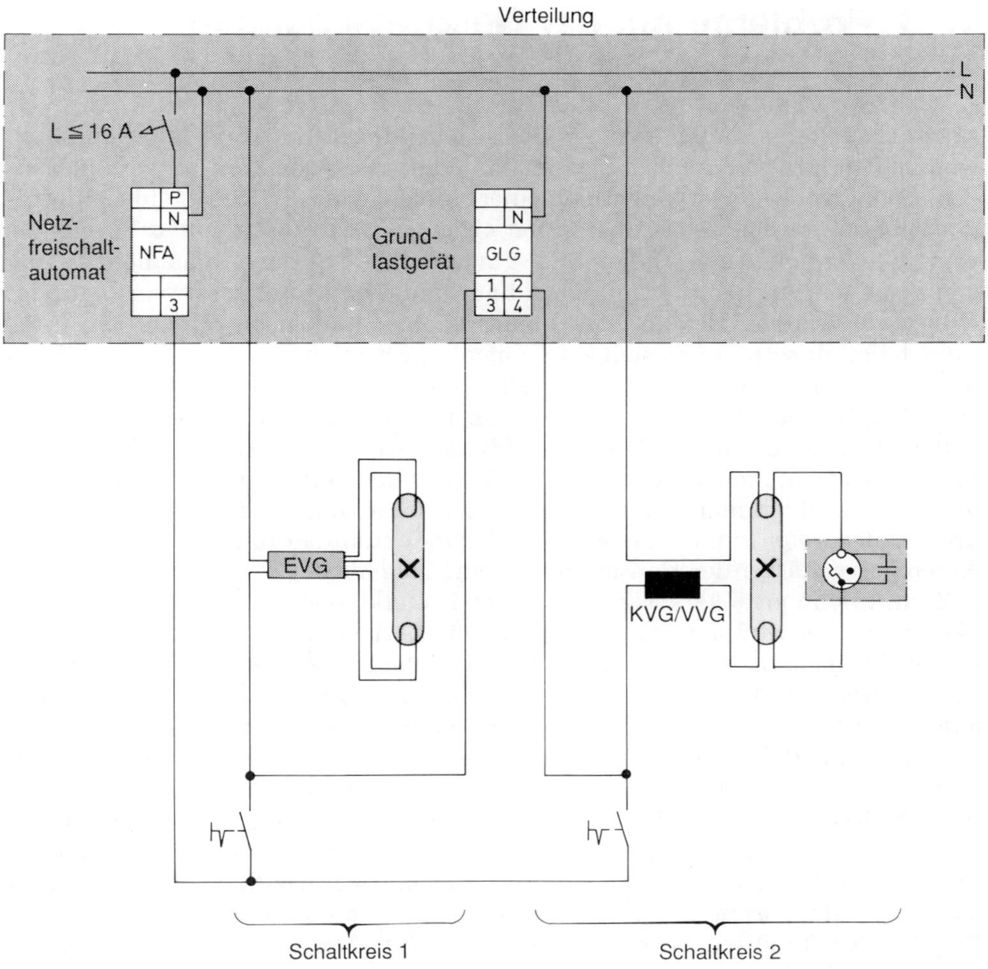

Bild 12.12 Schaltungsbeispiel eines Grundlastgeräts (mit Klemmen für maximal 4 Schaltkreise) mit zwei Schaltkreisen, die von einem (gemeinsamen) Netzfreischalter überwacht werden.

12.3 Probleme mit der Netzfreischaltung

Netzfreischalter schalten den zu überwachenden Stromkreis nur dann frei, wenn zuvor alle Verbraucher abgeschaltet oder vom Stromkreis abgetrennt wurden. „Dauerverbraucher“ innerhalb einer Anlage, wie z. B. Kühl- und Gefriergeräte, müssen deshalb stets über einen eigenen, nicht überwachten Stromkreis versorgt werden. Auch „heimliche“ (unauffällige) Stromverbraucher müssen von der Elektrofachkraft ermittelt und aus anderen Stromkreisen versorgt oder stillgesetzt werden. Der künftige Benutzer einer biologisch orientierten Elektroinstallation sollte in diesem Zusammenhang sorgfältig und umfassend informiert und beraten werden, damit später keine Probleme mit der Freischaltung auftreten. Nichts ist ärgerlicher, als wenn vor dem Beginn der Nachtruhe stets aufwendige „Suchaktionen“ zum Auffinden bislang unerkannter Verbrauchsmittel einsetzen, die das automatische Freischalten verhindern. Zu solchen Verbrauchern zählen unter anderem elektrische Uhren, Radiowecker, Fernsehgeräte und Ladegeräte (zum Beispiel für Kleinakkumulatoren), aber auch der Antennenverstärker des Hauses kann hierzu zählen.

Zum Antennenverstärker sei ergänzend bemerkt, daß dieser in Einzelhäusern häufig über den Stromkreis im Obergeschoß des Hauses gespeist wird. In diesem Geschoß ist aber meist auch der Schlafraum untergebracht. Bei einer Umstellung der elektrischen Anlage auf eine biologisch orientierte Elektroinstallation mit automatischer Freischaltung ist die Stromaufnahme des Antennenverstärkers dann manchmal die Ursache dafür, daß die automatische Abschaltung ausbleibt. Aus technischen Gründen (thermisches „Wechselbad“) sollte ein Antennenverstärker aber nicht abgeschaltet werden. Beim Antennenverstärker ist darüber hinaus zu beachten, daß er zum Beispiel durch seinen Netztransformator in der näheren Umgebung ein alles durchdringendes 50-Hz-Magnetfeld erzeugen kann, von dem eventuell direkt naheliegende Ruhezonen (Schlafräume) im Dachbereich durchsetzt werden könnten. Damit wäre womöglich der gesamte Aufwand mit einem Netzfreischalter für solche Räume vom angestrebten Ziel her gesehen als wirkungslos einzustufen.

Natürlich kann auch ein unentdeckter Isolationsfehler die automatische Freischaltung verhindern. Für den Benutzer der Anlage wird es deshalb beruhigend sein, wenn er weiß, daß er den freigeschalteten Zustand selbst kontrollieren kann. Bestens geeignet und ein einfaches Hilfsmittel sind dafür die überall im Handel erhältlichen Orientierungsleuchten (Kinderleuchten) auf Glimmlampenbasis (*Bild 12.13*), die einfach in eine Steckdose des überwachten Strom-

Bild 12.13 Orientierungsleuchte mit Glimmlampe (Foto: Schalk Steuerungstechnik).

kreises eingesteckt werden können. Ihre Stromaufnahme ist so klein, daß ein einzelnes Exemplar von sich aus den Netzfreischalter nicht zum Einschalten bringt. Sofern ein solches Orientierungslicht leuchtet, muß also ein anderes Betriebsmittel im Stromkreis noch eingeschaltet sein.

13 Ortsveränderliche Verbraucher und Schutzkontaktsteckdosen

Das in der Bundesrepublik Deutschland und in vielen europäischen Ländern am weitesten verbreitete Stecksystem zum Anschluß ortsveränderlicher Wechselstromverbraucher ist die allgemein bekannte Schutzkontaktsteckvorrichtung. Ihr wesentlicher Nachteil besteht darin, daß eine Unverwechselbarkeit der den Betriebsstrom führenden Leiter nicht gegeben ist. Phasen- und N-Leiter des Netzes können dadurch nicht gezielt mit entsprechenden Anschlüssen am Verbrauchsmittel verbunden werden. Da viele elektrische Verbrauchsmittel mit ortsveränderlicher Anschlußleitung aber nur einpolig geschaltet werden, ergeben sich im ausgeschalteten Zustand Unterschiede in der Ausbreitung des elektrischen Feldes, je nachdem, mit welcher Polung der Schutzkontaktstecker (oder die ebenfalls in das Stecksystem passenden „Eurostecker" oder Profilstecker schutzisolierter Geräte) in die Schutzkontaktsteckdose gerade eingeführt wurde. Besonders gravierend sind die Unterschiede, wenn mit Schnur- oder Tretzwischenschaltern geschaltet wird.

Zwar entfällt das H-Streufeld mit dem Öffnen des einpoligen Schaltkontakts generell, da der Strom unterbrochen wird. Ein E-Feld bleibt jedoch bestehen. Für dessen Ausbreitung ist nun die Polung des Steckers von erheblicher Bedeutung, da sich je nach dessen Polung und der Anordnung des Schalters erhebliche Längenunterschiede der gegenüber Erde spannungsführenden Leiterabschnitte ergeben, wie es die *Bilder 13.1* und *13.2* verdeutlichen.

Diese Verhältnisse sollten auch Beachtung finden, wenn vorhandene bewegliche Anschlußleitungen an Geräten durch entsprechende abgeschirmte Leitungen ersetzt werden. Um die Nachteile der Verwechselbarkeit der Polung zu vermeiden, könnte die Elektrofachkraft im Rahmen der Errichtung einer biologisch orientierten Elektroinstallation folgende Maßnahmen treffen:

- Alle Schutzkontaktsteckdosen der Anlage sind grundsätzlich in waagrechter Lage der Buchsen zu montieren.
- Den gegen Erde Spannung führenden Phasenleiter grundsätzlich auf die linke Buchse (Blick von vorn) der Schutzkontaktsteckdose legen (bei der Umstellung in Altbauten alle Steckdosen überprüfen und falls erforderlich umklemmen).
- Die Stecker einpolig geschalteter Geräte (insbesondere die von Stand- und Tischleuchten) auf der Oberseite deutlich erkennbar und dauerhaft – zum Beispiel mittels eines Farbkleckses – auf der Steckerseite kennzeichnen, die bei richtiger Polung von oben sichtbar ist.

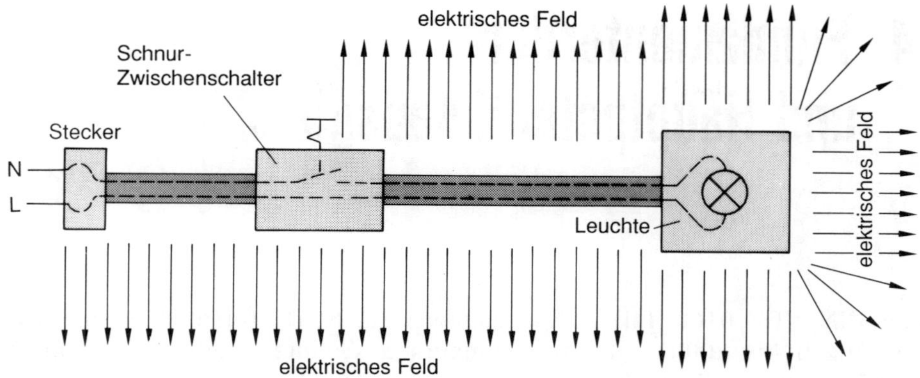

Bild 13.1 Elektrisches Feld bei einem ortsveränderlichen Verbraucher mit Schnur-Zwischenschalter; Schaltkontakt liegt im geerdeten N-Leiter.

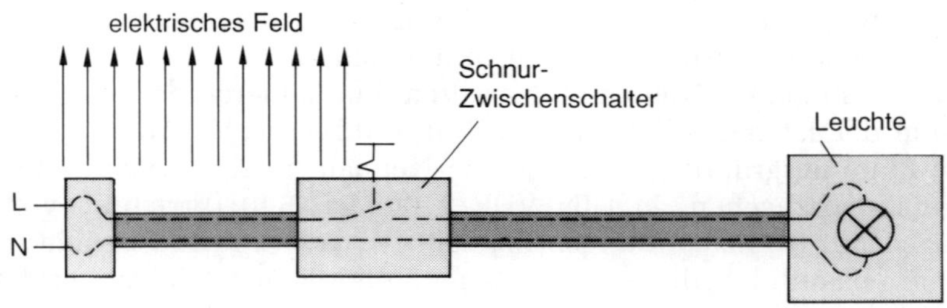

Bild 13.2 Elektrisches Feld bei einem ortsveränderlichen Verbraucher mit Schnur-Zwischenschalter; Schaltkontakt liegt im Phasenleiter (L).

Die „richtige" Polung ist bei Leuchten verhältnismäßig problemlos feststellbar: Bei eingestecktem Stecker und herausgeschraubter Lampe darf in der Position „Aus" des Schalters mit dem einpoligen Spannungsprüfer an keiner der beiden Kontaktzungen in der Fassung eine Spannung feststellbar sein. Bei anderen Geräten kann – wenn ein Öffnen des Gerätekörpers vermieden werden soll – die günstigste Polung eigentlich nur mit Hilfe eines geeigneten E-Feldprüfgerätes (siehe Kapitel 16) festgestellt werden. In unmittelbarer Umgebung eines zu prüfenden Gerätes wird das E-Feld auf der Anschlußleitung des Geräts bei „richtiger" Polung und geöffnetem Schalter deutlich reduziert sein.

14 Fundamenterder und Hauptpotentialausgleich

Nach DIN VDE 0100 Teil 410 (Errichten von Starkstromanlagen mit Nennspannungen bis 1000 V; Schutzmaßnahmen; Schutz gegen gefährliche Körperströme) muß jedem Hausanschluß oder jeder gleichwertigen Versorgungseinrichtung ein Hauptpotentialausgleich zugeordnet sein, der folgende leitfähige Teile miteinander verbindet: Hauptschutzleiter, Haupterdungsleitung, Blitzschutzerder, Hauptwasserrohr, Hauptgasrohr und andere metallene Rohrsysteme, z. B. Steigleitungen zentraler Heizungs- und Klimaanlagen, sowie Metallteile der Gebäudekonstruktion (soweit möglich).

Als Erder kommen bei Neubauten vor allem Fundamenterder in Betracht. Ein Fundamenterder ist nach DIN 18 015 Teil 1 (Elektrische Anlagen in Wohngebäuden; Planungsgrundlagen) bei jedem Neubau für das Gebäude und seine Installationen vorzusehen. In DIN VDE 0100 Teil 540 (Errichten von Starkstromanlagen mit Nennspannungen bis 1000 V; Auswahl und Errichtung elektrischer Betriebsmittel; Erdung, Schutzleiter, Potentialausgleichsleiter) ist ferner festgelegt, daß Fundamenterder nach den „Richtlinien für das Einbetten von Fundamenterdern in Gebäudefundamente“ herzustellen sind. Diese Richtlinien sind zu beziehen durch die Vereinigung Deutscher Elektrizitätswerke e. V. – VDEW, Stresemannallee 23, 60596 Frankfurt am Main 70. Sie legen unter anderem fest, daß ein Fundamenterder als *geschlossener* Ring in das Fundament der Außenmauer unterhalb der Feuchtigkeitsisolierung zu legen ist.

Diese zuletzt getroffene Feststellung ist für die Elektrofachkraft von besonderer Bedeutung, da manchmal im Zusammenhang mit biologisch orientierter Elektroinstallation empfohlen wird, den Gebäudefundamenterder nicht als geschlossenen Ring, sondern in Form einzelner Tiefenerder oder als offenen Ring auszuführen. Ziel dieser Maßnahme soll sein, Magnetfelder, die von eventuellen vagabundierenden Strömen aus der Anlage oder durch zeitliche Änderungen des natürlichen Erdmagnetfeldes induziert werden und ringförmig um das Gebäude fließen, zu verhindern.

Eine solche Empfehlung muß die verantwortungsbewußte Elektrofachkraft ablehnen, da sie den anerkannten Regeln der Technik widerspricht.

Der Fundamenterder ist nicht in erster Linie Erder, sondern vor allem Bestandteil des *Gebäudehauptpotentialausgleichs*. Er soll das Potential des Gebäudes möglichst soweit anheben, daß zwischen ihm und den vorhandenen

Rohrsystemen sowie den anderen leitfähigen Teilen und/oder Gerätekörpern im Fehlerfall keine gefährliche Spannung gegen Erde entsteht, die von einem Menschen überbrückt werden könnte. Diese Forderung läßt sich im allgemeinen nur mit Hilfe eines geschlossenen Fundamentringes hinreichend erfüllen.

Vagabundierende Ströme aus der Anlage sind im ungestörten Fall vor allem in TN-Systemen (Nullungsnetzen) zu erwarten, da der Fundamenterder bei dieser Netzform an der Hauptpotentialausgleichsschiene über eine Brücke direkt mit dem N-Leiter (beziehungsweise PEN-Leiter) des Netzes verbunden ist (*Bild 14.1*) und darum auch Betriebsströme führt. Die technisch saubere Lösung zur Vermeidung vagabundierender Ströme muß dann lauten: Entfernung der Brücke zwischen Hauptpotentialausgleich und PEN-Leiter (*Bild 14.2*). Sodann ist zu prüfen, ob der Erdungswiderstand des Fundamenterders ausreichend niedrig ist (siehe auch Kap. 11.2). Damit erfolgt eine Umwandlung des bisherigen TN-Netzes in ein TT-System.

Diese Umwandlung ist allerdings nur zulässig, wenn die automatische Abschaltung im Fehlerfall (Erdschluß, Körperschluß) mit Hilfe einer Fehlerstrom-(FI-)Schutzeinrichtung erfolgt (beachte DIN VDE 0100 Teil 410).

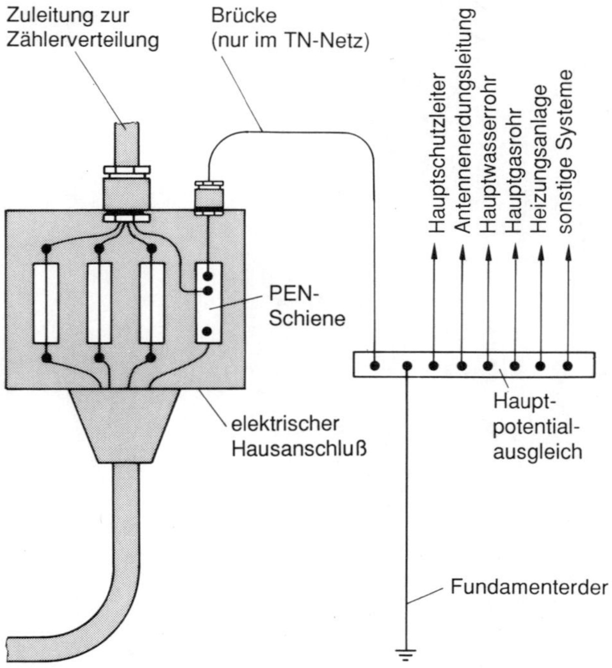

Bild 14.1 Hausanschlußkasten und Hauptpotentialausgleich im TN-Netz.

Der Einsatz hochempfindlicher FI-Schutzeinrichtungen (mit $I_{\Delta N} \leqq 30$ mA) ist dabei (wie schon früher dargelegt) zu bevorzugen.

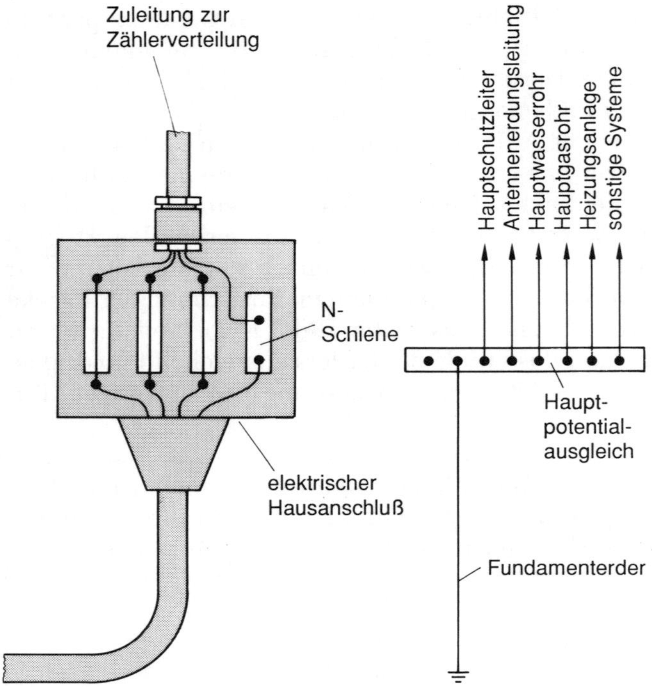

Bild 14.2 Hausanschlußkasten und Hauptpotentialausgleich im TT-Netz.

15 Prüfgeräte zum Messen von E- und H-Feldern

Will eine Elektrofachkraft auf dem Gebiet der biologisch orientierten Elektroinstallation tätig werden, muß sie in der Lage sein, elektrische und magnetische Felder aufzuspüren beziehungsweise meßtechnisch nachzuweisen. Dies setzt ein Mindestmaß an Grundwissen über das Verhalten der physikalischen Größe voraus, die zu bestimmen ist, und Grundkenntnisse zur Handhabung des benutzten Meßgerätes. Nur dann sind hinreichend korrekte Meßwerte zu erwarten.

Drei Geräte sollen hier stellvertretend für andere vorgestellt werden, die zum Einsatz in der Praxis der Elektrofachkraft geeignet erscheinen. Keines der Geräte – das muß hervorgehoben werden – entspricht jedoch wissenschaftlichem Standard. In der Preislage, in der diese Geräte angeboten werden (unter 2.500 DM), sind derartige Ansprüche auch nicht zu erfüllen. Aufwendigere Einrichtungen, die auch erhältlich sind (Preis über 5.000 DM) sind in der Praxis des Elektroinstallateurs aber nicht ohne weiteres handhabbar. Der Anspruchsbereich der vorgestellten Geräte ist etwa mit dem eines guten Spannungsprüfers gleichzusetzen, der – innerhalb enger Grenzen – mit mäßiger Genauigkeit und Auflösung auch Spannungswerte anzeigen kann.

Die vorzustellenden Geräte sind geeignet, wahlweise elektrische und magnetische Wechselfelder anzuzeigen. Insbesondere bei der Bestimmung der E-Felder ist dabei stets mit einem erheblichen Meßfehler vor allem deshalb zu rechnen, weil der Mensch, der das Instrument handhabt, infolge der hohen elektrischen Leitfähigkeit seines Körpers die Felddichte verändert. Aber auch bei der Messung magnetischer Felder kann es Probleme geben, wie noch näher zu erläutern ist.

Das in *Bild 15.1* gezeigte Gerät besitzt eine Kombinations-Einsteckmeßsonde, deren vorderer sichtbarer Metallbügel als Elektrode zum Erfassen des E-Feldes

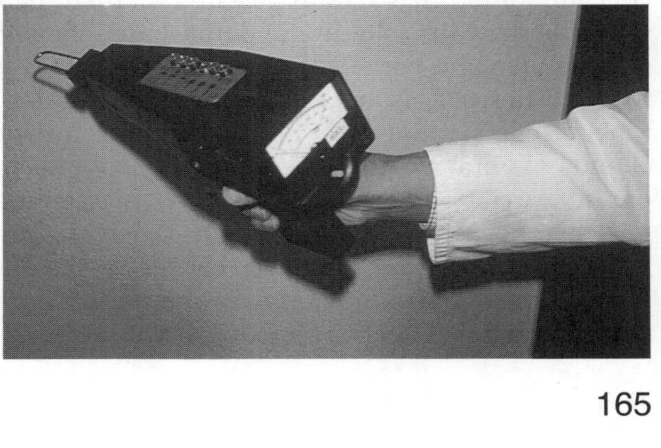

Bild 15.1 Jahnke Bioelektronic E-M-Feldsonde.

dient. Auch das H-Feld kann mit derselben Meßsonde erfaßt werden. Dazu ist eine (von außen nicht sichtbare) Spule im Fuß der Einsteckmeßsonde eingebaut. Die Umschaltung von E- auf H-Feldmessung erfolgt von Hand durch Druckschalter.

Das pistolenartig ausgeführte Instrumentengehäuse hat auf seiner Rückseite ein Analoganzeigeinstrument (*Bild 15.2*). Der E-Feld-Meßbereich kann wahlweise auf (Vollausschlag) 30 V/m oder 300 V/m eingestellt werden. Für das H-Feld stehen die Meßbereiche 0,12 µT, 1,2 µT und 12 µT (beziehungsweise 0,1 A/m, 1 A/m und 10 A/m) zur Verfügung. Die Eichung der Skala in A/m ist allerdings verbesserungsbedürftig. Um größere Fehler zu vermeiden, sollte der Anwender sich deshalb besser auf die Ablesung von µT-Werten bei der Bestimmung von H-Feldstärken beschränken.

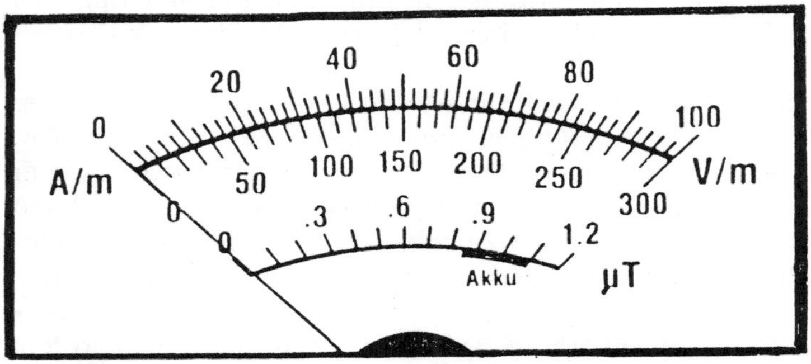

Bild 15.2 Skala des Anzeigeinstruments der Jahnke Bioelektronic E-M-Feldsonde.

Bei der Messung elektrischer Wechselfelder ist der Metallbügel in Richtung der vermuteten Feldquelle zu halten. Die Anzeige erfaßt bei richtiger Handhabung (an der Vorderseite des Griffs befindet sich ein Metallstreifen, der während der Messung zu berühren ist) nach Herstellerangaben dann die zwischen dem Metallbügel und dem Standort des Menschen herrschende elektrische Feldstärke. Bei einem Standort während der Messung auf hochisolierendem Boden (zum Beispiel PVC-Belag) oder auf hochisolierenden Schuhsohlen, ist es empfehlenswert eine gezielte Erdung mit Hilfe eines dafür mitgelieferten Kabels vorzunehmen.

Bei der Messung magnetischer Wechselfelder ist keine Erdung erforderlich. Hier muß allerdings darauf geachtet werden, daß die magnetischen Feldlinien stets von der Stirnseite in die dafür vorgesehene Spulenwicklung eintreten. Sie müssen also von vorne auf die Sonde treffen. H-Feld-Messungen sind bei allen Geräten dieses Typs aus physikalischen Gründen sehr stark richtungsabhängig. Eine falsche Haltung der Fühlerspule führt unweigerlich dazu, nur die entsprechende H-Feld-Richtungs(Teil-)komponente zu messen. Und damit wäre dann die Interpretation falsch, das totale H-Feld gemessen zu haben.

Neben der Analoganzeige ist zusätzlich ein abschaltbarer akustischer Signalgeber vorhanden, der abhängig von der gemessenen Feldstärke einen unangenehm klingenden Jaulton mit zunehmender Intensität abgibt. Auf Laien, die unter Umständen bei der Messung anwesend sind, dürfte dieses Geräusch unangemessen beunruhigend wirken. Die verantwortungsbewußte Elektrofachkraft sollte daher diese Anzeige – aus psychologischen Gründen – nur sparsam und bei Anwesenheit von Nichtfachleuten möglichst gar nicht einsetzen.

Nach Herstellerangabe ist das Gerät auch zur Anzeige statischer E-Felder (elektrischer Gleichfelder) geeignet und hat dafür eine zusätzliche Einstellung. Der Fühler muß dabei von der handhabenden Person durch das Feld bewegt werden. Für mehr als eine Ja/Nein-Entscheidung (E-Feld vorhanden/nicht vorhanden) ist dieser Meßbereich aber kaum geeignet. Die vom Hersteller angegebene Methode, davon bestimmte Feldstärkewerte abzuleiten, ist in Frage zu stellen.

Das in *Bild 15.3* gezeigte Gerät ist erheblich kleiner und besitzt einen etwas einfacheren Aufbau und eine einfachere Funktion. Als Fühler ist, getrennt nach der Art der Felder, für das E-Feld eine kleine Stabantenne und für das H-Feld eine Topfspule (*Bild 15.4*) vorgesehen, die alternativ auf das Gerät gesteckt werden können.

Bild 15.3 genitron instruments E/M-Feldsonde mit Stabantenne für die E-Feldmessung.

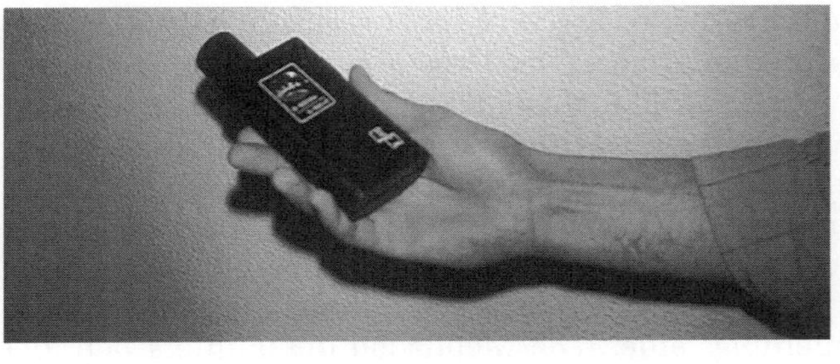

Bild 15.4 genitron instruments E/M-Feldsonde mit Topfspule für die H-Feldmessung.

Die auch hier analog angezeigten Meßwerte sind 0 ... 100 V/m beziehungsweise 0 ... 100 nT. Mit Hilfe einer zweiten (zusätzlichen) Topfspule kann der H-Meßbereich auf 0 ... 1000 nT (1 µT) erweitert werden. Seit einiger Zeit bietet der Hersteller eine weitere (dritte) Spule an, die den Meßbereich bis 10 µT erweitert. Markierungen auf der Stirnseite der Spulen zeigen dem Anwender, in welcher Richtung die magnetischen Feldlinien die Spulen durchsetzen müssen.

Auch dieses relativ einfache Gerät hat zusätzlich einen – allerdings leider nicht abschaltbaren – akustischen Melder, der oberhalb von 30 V/m bzw. 30 nT

Bild 15.5 Telemeter Electronic ESM-10 AC/DC Digital-Elektro/Magnetfeldmesser.

ein schnarrendes Geräusch abgibt. Die Frequenz des Schnarrens nimmt mit ansteigender Feldstärke zu.

Bei dem in *Bild 15.5* gezeigten Gerät sind Anzeigeeinheit und Meßfühler getrennte Einheiten, die über eine bewegliche Leitung (fest und leider unlösbar) miteinander verbunden sind. Die Anzeige erfolgt digital. Dies erleichtert scheinbar die Ablesung. Doch leider sind E- und H-Felder in der Praxis meist starken zeitlichen und räumlichen Schwankungen unterworfen. Dies hat zur Folge, daß die angezeigten Zahlenwerte dann „springen" und bei dem Meßwertsuchenden leicht das Gefühl entsteht, das „korrekte" Ergebnis nicht erfaßt zu haben. Ansonsten ist das Gerät jedoch recht komfortabel. Der Messung von E- und H-Feldern dient jeweils derselbe, mit einem Griff ausgestattete Meßfühler. Die gewünschte Meßart E- / H-Feld wird mittels eines Druckschalters am Meßfühler eingestellt. Ein zweiter Druckschalter am Meßfühler erlaubt – das ist selten bei dieser Geräteklasse – die Wahl von zwei Frequenzbereichen, nämlich 10 Hz . . . 10 kHz und 10 kHz. . .100 kHz. In wieweit Felder mit Frequenzen außerhalb des jeweils vorgewählten Bereichs das Meßergebnis dennoch beeinflussen, verschweigt die mitgelieferte Bedienungsanleitung leider. Die Meßfläche des Fühlers befindet sich auf der dem Griff gegenüberliegenden Seite und ist in zwei Sensorflächen unterteilt. Die kleinere ist in Höhe der beiden Druckschalter angeordnet und dient der Erfassung von H-Feldern mit f = 10 kHz. . .100 kHz, die größere (Restfläche) ist für die Erfassung aller anderen Meßbereiche zuständig.

Für die E-Feldmessung wird auch bei diesem Gerät die Benutzung einer (mitgelieferten) Erdungsleitung empfohlen, die an eine der beiden BNC-Buchsen der Anzeigeeinheit anzuschließen und auf der anderen Seite, z. B. mit dem Schutzleiter der Anlage zu verbinden ist. Die beiden BNC-Buchsen sind auch eine Besonderheit dieses Geräts. Sie stellen DC/AC-Ausgänge dar, über die eine Verbindung zu einem Oszilloskop, Computer, Frequenzzähler, Meßschreiber, Lautsprecher oder ähnlichem hergestellt werden kann, um die Felder auch noch in anderer Form darstellen oder dokumentieren zu können. Der sehr große Gesamtmeßbereich ist für jede Feldart in vier Teilbereiche unterteilt, die mittels eines entsprechenden Umschalters an der Anzeigeeinheit vorgewählt werden. Die Teilbereiche für das E-Feld lauten = . . . 2 / 20 / 200 / 2000 V/m und für das H-Feld = . . . 2 / 20 / 200 / 2000 µT.

An die beschriebenen Gerätetypen und andere ähnliche Einrichtungen sind bezüglich der Meßgenauigkeit nur begrenzte Ansprüche zu stellen. Zu Beginn dieses Kapitels wurde schon der Vergleich zu einem „Spannungsprüfer“ gezogen. Das mag für die Elektrofachkraft ernüchternd und enttäuschend zugleich sein. Dennoch muß betont werden, daß der Spannungsprüfer in der Fachpraxis zweifellos das am häufigsten eingesetzte „Meßinstrument“ darstellt und dort unentbehrlich ist. Und auch auf ein Gerät zum Feststellen von E-/H-Feldern kann nicht verzichten, wer erfolgreich im Bereich der biologisch orientierten Elektroinstallation tätig sein will. Die persönlichen Erfahrungen (des Autors) mögen noch etwas versöhnen: Die Abweichungen der Meßergebnisse sind bei H-Feldstärken beim Vergleich mit den angezeigten Werten teurerer Einrichtungen häufig erstaunlich gering. Oft sind die preiswerteren Geräte hochempfindlich, das heißt, sie zeigen meist einen höheren Feldstärkewert an. Der bewertende Praktiker liegt mit dem Ergebnis dann auf der „sicheren“ Seite. Weniger aussagefähig sind hingegen die angezeigten E-Feldstärkewerte. Dies hängt unter anderem auch damit zusammen, daß die E-Feldstärke im Raum sowohl durch leitfähige Einzelteile des Meßgeräts als auch durch den Körper des Messenden stets gravierend verändert werden.

Für den Umgang mit solchen Geräten sei zusammenfassend gesagt:

- Bei E-Feldmessungen muß die Meßsonde (Elektrode/Antenne) in Richtung der E-Feldquelle (Elektrogerät, elektrisches Betriebsmittel, Installationsleitung usw.) zeigen (*Bild 15.6*).

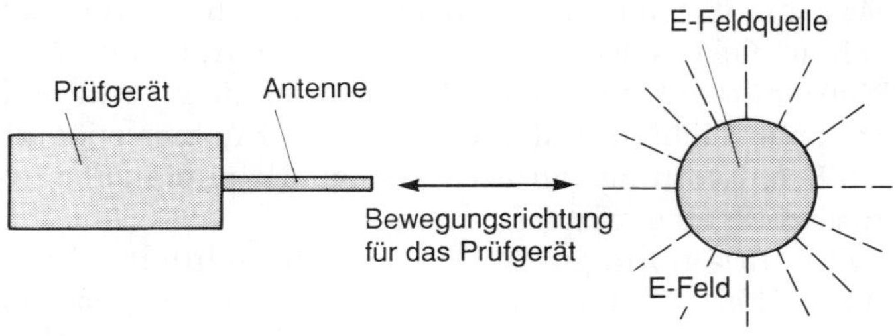

Bild 15.6 Erfassung eines E-Feldes mit der E-Feldmeßsonde (Elektrode/Antenne).

- Bei H-Feldmessungen ist die (Fühler-)Spule so zu halten, daß die H-Feldlinien in die Stirnfläche der Spule eintreten (*Bild 15.7*). Da sich die genaue Richtung der H-Feldlinien – insbesondere wenn deren Quelle unbekannt ist – nicht immer eindeutig vorhersagen läßt, muß die Richtung durch einen Versuch bestimmt werden. Dazu ist die Spule während der Messung im

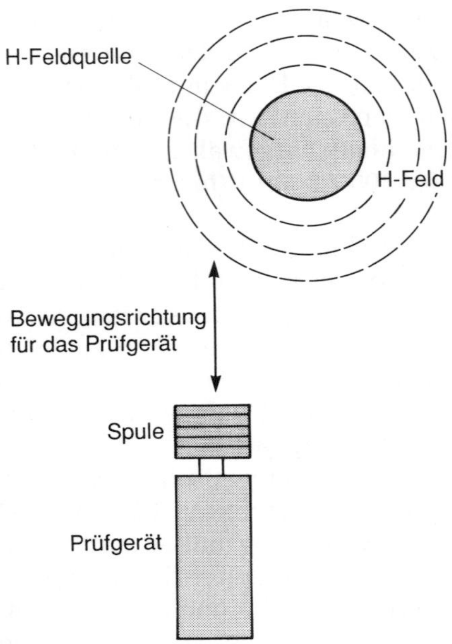

Sinne einer Maximumpeilung sowohl um ihre Längs- als auch um ihre Querachse abwechselnd zu drehen, bis die größte Feldstärke angezeigt wird.

- Das Messen elektrischer und magnetischer Felder beinhaltet viele, durch falsche Handhabung der Meßgeräte bedingte Fehlermöglichkeiten. Solchen Meßgräten beiliegende Gebrauchsanweisungen sind daher besonders sorgfältig zu studieren und zu beachten.

Bild 15.7 Erfassung eines H-Feldes mit der Fühlerspule

15.1 Messen der eingekoppelten elektrischen Spannung

Verschiedene E-/H-Feldmeßgeräte bieten zusätzlich die Möglichkeit der Messung der am menschlichen Körper durch Influenz des *E-Feldes* eingekoppelten elektrischen Spannung. Einige Anbieter bringen dazu auch spezielle Meßgeräte auf den Markt. Was hat es damit nun auf sich? Den Autor dieser Zeilen erreichten in der Vergangenheit immer wieder Anfragen hierzu. Zu deren Beantwortung wurde dieses Unterkapitel in der zweiten Auflage des Werkes zusätzlich eingefügt.

Zur Erläuterung: Wenn der menschliche Körper einem elektrischen Wechselfeld (z. B. mit f = 50 Hz) ausgesetzt ist, hat dies eine entsprechende Ladungsverschiebung (also einen Wechselstrom) entlang des Körpers zur Folge (siehe auch *Bild 1.6*). Dort, wo ein Strom über einen Widerstand (hier: den des menschlichen Körpers) fließt, entsteht ein entsprechender Spannungsfall. Dieser Spannungsfall kann mit hochempfindlichen, hochohmigen Spannungsmessern angezeigt werden, indem man z. B. die eine Sonde des Spannungsmessers an den Menschen und die andere Sonde gegen Erde schaltet. Die Höhe der angezeigten Spannung ist aber nicht nur von der Intensität des E-Feldes bzw. von der

Qualität der kapazitiven Ankopplung des menschlichen Körpers an die E-Feld-erzeugende Leitung abhängig, sondern auch von der jeweiligen Lage des Menschen im Raum und dem Ort des Punktes am Körper, an dem die Sonde angesetzt wurde. Es geht aber noch weiter: Verschiedene (sonst gleichwertige, hochpräzise) Spannungsmesser mit unterschiedlichem Innenwiderstand werden unter sonst gleichen Bedingungen zu unterschiedlichen Meßwerten kommen. Das hochohmige Gerät zeigt einen größeren Spannungswert an als das niederohmige. Es macht folglich keinen Sinn, für diese Methode einen bestimmten Spannungsgrenzwert festzulegen. Damit wird das Verfahren natürlich höchst fragwürdig.

Desweiteren muß erwähnt werden, daß eine solche Spannungsmessung heute problemlos mit jedem digital anzeigenden Multimeter, das im Handel heute ab etwa DM 50.-- erhältlich ist, ausgeführt werden kann. Diese transistorisierten Geräte besitzen im Spannungsmeßbereich einen Innenwiderstand um 10 MΩ, was im Bereich der Elektroinstallation dem Widerstand einer hervorragenden Isolation gleichkommt. Diese Geräte sind etwa seit den 70er Jahren erhältlich. Die zuvor üblichen und heute noch in vielen Bereichen sinnvoll einsetzbaren und für frühere Verhältnisse hochempfindlichen Drehspulmeßwerke mit Analoganzeige würden die eingekoppelte Spannung stets nur mit „0 V“ quittieren.

Zieht man darüberhinaus auch noch das *H-Feld* in Betracht, so erkennt man, daß die Erwartung an eine derartige Messung, nämlich die Feldeinflüsse auf den menschlichen Körper zu erfassen, völlig danebengeht. Ein magnetisches Wechselfeld induziert Wirbelströme, also kreisförmig wandernde Ladungsträger im menschlichen Körper (siehe *Bild 1.7*). Die damit verbundenen – gleichzeitig auftretenden – Spannungsfälle sind meßtechnisch überhaupt nicht erfaßbar. Im Extremfall wird die am menschlichen Körper gemessene eingekoppelte Spannung „0 V“ betragen, wenn sich der Mensch im Nahbereich einer mit hohem Strom belasteten (und deshalb von einem intensiven H-Feld umgebenen) Niedervoltleitung aufhält – zum Beispiel einer Leitung zum Betrieb von Halogenglühlampen für 12 V.

16 Einrichtung feldarmer Bereiche

Als feldfreie bzw. feldarme Bereiche (Ruhezonen) könnten innerhalb eines Hauses (einer Wohnung) zum Beispiel in Betracht kommen:

- der Schlafbereich innerhalb des Elternschlafzimmers,
- der Schlafbereich innerhalb der Kinderzimmer und (eventuell)
- ein Ruhebereich im Wohnzimmer, zum Beispiel dort, wo das Sofa aufgestellt werden soll.

Weitere Ruhezonen lassen sich auf Wunsch einrichten. Eine wesentliche Ausweitung ist aber nur bedingt zu empfehlen, da mit zunehmender Zahl solcher Ruhezonen die Einrichtung der Elektroinstallation immer problematischer und der Komfort des Hauses zunehmend eingeschränkt wird.

Dem Auftraggeber einer biologisch orientierten Installation muß außerdem deutlich gemacht werden, daß der Sinn der Anlage nur dann erfüllt ist, wenn – während der angestrebten Ruhepausen – absolut keine Leitungen und elektrischen Verbrauchsmittel in diesen Bereichen betrieben werden, daß also elektrische Energie in diese Bereiche weder über die Anschlußleitungen beweglicher Verbrauchsmittel (zum Beispiel Leuchten, Heizlüfter) noch über Verlängerungsleitungen herangeführt wird. Dasselbe gilt auch für den Betrieb von Radiogeräten, Radioweckern, Recordern, Fernsehgeräten, elektrischen Uhren und Wekkern sowie für ähnliche Geräte. Sie gehören einfach nicht in die feldarmen Bereiche.

Dies erscheint in jedem Fall sinnvoll, da praktisch alle genannten Geräte neben E-Feldern sehr intensive magnetische Streufelder erzeugen, die häufig weit in den umliegenden Raum hineingreifen.

Auch den Rückseiten der Wände im Bereich von Ruhezonen sollte Aufmerksamkeit bei der Planung geschenkt werden. Wände wirken nur bedingt abschirmend. E-Felder können eine Gebäudewand – und zwar unabhängig, ob sie aus Holz, Stein oder sonstigem Werkstoff aufgebaut ist – aufgrund der wesentlich höheren elektrischen Leitfähigkeit ihres Baustoffs gegenüber Luft praktisch nicht durchdringen. Die mit dem elektrischen Strom gekoppelten H-Felder treten jedoch ohne wesentliche Dämpfung durch Wände hindurch.

Als Grenzwände für Ruhezonen sind Außenwände bei erster Betrachtung ideal, wenn sie auf ihrer Außenseite keine Installationen enthalten. Dennoch ist hier Wachsamkeit geboten, da in zunehmendem Umfang elektrische Leitungen für die Außenbeleuchtung oder für den Betrieb von Gefahrenmeldeanlagen (z. B. zum Schutz gegen Einbruch) installiert werden. Außenbeleuchtungen, die über tageslichtabhängige Infrarot-Bewegungsmelder gesteuert werden, sind in dieser

Hinsicht besonders tückisch. Bei Tag würde auf der Innenseite der Außenwand mit einem geeigneten Prüfgerät nur ein feldfreier Raum registriert werden. Erst eine Messung nach Eintritt der Dunkelheit könnte ein H-Feld nachweisen, wenn *zeitgleich* im Fühlerbereich des Bewegungsmelders eine Temperaturänderung auftritt, z. B. durch das Herannahen eines Menschen oder Tieres (Hund, Katze, Vogel usw.).

Ruhezonen sollten desweiteren so angelegt werden, daß eine möglichst große räumliche Entfernung zu den Sammelpunkten der elektrischen Energieversorgung des Hauses besteht. Zu solchen Sammelpunkten zählen vor allem der Hausanschlußkasten, das Hausanschlußkabel (Netz-Zuführungskabel), die Wohnungs- und/oder Zählerverteilung sowie die Zählerzu- und -ableitungen. In Häusern mit Freileitungs-Hausanschluß ist dazu noch der sogenannte Dachständer mit seinen Zu- und Ableitungen in die Abstandsbetrachtung einzubeziehen, und in Mehrfamilienhäusern sind auch die Steigleitungen in der Treppenhauswand spezielle Energiesammelpunkte.

17 Kundenberatung im Rahmen einer Altbausanierung

Die Elektrofachkraft muß in der Lage sein, sowohl elektrische als auch magnetische Felder energietechnischen Ursprungs zu messen sowie den Kunden zu beraten, wie sie gegebenenfalls beseitigt beziehungsweise reduziert werden können. Entsprechende Meßgeräte sind in jedem Fall zur Beratung mitzuführen. Der korrekte Umgang mit diesen Meßgeräten ist dabei als selbstverständlich vorauszusetzen (siehe hierzu Kapitel 15).

17.1 Vorgehensweise und Planung

Die Kundenberatung bei der Umrüstung einer vorhandenen Elektroinstallation unter Berücksichtigung biologischer Gesichtspunkte wird sich gegenüber der für einen Neubau erheblich unterscheiden. Bei einem Neubau kann von vornherein alles optimal vorgeplant und gestaltet werden. Am Ende dokumentiert dann eine Messung der E- und H-Feldstärken, gewissermaßen zur Nachkontrolle, den Erfolg. Bei einem Altbau liegen dagegen meistens ungünstigere Verhältnisse vor. Hier beginnt die Tätigkeit der Elektrofachkraft mit der Messung, um den jeweiligen Ist-Zustand der Feldstärke zu erfassen und um dann, nachdem auch der Aufbau der Anlage geklärt wurde, Verbesserungsvorschläge zu unterbreiten. Die Kundenberatung durch die Elektrofachkraft könnte in nachfolgend beschriebene Schritte untergliedert werden:

- Aufnahme eines Protokolls über die gemessenen relevanten E- und H-Feldstärken innerhalb der mit dem Kunden abgestimmten Ruhezonen.
- Probeweises Einleiten erster Maßnahmen – ohne Materialaufwand, nur provisorisch – zur Minderung der Feldstärken und deren meßtechnische Überprüfung.
- Durchführung endgültiger Maßnahmen zur Schaffung feldschwacher Ruhezonen (Umstellung der Provisorien auf endgültige Lösungen).

Die Aufnahme eines Meßprotokolls erfordert das Vorhandensein geeigneter Grundrißpläne, zumindest für die Bereiche der gewünschten Ruhezonen. Die Pläne sollten sinnvoller Weise schon vor dem Meßtermin angefordert werden. Sind solche nicht vorhanden, wird es sich in der Regel dabei um sorgfältig anzufertigende Handskizzen handeln, in die die wichtigsten Einzelheiten (Lage der Betten in den Bereichen der Nachtruhezonen, des Sofas im Bereich der Tagesruhezone usw.) möglichst maßstabsgerecht einzutragen sind. Zusätzlich sollte auch die üblicherweise beim Liegen eingenommene Kopfposition in die Skizze aufgenommen werden. Günstig ist es, für jeden Meßort zwei Handskizzen zur Verfügung zu haben, um die Meßergebnisse getrennt nach E- und H-Feldstärken eintragen zu können oder es sollten für die Eintragungen der beiden Feldarten verschiedene Farbstifte verwendet werden.

Als Grenzwerte können beispielsweise die im Kap. 10 schon diskutierten Werte der Feldstärken herangezogen werden.

Für das elektrische Feld: ca. 50 V/m.
Für das magnetische Feld: ca. 0,8 A/m beziehungsweise 1 µT).

Die Erfassung der *E-Feldquellen* bereitet in der Regel keine besonderen Probleme.

E-Felder gelangen im allgemeinen nur in die Ruhezonen, wenn dort oder in unmittelbarer Nähe elektrische Betriebsmittel oder/und deren Leitungen vorhanden sind. E-Felder durchdringen in der Regel keine Gebäudewände.

Es ist sinnvoll nur diejenigen Bereiche innerhalb der vorgesehenen Ruhezonen zu erfassen und einzugrenzen, wo die Feldstärke den jeweiligen Grenzwert überschreitet. Die Bereiche mit zu hohen Feldstärken können dann als schraffierte Felder in den jeweiligen Grundrißplan eingetragen werden.

Die Messung erfolgt bevorzugt in der Ebene, die höhenmäßig dem Kopf/Brust-Bereich entspricht; im Schlafzimmer also unmittelbar oberhalb der Liegefläche und im Ruhebereich eines Wohnzimmers entsprechend höher (Kopfhöhe eines sitzenden Menschen, zum Beispiel 1,25 m über der Bodenfläche). Kontrollmessungen in den darüber und darunter liegenden Ebenen sind zu empfehlen.

Bei der Durchführung dieser Messungen sollte unbedingt darauf geachtet werden, daß alle Geräte, die in den Ruhezonen und in deren Nähe üblicherweise betrieben werden, während der Messung in jedem Fall mit dem unter Spannung stehenden Netz verbunden sind. Bei der E-Feldmessung sollten diese Geräte abwechselnd ein- und ausgeschaltet werden. Da bei einpoliger Schaltung – wie bereits früher erläutert – je nach Polung Unterschiede in der Ausbreitung des E-Feldes auftreten können, ist es darüber hinaus zweckmäßig, bei Geräten mit beweglicher Anschlußleitung während der Meßwertaufnahme zusätzlich den Stekker auch einmal umgekehrt gepolt in die Steckdose einzuführen. Dies gilt besonders für Leuchten (auch Tisch- und Stehleuchten) in der Nähe von Tagesruhebereichen (Sofaecke o. ä.).

Die Erfassung der H-Feldstärken bedingt andere Maßnahmen: Alle in Betracht kommenden elektrischen Betriebsmittel müssen eingeschaltet sein. Dementsprechend sind während der Meßwertaufnahmen alle Geräte in Betrieb zu halten, die auch während der regelmäßigen Ruhephasen der Auftraggeber in Betrieb sein könnten. Denn H-Felder treten ja nur dann auf, wenn ein elektrischer Strom fließt. Wichtig ist deshalb, bei der H-Feld-Meßwertaufnahme auf folgende Punkte zu achten:

H-Felder in Ruhebereichen können auch durch Leitungen erzeugt werden, welche Geräte versorgen, die außerhalb der Ruhebereiche betrieben werden. Die Felder entstehen aber erst, wenn diese Geräte in Betrieb gesetzt werden. H-Felder durchdringen jegliche Materie wie sie in üblichen Wohnbereichen vorkommt, also auch Gebäudewände und Stahlbetondecken. Sie können deshalb auch von Betriebsmitteln und Leitungen aus daneben, darunter und darüber liegenden Räumen, zum Beispiel von der Rückseite einer Wand, stammen.

Darum muß besonderes Augenmerk auch auf Betriebsmittel gerichtet werden, die außerhalb des jeweiligen Raumes, in der die Messung stattfindet, installiert oder angeschlossen sind. Also zum Beispiel auf Kochherd, Waschmaschine, Geschirrspüler, Kühlschrank, Gefriergerät, Antennenverstärker und Leitungen, die an der Decke darunter liegender Räume montiert sind, um nur einige häufig vorkommende Beispiele zu nennen. Bei geregelten Geräten, wie Kühlschrank und Gefriergerät, ist vor allem auch darauf zu achten, daß sie während der Meßwerterfassung nicht gerade durch den Regler stillgesetzt werden. Gleiches gilt auch für Verbrauchsmittel, die nur sporadisch eingeschaltet werden (Treppenhaus-, Flur-, Außenbeleuchtung, Lift u. ä.).

Die Messungen dürfen sich dabei nicht auf die Standorte von Elektrogeräten oder auf solche Bereiche beschränken, für die bekannt ist, daß dort Installationsleitungen verlaufen. Vielmehr ist der gesamte Bereich einer Ruhezone zu erfassen, da magnetische Felder auch von metallischen Rohrleitungen aller Art ausgehen können, die zufällig vagabundierende Ströme führen, was nicht einmal selten der Fall ist.

Zur Messung der H-Feldstärken wird die Fühlerspule an jedem Meßort mehrfach in den drei Raumkoordinaten gedreht (Peilung), bis der jeweilige Höchstausschlag erzielt ist.

Auch bei der Aufnahme der H-Feldstärken kommt es nicht auf die Erfassung von Einzelwerten an, sondern auf die Erfassung von Zonen – vor allem – innerhalb der Ruhebereiche, in welchen der vereinbarte Grenzwert überschritten wird. Diese Zonen sollten ebenfalls durch schraffierte Flächen – zum Beispiel andersfarbig in den Plan mit der E-Felderfassung oder in einen zweiten Lageplan – eingetragen werden.

Ferner lassen sich in einem speziellen Aufnahmeprotokoll Vorschläge unterbreiten, wie eine Minderung der Feldstärken zu erreichen ist. Solche Möglichkeiten erhält man durch das gezielte Ausschalten einzelner Geräte und/oder Stromkreise.

AUFNAHMEPROTOKOLL

zur Umstellung der Elektroinstallation unter Berücksichtigung elektrobiologischer Gesichtspunkte

Auftraggeber (Name, Adresse): ______________________________

Anlage (Straße/Platz; PLZ/Ort): ______________________________

Bezeichnung des erfaßten Bereiches (Ruhezone) — zutreffenden Bereich ankreuzen —

( ) Schlafzimmer, Eltern
( ) Schlafzimmer, Kinder
( ) Wohnzimmer, Sofabereich
( ) ______________________________ (anderen Bereich eintragen)

Skizzen:

H-Feld (Grenzwertzone H > 1 µT bzw. 0,8 A/m)	E-Feld (Grenzwertzone E > 50 V/m)
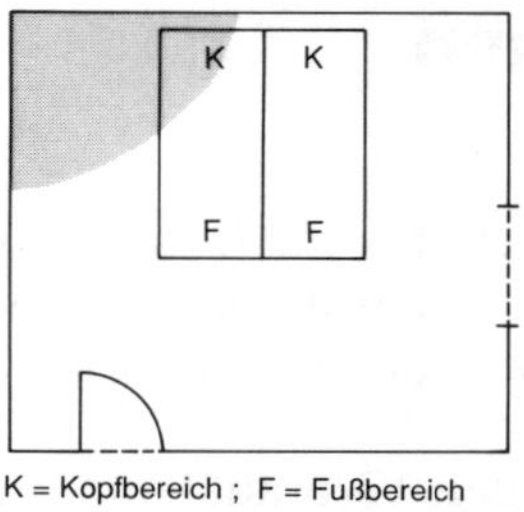	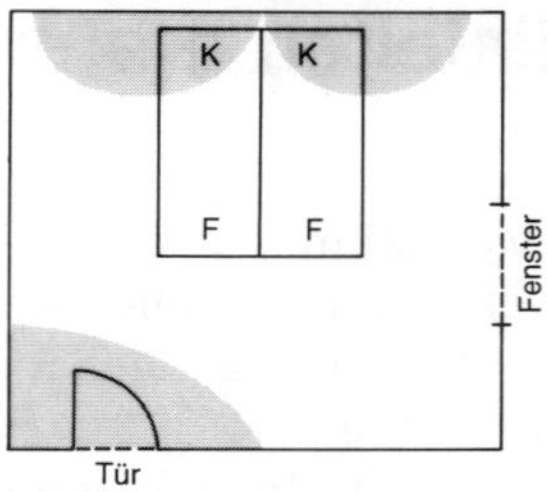

Das H-Feld kann auf Werte ≦ 1µT (= 0,8 A/m) vermindert werden, durch . .
(wenn zutreffend, mehrere H-Feldquellen ankreuzen)

( ) Abschaltung des Kühlschranks,
( ) Abschaltung des (der) Gefrierschranks (Gefriertruhe),
( ) Abschaltung des Elektroherds,
( ) Abschaltung des Warmwasserbereiters (Speicher/Boiler),
( ) Abschaltung des Speicherheizgeräts,
( ) Entfernen des TV-Geräteanschlusses aus der Netz-Steckdose,
( ) Entfernen des Radioweckers,
( ) Entfernen des Antennenverstärkeranschlusses aus der Netz-Steckdose,
( ) Aufheben der Brücke zwischen PEN (im Hausanschlußkasten) und Hauptpotentialausgleich

(andere Maßnahmen eintragen:)

( ) ______________________________
( ) ______________________________

Das E-Feld kann auf Werte ≦ 50 V/m vermindert werden, durch ...
(wenn zutreffend, mehrere E-Feldquellen ankreuzen)

( ) Ausschalten der Raumbeleuchtung,
( ) Entfernen des Anschlusses der Stehleuchte/Tischleuchte(n) aus der Steckdose,
( ) Unterbechen (Abschalten) der Stromkreise 1/2/3/4/5 (zutreffende Nr. unterstreichen); weitere Nr.: _____

(andere Maßnahmen eintragen:)

( ) ______________________________
( ) ______________________________

Datum der Aufnahme — Unterschrift/Firmenstempel

Bild 17.1 Formular für ein Aufnahmeprotokoll zur Erfassung von E- und H-Feldern (Pflaum Verlag, München) Richard Pflaum Verlag GmbH & Co KG . Formulardienst. Postfach 19 07 37 . 80607 München – Bestell-Nr. 991.

Bild 17.1 zeigt als Beispiel das Muster eines Aufnahmeprotokolls. In den beiden Skizzen wurden H- und E-Feld – sofern sie die vereinbarten Grenzwerte überschritten – durch grau unterlegte Flächen gekennzeichnet. Form und Lage dieser Flächen ermöglichen Rückschlüsse, ob die zugehörigen Felder aus dem Schlafzimmer selbst stammen. Beim H-Feld ist häufig ein Radiowecker die Ursache, bei den E-Feldern sind es vermutlich die unter Spannung stehenden (und keinen Strom führenden) Zuleitungen für die Steckdosen zum Betrieb der Nachtischleuchten sowie (im Türbereich) möglicherweise die Spannung führende Schalterzuleitung.

17.2 Einleiten erster Maßnahmen

Die ersten Maßnahmen nach Aufnahme des (der) Protokolls (Protokolle) müssen darauf abzielen, die entscheidenden Feldquellen – zumindest zeitweilig – auszuschalten, ohne daß zunächst Kosten für einen größeren Material- und Zeitaufwand entstehen.

Die durch ihren Strom Magnetfelder erzeugenden Verbraucher sind dahingehend zu überprüfen, ob sie während der regelmäßigen Ruhepausen (also nachts und gegebenenfalls während der Nachmittags-Ruhestunden) räumlich umgestellt, abgeschaltet oder aus einem Stromkreis gespeist werden können, der keinen störenden Einfluß auf den Ruhebereich ausübt.

Verbrauchsmittel innerhalb oder in unmittelbarer Nähe der vorgesehenen Ruhezonen müssen – wenn irgend möglich – entfernt oder abgeschaltet werden. Das gilt ganz besonders auch für bestimmte „Kleinverbraucher" wie Radiowekker, elektrische Wecker usw., die vor allem durch ihre Transformatoren in ihrem Umfeld erhebliche magnetische Streufelder produzieren. Übrigens gehen auch von Batterieweckern häufig überraschend starke (impulsartige) magnetische Streufelder aus, was im Einzelfall meßtechnisch überprüft werden sollte.

Ratlosigkeit besteht oft gegenüber den schon mehrfach erwähnten *H-Feldern* die durch vagabundierende Ströme entstehen und zum Beispiel über Rohrleitungen (Heizung, Fernheizung, Gas, Abwasser) fließen. Sie lassen sich eventuell reduzieren oder aufheben, indem die Brücke zwischen dem PEN-Leiter im Hausanschlußkasten und dem Hauptpotentialausgleich aufgehoben wird. Diese Unterbrechung darf allerdings nur kurzzeitig – also während der Messung – vorgenommen werden, da während dieser Zeit die netzabhängige Schutzmaßnahme im TN-System im Fehlerfall nicht wirksam ist.

Wurden besonders starke *E-Felder* innerhalb der Ruhezone festgestellt, so müssen gegebenenfalls auch ganze Stromkreise abgeschaltet werden. Betrifft dies Stromkreise von Dauerverbrauchern, wie Kühlschrank oder Gefriergerät, so ist zu klären, ob sich diese Geräte umstellen oder – zum Beispiel mit Hilfe von Verlängerungsleitungen – vorübergehend über andere Stromkreise betreiben lassen, deren Leitungen nicht zugleich durch typische Ruhebereiche führen. Sind diese Probleme gelöst, müssen die Stromkreissicherungen für den Kunden besonders gekennzeichnet werden, damit dieser probeweise die jeweiligen Stromkreise während seiner Ruhepausen, in der Regel also nachts, stillegen kann.

Kommt der Kunde (sinnvollerweise nach regelmäßigem Gebrauch des Provisoriums) nach einigen Wochen zu dem Schluß, daß die Maßnahmen erfolgreich sind, können endgültige Veränderungen vorgenommen werden, um das Provisorium abzulösen.

Zusammenfassend ist somit zu vermerken:

- E-Felder sowohl bei eingeschalteten als auch bei abgeschalteten Verbrauchsmitteln messen.
- Zum Zweck der Messung der H-Felder sind alle Verbrauchsmittel einzuschalten.
- Aufnahmeprotokoll anlegen. Die Meßwerterfassung der H- und E-Felder innerhalb der Ruhezone hilft, die Quellen der Felder zu ermitteln.
- Nicht sofort endgültige Maßnahmen treffen.
- Prüfen, ob Geräte, die als E- oder H-Feld-Störquellen in Frage kommen, innerhalb der Ruhezeiten abgeschaltet oder provisorisch aus anderen Stromkreisen gespeist werden können.
- Geräte innerhalb der Ruhezonen oder aus deren Nahbereich entfernen.
- Stromkreissicherungen von Stromkreisen, die speziell in den Ruhezonen intensive E- und/oder H-Felder erzeugen, kennzeichnen, damit der Kunde die Möglichkeit hat, diese Stromkreise während der Ruhezeiten abzuschalten.

17.3 Endgültige Maßnahmen

Endgültigen Maßnahmen innerhalb eines Altbaues sind in der Regel enge Grenzen gesetzt, falls nicht grundsätzlich die gesamte Elektroinstallation erneuert werden soll. In den meisten Fällen wird gewünscht, die vorhandenen Leitungen und Stromkreise – soweit möglich – weiter zu betreiben. In diesem Fall bietet sich insbesondere die Freischaltung mit automatisch arbeitenden Netzfreischaltern an. Natürlich ist dies nur für diejenigen Stromkreise der Anlage sinnvoll, welche in die Ruhezonen speisen. Als Ruhezonen sollten vor allem die unmittelbaren Liegebereiche der Schlafzimmer (Eltern/Kinder) und dazu der bevorzugte Aufenthaltsbereich im Wohnraum in Betracht gezogen werden. In aller Regel ist damit eine Neuaufteilung der Stromkreise vorzunehmen. Die Zuleitungen zu den Ruhezonen der Schlafzimmer müssen dann von den bereits erwähnten Dauerverbrauchern entlastet, letztere also eventuell umgestellt und/oder über andere oder neu zu legende Leitungen gespeist werden.

Zweckmäßig ist es, für jedes Schlafzimmer (Eltern/Kinder) einen eigenen, getrennt freischaltbaren Stromkreis aufzubauen. Damit ist für jeden Raum eine eigene Freischaltphase gewährleistet, und es finden keine wechselseitigen Beeinflussungen statt. In den einzelnen Zimmern kann der abgeschaltete Zustand dann auch getrennt, und wie schon früher erwähnt, mit Hilfe einer Orientierungsleuchte kontrolliert werden.

Im Altbau gibt es manchmal Schwierigkeiten, automatisch freizuschalten, wenn „versteckte“ Verbraucher übersehen wurden. Zu diesen Verbrauchern zählt häufig der Antennenverstärker, der bei vielen Einzelhäusern aus einem Stromkreis der im oberen Geschoß untergebrachten Schlafzimmer gespeist wird. Da der Antennenverstärker aber schon aus technischen Gründen nicht abgeschaltet werden sollte, ist er zweckmäßigerweise auf einen anderen Stromkreis umzulegen. Die neu zu installierende Zuleitung sollte „weiträumig“ um die Ruhebereiche herumgeführt werden.

Haben H-Felder ihre Ursache in vagabundierenden Strömen und lassen sich die Felder durch Entfernen der Brücke zwischen Hausanschluß und Hauptpotentialausgleich verringern, so muß das vorhandene TN-System der Anlage in ein TT-System mit automatischer Abschaltung durch (möglichst mehrere) Fehlerstromschutzeinrichtungen umgewandelt werden (zu beachten sind hierbei auch die Hinweise zu FI-Schutzeinrichtungen im Abschnitt 11.2). Nach Inbetriebsetzen der FI-Schutzeinrichtung und nach Herstellung einer entsprechenden Erdung für den Schutzleiter (PE) kann die Brücke endgültig entfallen.

17.4 Maßnahmen beim Auftreten von Feldern aus anlagenfremden elektrischen Einrichtungen

Gegen starke Felder, die aus anlagenfremden elektrischen Einrichtungen (zum Beispiel aus einer nahegelegenen Hochspannungsfreileitung, eines Hochspannungserdkabels, Dachständeranschlusses, Eisenbahnstrecke) in die Ruhebereiche eines Gebäudes eindringen, kann die Elektrofachkraft zunächst wenig ausrichten. Bei Feldern dieser Art wird es sich in aller Regel um H-Felder handeln, da E-Felder bekanntlich nicht unbedingt Gebäudewände durchdringen.

Hier bietet es sich an, die Zonen mit möglichst schwachen Feldern innerhalb des Hauses aufzuspüren. Sind solche Bereiche erst einmal gefunden, könnte mit dem Auftraggeber zusammen geprüft werde, welche dieser Zonen sich am besten zur Einrichtung der gewünschten Ruhebereiche eignen. Alle weiteren Maßnahmen ergäben sich dann gegebenfalls aus den im vorhergehenden Abschnitt gemachten Angaben.

18 Die Beratung im Rahmen eines Neubaus

Bei der Planung eines Neubaues entfallen natürlich Provisorien. Der Bauherr muß sich nach fachlicher Beratung, die auf den Überlegungen der Elektrofachkraft basiert, entscheiden, ob er eine konventionelle oder eine biologisch orientierte Elektroinstallation vorzieht.

In welcher Weise und in welchem Umfang eine biologisch orientierte Elektroinstallation gestaltet wird, bestimmt letztlich der Bauherr. Er ist darüber aufzuklären, in welchem Umfang die Aufwendungen gegenüber der konventionellen Installation steigen, und zwar infolge eventueller zusätzlicher Auftrennungen der Stromkreise, durch den Einsatz von automatisch arbeitenden Netzfreischaltern und/oder durch Verwendung abgeschirmter Leitungstypen und Dosen. Auch der reine Arbeitsaufwand ist höher anzusetzen. Dabei ist das Anklemmen der Netzfreischalter ebenso zu berücksichtigen wie ein um knapp 20 % höherer Aufwand an Klemmarbeit für das Anschließen und Durchverbinden von Schirmungen.

Die Beratung durch die Elektrofachkraft müßte unter anderem darauf hinzielen, die nötigen Aufwendungen zur Erfüllung der Kundenwünsche und das Finanzierungsvermögen (beziehungsweise die Finanzierungswilligkeit) des Kunden in möglichst harmonischen Einklang zu bringen. Alle (bio-)technischen Finessen zu installieren, ist nicht billig. Der Kunde wird besonders zufrieden sein, wenn er – auch bei knapper Kasse – ein auf äußerste Zweckmäßigkeit reduziertes Optimum seiner Vorstellungen erfüllt bekommt.

Im folgenden werden deshalb zuerst allgemeine Hinweise gegeben und dann verschiedene Lösungen – jeweils anhand desselben Hausgrundrisses – für baubiologisch orientierte Elektroinstallationen vorgeschlagen, die natürlich auch variiert werden können.

18.1 Allgemeine Hinweise zur Planung der biologisch orientierten Elektroinstallation

Zur Reduzierung der elektrischen und magnetischen Felder in hausinternen Bereichen seien für die privat genutzte Räume einige allgemeine Überlegungen in Kurzform zusammengefaßt:

- Elektrische Leitungen und Geräte sollten um so weiter (Luftlinie) von häufig genutzten Aufenthaltsorten entfernt verlegt sein beziehungsweise betrieben werden, je länger die Aufenthaltszeit darin zu erwarten und je größer bei den einzelnen Leitungen die jeweilige Belastung mit Strom ist.
- Hauptversorgungsleitungen, Steigleitungen, Hausanschluß oder Dachständer (Freileitung) sowie Wohnungsverteilung sollten dementsprechend möglichst weit entfernt (Luftlinie) von Schlafraum, Kinderzimmer und Wohnzimmerruhezone verlegt beziehungsweise installiert werden. Dasselbe gilt für elektrische Fußbodenheizungen, wenn diese schon nicht zu vermeiden sind.
- Umhüllte Leitungen und Kabel mit verdrillten Leitern sind lose in Rohren verlegten Aderleitungen (H07V-U oder ähnliche) vorzuziehen. Stegleitungen schneiden eindeutig am schlechtesten ab und sollten – wenn überhaupt – nur in Räumen benutzt werden, die nicht dem ständigen Aufenthalt dienen.
- Hin- und Rückstrom, die in derselben Leitung (mit verdrillten Adern) oder im selben Kabel fließen, ergeben ein reduziertes Magnetfeld.
- Ringleitungen sind zu vermeiden (bei der Leitungsverlegung gilt es, das Prinzip des Baumes anzuwenden, von dem die einzelnen Zweige ausgehen).
- Durch umhüllte Leitungen oder Kabel mit geerdeter Schirmung kann lediglich das elektrische Feld (nicht das magnetische!) geschirmt werden. Diese kostenintensive Maßnahme ist jedoch nur in Bereichen mit relativ hoher Verweilzeit sinnvoll.
- Moderne Beleuchtungskörper (Halogenglühlampen) mit den verschiedensten, raffiniert ausgestatteten Bedienungsvorrichtungen und die hier gegebenen speziellen Stromversorgungseinrichtungen (mit höherer Frequenz arbeitender Transformator; zwei relativ weit auseinanderliegende, frei ausgelegte Leiter) sollten wohlüberlegt verwendet werden. Bei gleicher Anschlußleistung bedeutet eine niedrige Betriebsspannung, wie sie hier häufig zur Anwendung kommt, einen um den gleichen Faktor erhöhten elektrischen Strom, also ein dementsprechend stärkeres Magnetfeld (unter Umständen mit höherer Frequenz).

Eine Niederspannungsfreileitung (sei es zur Versorgung des eigenen Hauses oder in Form einer überquerenden Leitung) in unmittelbarer Nähe des Gebäudes ist zu vermeiden, insbesondere dann, wenn der mittelbar unter den Stromleitungen liegende Dachraum Wohnzwecken dient, wenn also der Abstand zwischen den Leitungen und den Wohnräumen ein gewisses Mindestmaß unterschreitet. Anstelle eines Dachständer-Hausanschlusses ist der elektrische Hausanschluß vorteilhafter über ein Erdkabel zu realisieren (schwächeres H-Feld bei gleichem Strom). Die gewünschten Ruhezonen (RZ) nach den Wünschen des Bauherrn sollten vor Beginn der Installationsarbeiten festgelegt werden. In dem ausgewählten Mustergrundrißplan (*Bild 18.1*) bieten sich dafür an:

- Der Standort der Betten im Schlafraum der Bauherren (RZ 1),
- der Standort des Bettes im Kinderzimmer (RZ 2) und
- der Standort der Sofagarnitur im Wohnraum (RZ 3).

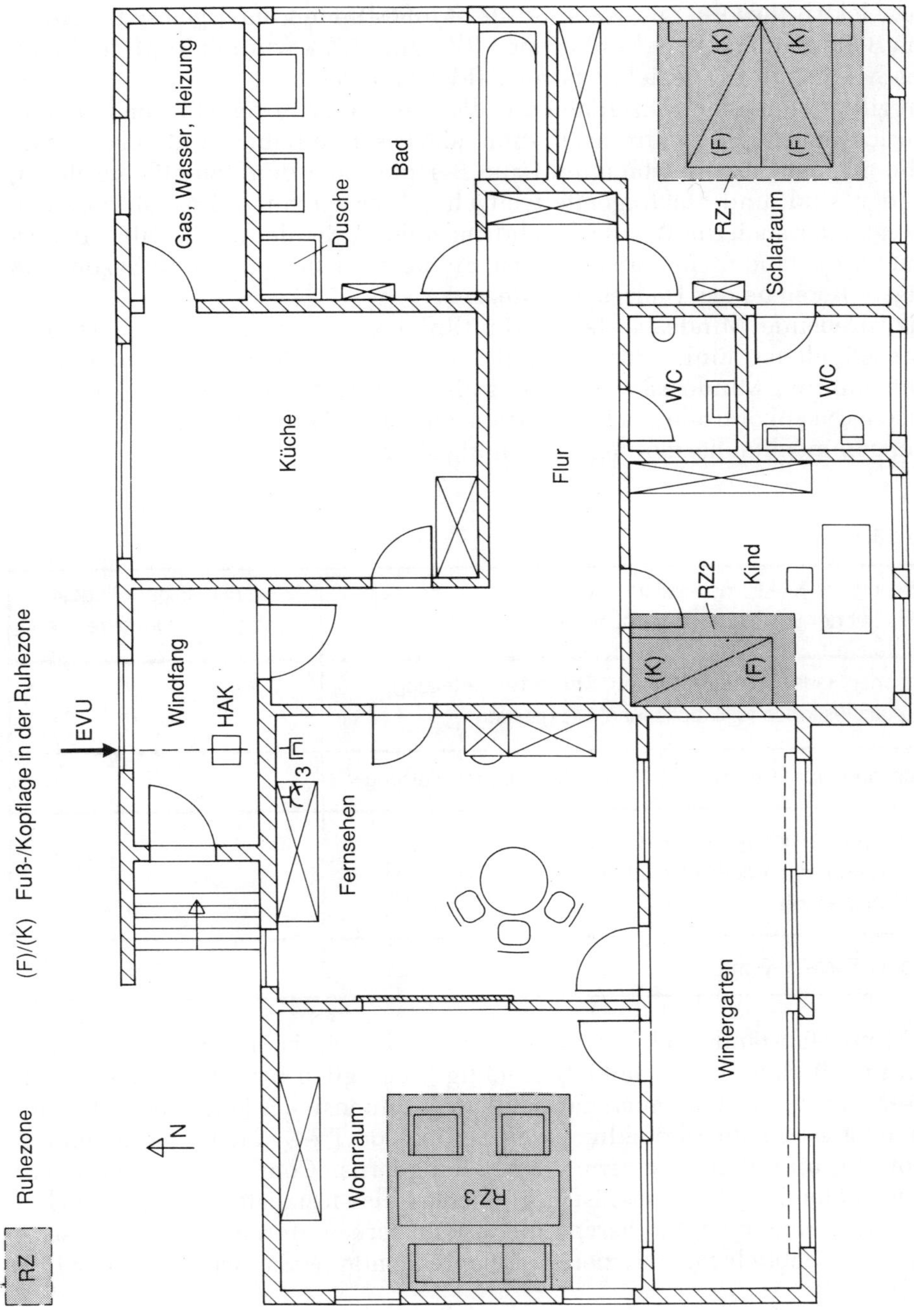

Bild 18.1 Mustergrundrißplan eines Einzelhauses mit Kennzeichnung der angestrebten feldarmen Ruhezonen

Die angestrebten Ruhezonen wurden in *Bild 18.1* grau unterlegt. Die Tagesruhezone RZ 3 scheint besonders günstig gewählt, da sie zwischen den zwei Fenstern des Wohnraums angeordnet ist. Daher kann hier zumindest am Tage ohne Einsatz elektrischer Energie während der Mußestunden auch gelesen werden. An den Betten innerhalb der Ruhezonen RZ 1 und RZ 2 wurden Kopf- und Fußbereich bereits mit (K) beziehungsweise (F) gekennzeichnet.

Nun gilt es, von allen Ruhezonen die allgemein hohe Ströme führenden Sammeleinrichtungen der Elektroinstallation, elektrisch leitfähige Teile des Gebäudes, die mit der Elektroinstallation (zum Beispiel über den Potentialausgleich) verbunden sind, und Elektrogeräte weitgehend fernzuhalten. Das ist insbesondere wegen der auch die Wände durchdringenden H-Felder nötig. Falls ein ausreichender Abstand nicht realisierbar ist, müßte versucht werden, Ruhezonen in günstigere Bereiche des Hauses umzulegen.

Anzustrebende Mindestabstände (Luftlinie) zwischen den Ruhebereichen und verschiedenen Einrichtungen sind in der *Tabelle 18.1* zusammengestellt. Die aufgeführten Mindestabstände sind als Richtwerte anzusehen. Eine meßtechnische Nachkontrolle nach Neubaubezug zeigt dann, inwiefern noch Veränderungen möglich beziehungsweise nötig sind.

Tabelle 18.1

Einrichtung der Elektroinstallation bzw. Teil, das mit der E-Installation verbunden ist	zweckmäßiger Mindestabstand zu Ruhebereichen
Elektrischer Hausanschluß(-Kasten), Stromkreisverteilung, Zählerplatz, elektrische Hauptleitung, Steigleitung	3 m
Rohrleitungen für Gas, Wasser, Abwasser und/oder Heizung	2 m
Rundfunkgerät, Radiowecker, elektrische Uhr, Kassettenrecorder, Niedervoltleuchte, Kleinakkuladegerät	2 m
S/W- oder Farb-TV-Gerät	5 m

Die Mindestabstände stellen wegen des H-Feldes Direktabstände dar (Wände, Decken und Böden bleiben unberücksichtigt). Lediglich bei TV-Geräten spielt beim 5-m-Mindestabstand auch das häufig recht intensive E-Feld eine Rolle und darum die ergänzende Empfehlung, den Betrieb von TV-Geräten in Räumen mit Ruhezonen grundsätzlich zu vermeiden. Bei modernen Computermonitoren, vor allem der höheren Preisklasse, ist erfreulicherweise festzustellen, daß die Hersteller erfolgreich bemüht waren, die E-Feldstärken durch eine verbesserte Schirmung erheblich zu reduzieren. Entsprechende Messungen schaffen hier Klarheit.

In dem Gebäude gemäß *Bild 18.1* könnte der elektrische (Kabel-)Hausanschlußkasten (HAK) im Windfang an der Wand zum Fernsehraum hinuntergebracht werden. Zwischen der EVU-Kabeleinführung und dem Hausanschlußkasten sollte unterhalb des Fußbodens ein geeignetes Leerrohr zur Aufnahme des Anschlußkabels rechtzeitig vorgesehen werden. Anderenfalls besteht die Gefahr, daß das Hausanschlußkabel entlang der Wohnraumwand nahe der RZ 3 verlegt wird. Natürlich müssen – wie immer – diese Einzelheiten mit dem zuständigen Energieversorgungsunternehmen abgeklärt sein. Die Anordnung von Zähler und Stromkreisverteiler im Windfang hat hier folgenden Vorteil: Da der Lastschwerpunkt des Hauses, die Küche, an den Windfang angrenzt, können die dort erforderlichen Installationsleitungen, die ja hohe Ströme und Dauerströme führen, in günstiger Entfernung zu den vorgesehenen Ruhezonen verlegt werden.

Damit TV- und Rundfunkgeräte – bezogen auf die Ruhebereiche – später automatisch „richtig" aufgestellt werden, ist sinnvollerweise die Lage der Antennensteckdose die der zugehörigen Dreifach-Schutzkontaktsteckdose (alternativ drei einzelne Schutzkontaktsteckdosen; beachte die Symbole im Raum „Fernsehen") sofort in die Planung mit einzubeziehen.

18.2 Installationswände als erstes Ausführungsbeispiel

Eine biologisch orientierte Elektroinstallation, die (nur) mit Hilfe besonderer, ausgewählter *Installationswände* (beachte hierzu Kapitel 9.2) durchgeführt wird, stellt die preisgünstigste Lösung dar. Leitungen und anderes Installationsmaterial entsprechen in diesem Fall dem üblichen Standard. Der Einsatz von Netzfreischaltern, abgeschirmten Leitungen und Installationsmaterialien, die stets zusätzliche Kosten bewirken, ist nicht vorgesehen. Die angestrebten Ruhezonen werden lediglich dadurch erreicht, daß die angrenzenden Umschliessungsflächen (Wände, Decken, Böden) von jeglicher Art der Elektroinstallation freigehalten werden. Nur an solchen Umschließungsflächen, die eine größere Entfernung zu den angestrebten Ruhezonen besitzen (Installationswände), dürfen Elektroinstallationen vorgenommen werden. Jedem Raum sollte mindestens eine Installationswand zugeordnet sein, um später auftretenden Bedürfnissen gerecht werden zu können.

18.2.1 Planungsdurchführung

In welcher Form Installationswände und installationsfreie Wände im bereits gezeigten Mustergrundrißplan verteilt sein können, ist in *Bild 18.2* dargestellt. Alle Installationswände wurden hier mit einem schwarzen Balken gekennzeichnet. Man erkennt, daß eventuell zu erwartende Einschränkungen bei der Nutzung der elektrischen Energie durchaus in einem akzeptablen Rahmen bleiben.

Die Erstellung eines solchen „Installationswandplans" ist unbedingt zu empfehlen, damit während der Arbeitsausführung keine unerwarteten Probleme auftreten. Außerdem sollte dem Bauherren nach der Fertigstellung davon eine Kopie angefertigt werden, damit eventuelle spätere Nachrüstungen das Konzept nicht aushöhlen. Ausgangspunkt bei der Erstellung eines solchen Planes ist die Küche. Hier müssen im Normalfall alle vier Wände für Installationen freigegeben werden. Die Planung wird anschließend mit den angrenzenden Nebenräumen fortgesetzt, wobei die Trennwände zur Küche von vornherein als Installationswände festzulegen sind. Falls in einem unmittelbaren Nachbarraum der Küche Ruhebereiche vorgesehen werden (wenn möglich, ist dies jedoch zu vermeiden!), ist die an die Küche grenzende Wand in diesem Raum auch als (eventuell einzige) Installationswand auszuwählen. Die weiteren Schritte ergeben sich in der Regel dann zwangsläufig.

Bei der in dem Grundrißplan nach *Bild 18.2* angegebenen Raumaufteilung kann im Windfang ebenfalls über alle vier Wände für Elektroinstallationen frei verfügt werden. Gleiches gilt für den Versorgungsraum (Gas, Wasser, Heizung). Hier muß jedoch eine Abstimmung mit den übrigen Versorgungsbetrieben erfolgen. Eine der Elektrofachkraft bekannte Einschränkung betrifft die *Rückseite* der Wände im Bereich der Duschwanne. Hier dürfen nach DIN VDE 0100 Teil 701 (Errichten von Starkstromanlagen mit Nennspannungen bis 1000 V; Räume mit Badewanne oder Dusche), bezogen auf die dort definierten Nahbereiche 1 und 2 der Wanne (bis 2,25 m Höhe über dem Fußboden sowie bis 0,6 m im seitlichen Abstand von der Wanne), nur Leitungen verlegt werden, wenn eine Mindestwanddicke von 6 cm gegeben ist. Deshalb sind die schwarzen Balken im *Bild 18.2* in diesem Bereich unterbrochen. Auch auf der Vorderseite, also im Baderaum selbst, sind Elektroinstallationen im Nahbereich der Badewanne als auch im Nahbereich der Duschwanne nur eingeschränkt zulässig.

Im Schlafraum soll die Ruhezone RZ 1 eingerichtet werden. Deshalb werden Elektroinstallationen hier ausschließlich an der Wand eingerichtet, die der RZ 1 gegenüber liegt. Für die beiden WC-Räume gibt es keine grundsätzlichen Beschränkungen. Lediglich die Bereiche oberhalb der Toiletten sind zweckmäßigerweise für die Wasserinstallationen freizuhalten.

Im Kinderzimmer wird die Ruhezone RZ 2 gewünscht. Elektroinstallationen sind in diesem Zimmer daher nur auf der an die WC-Räume grenzenden Wand vorzusehen. Im Flurbereich sollten die an das Kinderzimmer sowie die an den Schlafraum grenzenden Wandbereiche von Installationen freigehalten werden. Die inselartige Lage der Elektroinstallationen von Schlafraum, WC-Räumen und

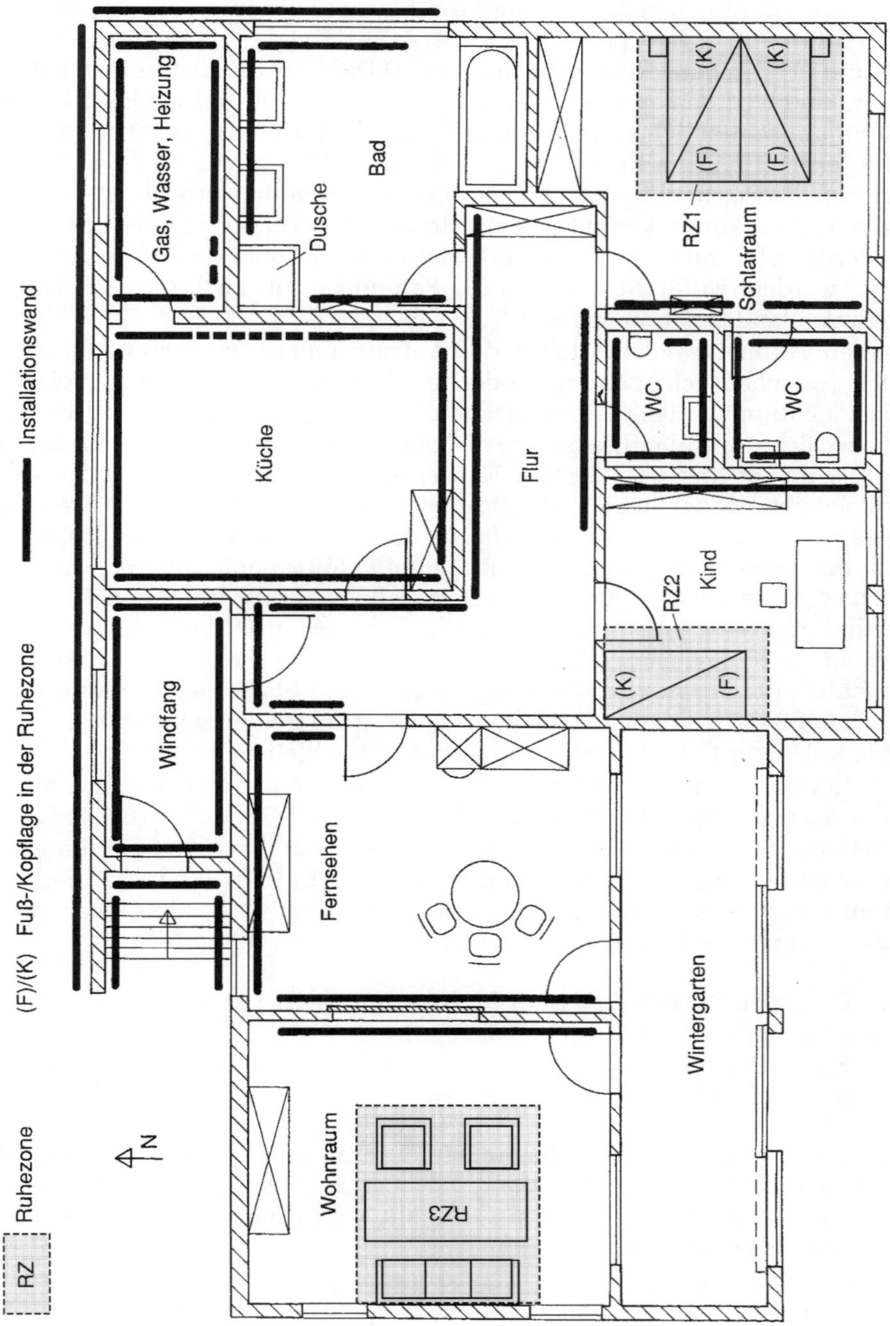

Bild 18.2 Mustergrundrißplan eines Einzelhauses mit Kennzeichnung der Ruhezonen und „Installationswände"

Kinderzimmer existiert nur scheinbar. Die Zuleitungen lassen sich – möglichst entfernt von den Ruhebereichen – über die Flurdecke (oder über den Dachboden) heranführen.

Im Raum „Fernsehen“ kann man nur zwei Wände für die Elektroinstallation freigeben, da die beiden anderen Wände zu nahe an der Ruhezone RZ 2 liegen. Im Wohnraum schließlich steht nur eine Wand zur Verfügung. Im Wintergarten ist mit Rücksicht auf die Ruhebereiche RZ 2 und RZ 3 praktisch keine Installationswand verfügbar. Ein Leuchtenstromkreis (eventuell erweitert um eine Schutzkontaktsteckdose) könnte dennoch in der Mitte dieses Raumes in Verlängerung der Trennwand zwischen dem Wohnraum und dem Raum „Fernsehen“ installiert werden, wofür sich sowohl die Raumdecke als auch das Wandstück zwischen den beiden Türen anbietet.

Besondere Aufmerksamkeit ist stets den Außenwandbereichen zu widmen, da hier auch „versehentlich“ Leitungen oder/und Betriebsmittel (zum Beispiel eine Außenbeleuchtung) entlang der Ruhezonen installiert werden könnten, die den Zweck der Planung vollends zunichte machen würden. Der Außenwandbereich auf der Nord- und der Ostseite des Hauses kann teilweise für Installationen (Außenbeleuchtung, beleuchtete Hausnummer usw.) genutzt werden, ebenso ist im Eingangsbereich genügend Wandfläche für die Errichtung von Eingangsbeleuchtung, Haustürklingel und (gegebenenfalls) Sprechanlage vorhanden.

Ergänzend sollte die Anlage als TT-System mit automatischer Abschaltung im Fehlerfall durch FI-Schutzeinrichtungen ($I_{\Delta n} \leqq 30$ mA) installiert sein, um vagabundierende -Ströme über den Hauptpotentialausgleich zu verhindern. Dabei ist zu empfehlen, die Stromkreise auf mindestens zwei FI-Schutzeinrichtungen zu verteilen, damit nach einem eventuellen Auslösen einer Schutzeinrichtung einige Lichtquellen zur Orientierung noch betriebsfähig bleiben.

Bevor die Anlage nach ihrer Fertigstellung dem Bauherrn übergeben wird, sollten – nach erfolgter allgemeiner Prüfung nach DIN VDE 0100 Teil 610 (Errichten von Starkstomanlagen mit Nennspannungen bis 1000 V; Prüfungen; Erstprüfungen) – sorgfältige Kontrollmessungen der E- und H-Felder innerhalb der Ruhezonen vorgenommen werden, wie sie im Kap. 17.1 beschrieben sind. Besonderes Augenmerk ist dabei auf folgende Punkte zu richten:

- Unerwünscht starke H-Felder zum Beispiel in der RZ 1 können in den Wassersystemen im Bad ihre Ursache haben.
- In der RZ 3 sind vor allem die Standorte der beiden Sessel sorgfältig auf zu starke H- und E-Felder hin zu überprüfen.

Im vorliegenden Beispiel weist die Anlage in ihrer vorgeschlagenen (Grund-)Ausstattung noch Schwächen auf, die durch sorgfältig überlegte zusätzliche Installationen – natürlich verbunden mit zusätzlichen Kosten – überwunden werden könnten. Dazu folgende Anmerkungen:

- Im Schlafraum läßt sich keine Deckenbeleuchtung installieren, denn der Schalter müßte an der freizuhaltenden Wand links neben der Zimmertür vorgesehen werden und der Leuchtenanschluß würde normalerweise in der Raummitte oberhalb der Zone RZ 1 erfolgen.

- Im Schlafraum sind in und unmittelbar neben der RZ 1 keine Schutzkontaktsteckdosen (zum Beispiel zum Anschluß von Nachttischleuchten) montierbar.

Die vorgenannten Hinweise kann man sinngemäß auch auf die Ruhezonen RZ 2 und RZ 3 übertragen.

18.2.2 Möglichkeiten für ergänzende Maßnahmen im Zusammenhang mit Installationswänden

Das Problem der fehlenden Deckenbeleuchtung kann durch den Einsatz geschirmter Leitungen und (gegebenenfalls) unter Verwendung geschirmter Dosen für diese Stromkreise dennoch befriedigend gelöst werden. Dabei sollten aus solchen Stromkreisen keine Zuleitungen für andere Räume oder für Steckdosen abgezweigt werden, damit zuverlässig gewährleistet ist, daß bei Abschaltung aller Lampen auch tatsächlich kein Strom fließt, um damit auch die nichtschirmbaren H-Felder zu vermeiden. Ferner ist folgender Punkt zu beachten:

> Die Schalterdosen sind vom jeweiligen Ruhebereich möglichst weit entfernt zu installieren, wenn die Frontseite (Abdeckung) nicht in die Schirmung einbezogen wird.

Einzelheiten zum Aufbau eines solchen Leuchtenstromkreises zeigt *Bild 18.3*. Die geschirmte Zuleitung für diesen Stromkreis wird aus einer Verteilerdose der nächstgelegenen Installationswand abgezweigt. Der Schirmbeidraht darf dabei aber nur ein einziges Mal – und zwar innerhalb dieser Verteilerdose (Anfang der geschirmten Leitung) – mit dem Schutzleiter (PE) verbunden werden. Auch die Schalterzuleitung im Bereich der anderen (eigentlich installationsfreien) Wand ist eine geschirmte Leitung. Im allgemeinen besitzt diese Leitung zusätzlich einen weiteren (dritten) Leiter, meist mit grüngelber PE-Isolierung, der in diesem Fall jedoch nicht benötigt wird. Handelt es sich tatsächlich um einen grüngelben Leiter, so ist dieser nur innerhalb der geschirmten Verteilerdose mit dem dort ankommenden PE zu verbinden. Eine Verbindung innerhalb der geschirmten Schalterdose muß in jedem Fall unterbleiben, um Leiterschleifen (Brummschleifen) zu vermeiden.

Zwischen Verteilerdose und Leuchte ist eine ungeschirmte Leitung eingezeichnet, da eine Schirmung im eingeschalteten Zustand der Leuchte zumindest im Zusammenhang mit dem H-Feld unwirksam ist. Wird die Leuchte jedoch abgeschaltet, dann ist weder ein H- noch ein E-Feld vorhanden. Die Schirmung erübrigt sich hier also.

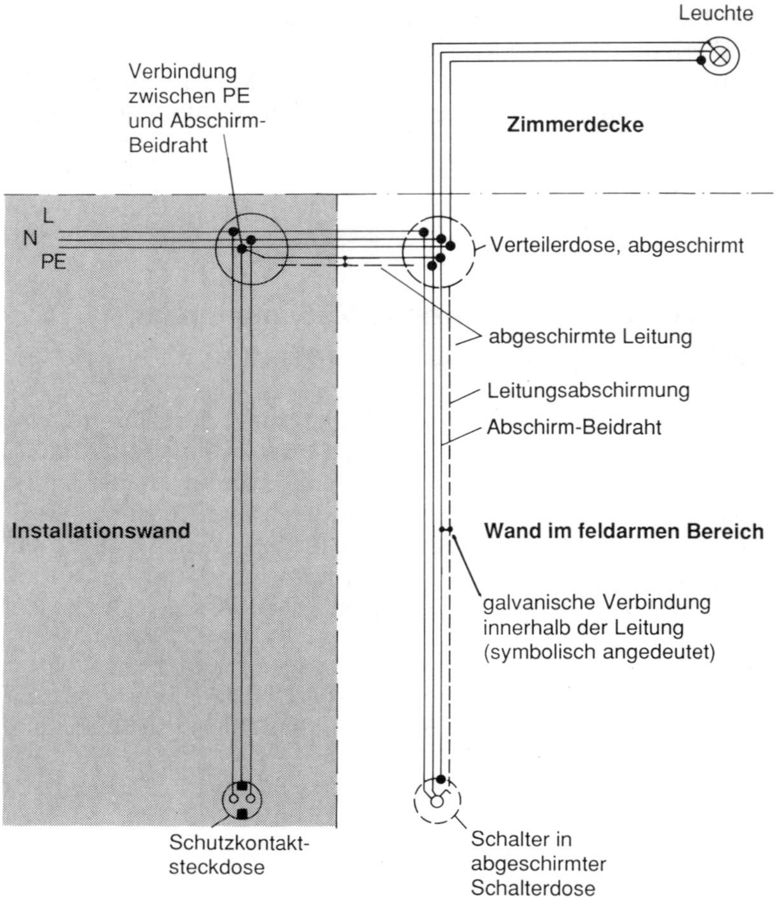

Bild 18.3 Beispiel für die Installation eines Lichtstromkreises innerhalb eines feldarmen Bereichs

> Wichtig: Im eingeschalteten Zustand der Leuchte wirken von ihr und ihrer Zuleitung möglicherweise H- und E-Felder in den Ruhebereich hinein. Im ausgeschalteten Zustand entfallen ab Schalter dann *beide* Felder, da der Phasenleiter unterbrochen wird.

Anders sieht es bei der Schalterzuleitung aus. Hier führt der Phasenleiter bis zum Schaltkontakt stets Spannung gegenüber seiner Umgebung bzw. gegenüber Erde. Von ihm geht damit in jedem Schaltzustand ein E-Feld aus, das jedoch aufgrund der Schirmung nicht in den Raum hinausreicht.

Natürlich könnte man auch Steckdosen mit geschirmten Leitungen – montiert in geschirmten Schalterdosen – innerhalb bzw. in unmittelbarer Nähe der Ruhebereiche installieren. Damit wäre das E-Feld wirksam geschirmt. Indes gilt auch hier, daß das H-Feld nur dann auftritt, wenn auch ein Strom fließt, also wenn ein Verbraucher über die Steckdose betrieben wird. Dies aber wirksam zu kontrollieren dürfte für viele, vor allem für technisch wenig vorgebildete Benutzer eine Überforderung bedeuten. Ein Radiowecker, der gerade keine Musik sendet oder ein ausgeschaltetes Fernsehgerät, dessen Bildröhrenvorheizung aber weiter in Betrieb ist, gelten bei ihren Eigentümern in der Regel als (völlig) ausgeschaltet. Außerdem müßten sinnvollerweise alle diejenigen Elektrogeräte, die irgendwann einmal in den Ruhezonen eingesetzt werden könnten, mit einer geschirmten Anschlußleitung umgerüstet werden. Und selbst wenn das geschehen ist, können relativ intensive E-Felder – auch bei abgeschaltetem Gerät, aber eingesteckter Anschlußleitung – noch direkt aus nichtgeschirmten Gerätekörpern austreten.

Entsprechende Anmerkungen zu Steckdosen, die in der Nähe von Ruhezonen und mit geschirmten Leitungen installiert werden können, sind dem Kap. 18.4.2 zu entnehmen.

18.3 Schirmung als zweites Ausführungsbeispiel

Die Ausführung des Leuchtenstromkreises als Ergänzung zu installationsfreien Wänden läßt sich natürlich auch dahingehend erweitern, daß man überhaupt eine geschirmte Installation innerhalb der Ruhezonen errichtet. Das Problem, auf das in diesem Zusammenhang immer wieder hingewiesen werden muß – und deshalb regelmäßig wiederholt wird – bildet das H-Feld, das nicht schirmbar, aber auch nur dann vorhanden ist, wenn ein Strom fließt. Ein aus *Bild 18.3* abgeleitetes Beispiel für die Installation der Ruhezone Schlafraum mit geschirmten Materialien zeigt das *Bild 18.4* anhand eines Grundrißplans.

Gegenüber der „klassischen“ Schlafrauminstallation wurde auch hier aus gutem Grund wieder auf die Schutzkontaktsteckdosen neben den Betten verzichtet. Der Leuchtenstromkreis wurde in Wechselschaltung ausgeführt. Dadurch besteht die Möglichkeit, die Leuchte von zwei Punkten aus, von der Zimmertür und von den Betten, zu schalten. Auf diese Weise erhält man einen fast vollwertigen Ersatz für die fehlenden Anschlüsse der Nachttischleuchten. Für den vom Bett aus bedienbaren Schalter wurde ein Zugwechselschalter gewählt. Er kann in angemessener Entfernung zum Liegebereich hoch über den Betten montiert werden, was besonders zweckmäßig ist, wenn keine geschirmten Einsätze bzw. Deckel verwendet werden. Da geschirmte Leitungen zum Einsatz kommen, ist ansonsten nur mit einem H-Feld innerhalb der Ruhezone zu rechnen, wenn die Leuchte in Betrieb ist. Im ausgeschalteten Zustand entfällt dieses regelmäßig. Für die Leuchtenzuleitung wurde wiederum eine ungeschirmte Leitung (NYM) gewählt.

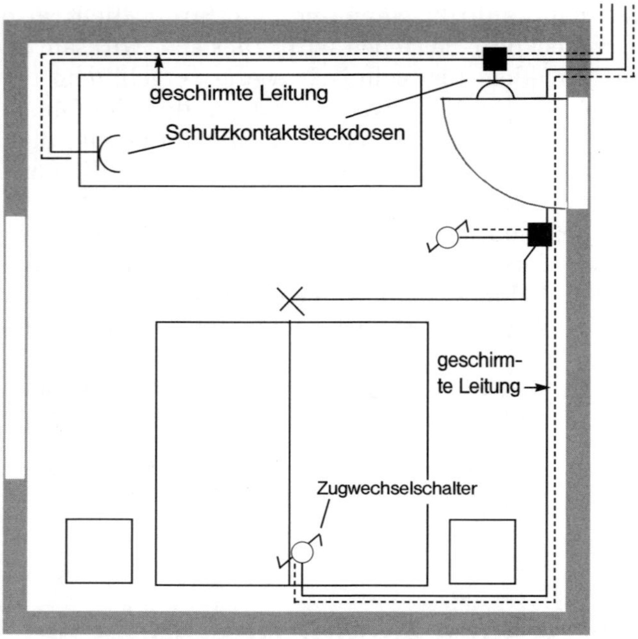

Bild 18.4
Installationsbeispiel mit geschirmtem Material für einen Sshlafraum

Desweiteren wurden zwei Schutzkontaktsteckdosen vorgesehen, deren Leitung auf der der Ruhezone entfernt liegenden Wand verläuft. Die Abstrahlung des E-Feldes wird durch die Leitungsschirmung eingeschränkt. Sind die Steckdosen unbelastet, so ist wiederum kein H-Feld vorhanden. Der räumliche Abstand dürfte im Regelfall ausreichen, um auch bei Belastung die Ausbreitung eines wesentlichen H-Feldes in der Ruhezone zu verhindern.

Aber Achtung, auch hier ist wieder darauf hinzuweisen: Jedes Elektrogerät, das über eine bewegliche Anschlußleitung und/oder über eine Verlängerungsleitung mit einer der Steckdosen verbunden und im Bereich der Ruhezone aufgestellt wird, bringt unerwünscht ein E-Feld und bei Betrieb auch ein H-Feld in den Schlafbereich hinein. Der Benutzer sollte sein Verhalten im eigenen Interesse immer wieder dahingehend kontrollieren, ob er dies während der Ruhestunden vermeiden kann. Desweiteren muß wieder beachtet werden, daß auch an den Außenseiten der Wände im Bereich der Ruhezone keine Leitungen – auch keine geschirmten – installiert werden sollten.

Natürlich können auch andere Ruhezonen innerhalb eines Wohnhauses im Sinne des Beispiels von *Bild 18.4* installiert werden. Wichtig ist vor allem, daß der Plan beachtet, die Leitungen auf keinen Fall zu anderen Anschlußpunkten (Steckdosen, Lichtstromkreisen) hin weiterzuführen (zu schleifen) und so unerwünscht Ströme (H-Felder) durch die Ruhezonen hindurchleitet.

18.4 Netzfreischalter als drittes Ausführungsbeispiel

18.4.1 Planung

Der Einsatz von automatisch arbeitenden Netzfreischaltern führt zu einer aufwendigeren Variante der biologisch orientierten Elektroinstallation. Die reinen Anschaffungskosten für einen Netzfreischaler (ohne Montage) liegen etwa in der Größenordnung, wie sie für einen Fehlerstromschutzschalter anzusetzen sind und in der Regel benötigt man zwei oder drei Netzfreischalter pro Wohnung.

Jeder Stromkreis, der durch einen Netzfreischalter überwacht wird, muß so übersichtlich aufgebaut sein, daß der Benutzer (der Bauherr) alle diesem System zugehörigen Anschlußpunkte (Steckdosen, Geräteanschlüsse) und Lichtstromkreise problemlos selbst zuordnen kann. Der überwachte Stromkreis sollte möglichst auf die Versorgung eines einzelnen Raumes begrenzt bleiben. Im Bedarfsfall sollte keinesfalls zuerst die gesamte Wohnung abgesucht werden müssen, um den allerletzten Verbraucher aufzufinden, der den Schalter noch in seiner Ein-Position hält. Das bedeutet in letzter Konsequenz, daß *pro Ruhezone* innerhalb eines Hauses (einer Wohnung) ein Netzfreischalter vorzusehen ist.

Die Mehrzahl der Stromkreise einer Wohnung wird man zweckmäßigerweise nicht durch automatisch arbeitende Netzfreischalter überwachen.

Der Grundrißplan nach *Bild 18.1* wurde wiederum als Planungsgrundlage herangezogen, und die mit Ruhezonen auszutattenden Räume, deren Elektroinstallation durch Netzfreischalter zu überwachen sind, erhielten darin eine Schraffierung (*Bild 18.5*). Die Ruhezonen selbst sind zusätzlich wiederum grau unterlegt.

Jedem der schraffiert gekennzeichneten Räume wird in der Wohnungsverteilung ein eigener Stromkreis zugeordnet, der von einem separaten Netzfreischalter zu überwachen ist. Dadurch erreicht man neben einer generellen Entkopplung der Stromkreise und einem besseren Überblick über die für einen Netzfreischalter wirksamen Verbraucher,

- daß die Ruhezone im Kinderzimmer auch dann freigeschaltet bleibt, wenn die Eltern zum Beispiel im Elternschlafraum abends längere Zeit das Licht eingeschaltet lassen,
- daß sich der Elternschlafraum auch dann freischalten läßt, wenn im Kinderzimmer Verbraucher eingeschaltet sind und
- daß sich der Wohnraum auch dann freischalten läßt, wenn im Kinderzimmer oder Elternschlafraum (zum Beispiel tagsüber) ein Elektrogerät (Staubsauger o. ä) in Betrieb ist.

Ist ein größerer Abstand zwischen den Betten im Elternschlafzimmer einzuhalten, dann kann es auch sinnvoll sein, diesen Raum in zwei Versorgungshälften

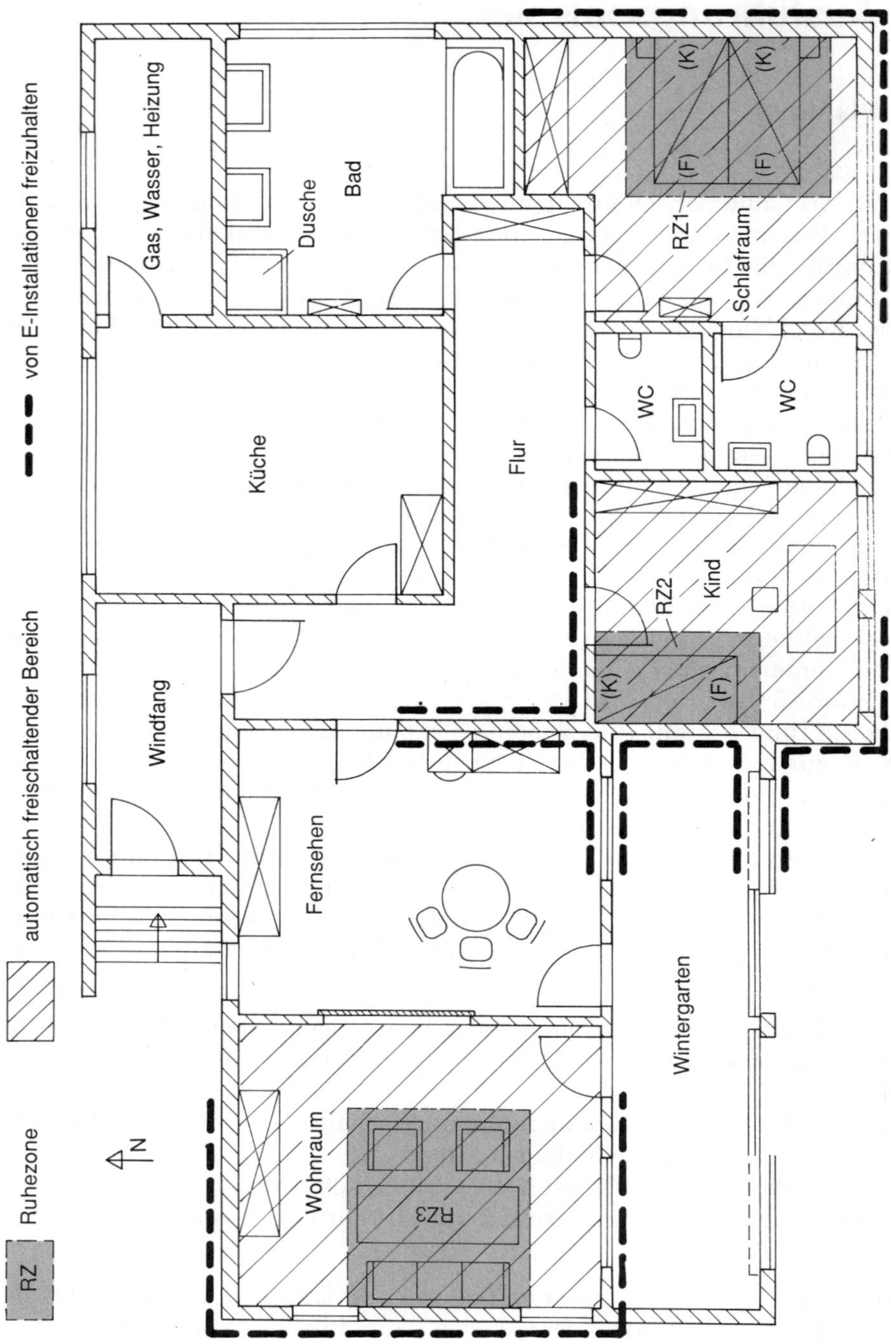

Bild 18.5 Mustergrundrißplan eines Einzelhauses mit Kennzeichnung der Ruhezonen und der von Elektroinstallationen freizuhaltende Wandbereiche für den Einsatz von Netzfreischaltern

zu unterteilen, z. B. wenn die beiden Partner unterschiedliche Schlafgewohnheiten haben (spätes Lesen im Bett/frühes Zubettgehen), so daß jeder der Partner seine weitgehend eigene Ruhezone erhält.

Die Argumente für getrennte Stromkreise ließen sich zweifellos noch erweitern. Daher spricht wenig dafür, im Interesse kurzfristiger Kosteneinsparungen die Zahl der zu installierenden Freischalter knapp zu halten.

Die Maßnahme der automatischen Netzfreischaltung ist höchst wirksam, da von freigeschalteten elektrischen Leitungen und Betriebsmitteln mit Sicherheit keine E- und H-Felder ausgehen. Außerdem kann hinter dem Netzfreischalter die weitere Elektroinstallation in der gewohnten Art und Weise ausgeführt sein sowie die übliche Zahl von Schaltern und Steckdosen beinhalten.

> Mindestens eine Steckdose sollte in jedem überwachten Raum (an einer möglichst dunklen, aber von der Ruhezone aus leicht einsehbaren Stelle) als Doppelsteckdose ausgeführt sein, in die eine Abschaltkontrolleuchte eingesteckt werden kann.

Mit Hilfe dieser Kontrolleuchte kann der Benutzer der Ruhezone dann eindeutig kontrollieren, ob ungewollt Verbrauchsmittel in Betrieb sind, die das automatische Freischalten verhindern.

Auch bei automatischer Freischaltung müssen die Rückseiten bestimmter Wände bzw. Wandbereiche von elektrischen Installationen und Betriebsmitteln freigehalten werden, damit keine H-Felder nur in die Ruhebereiche eindringen. Eine Abhilfe hiergegen wäre, die Installation auf der Rückseite dieser Wände in den betreffenden überwachten Stromkreis mit einzubeziehen. Diese Maßnahme würde jedoch die Übersichtlichkeit verschlechtern und die Gefahr in sich bergen, daß die Freischaltung von einem anderen Raum aus versehentlich aufgehoben wird.

In *Bild 18.5* sind die freizuhaltenden Wandbereiche durch unterbrochene Balken gekennzeichnet. Diese beziehen sich jeweils nur auf jene Seite einer Wand, an der sie eingetragen wurden. Die jeweils andere Wandseite gehört zu dem Raum, der einem Netzfreischalter zugeordnet ist und kann mit allen Installationen ausgestattet werden, da hier die Überwachung wirksam ist. Im *Bild 18.5* wurden bewußt dafür noch solche Wände berücksichtigt, die in der Nähe der Ruhebereiche liegen.

Die Einbeziehung der Elektroinstallation der beiden WC-Räume in die überwachten Stromkreise der jeweils benachbarten Räume liegt zwar nahe, ist jedoch nicht zu empfehlen. Bei nächtlicher Benutzung der WCs würde nämlich die Freischaltung regelmäßig wieder aufgehoben werden. Sie ist auch nicht sinnvoll, weil E-Felder die Wände nicht nennenswert durchdringen und ohne Stromverbrauch (Licht ausgeschaltet) kein H-Feld wirksam ist.

Für die Kontrollmessung Der E- und H-Felder nach Fertigstellung der Installation gelten die im Kap. 17.1 gegebenen Hinweise. Innerhalb der Ruhezonen sollten während der Messung allerdings keine Geräte in Betrieb sein, damit die automatische Netzfreischaltung erfolgt. Sinnvollerweise könnte die Kontrollmessung zusätzlich dahingehend erweitert werden, daß während der Messung innerhalb einer Ruhezone in den jeweils anderen Ruhezonen die dort häufig eingesetzten elektrischen Geräte eingeschaltet werden, um auch H-Felder zu erfassen, die zum Beispiel im Zusammenhang mit vagabundierenden Strömen entstehen. Eine solche Prüfung sollte auf jeden Fall immer dann vorgenommen werden, wenn zwei Räume mit (getrennter) automatischer Freischaltung aneinandergrenzen.

18.4.2 Kontrollierbare Steckdosen – Ergänzende Maßnahmen zur automatischen Netzfreischaltung

Insbesondere in den Ruhezonen RZ 1 und RZ 2 (*Bild 18.5*) kann der Bedarf nach einer elektrischen Anschlußmöglichkeit (Schutzkontaktsteckdose) bestehen, ohne daß für die gesamte Elektroinstallation in der Zone die automatische Freischaltung aufgehoben wird. Ein derartiger Bedarf könnte zum Beispiel im Krankheitsfall auftreten, um eine Leuchte für die Krankenwache zu betreiben.

Die für solche Zwecke zu installierende Schutzkontaktsteckdose müßte möglichst weit entfernt vom direkten Ruhebereich im jeweiligen Raum angeordnet sein. Die Zuleitung könnte als Stichleitung aus dem nicht überwachten Stromkreis eines Nachbarraumes abgezweigt werden. Im Schlafraum (Eltern) bietet sich als Installationsort die dem Fußende von RZ 1 gegenüberstehende Wand an. Im Kinderzimmer (RZ 2) böte die an das WC grenzende Wand (möglichst in Fensternähe) die Möglichkeit, eine solche Steckdose aufzunehmen. Für den Wohnraum (RZ 3) ist eine solche Steckdose in der Regel nicht notwendig. Eine endgültige Entscheidung hierüber muß die Absprache mit den Bauherren erbringen.

In den angesprochenen Fällen könnten die Zuleitungen für die zusätzlichen Steckdosen

- für den Schlafraum vom Stromkreis des WC-Raums, der nur vom Schlafraum aus erreichbar ist, und
- die zusätzliche Steckdose für das Kinderzimmer vom Stromkreis des anderen WC-Raumes

abgezweigt werden. In beiden Fällen kann es sich natürlich um ein und denselben Stromkreis handeln, von dem aus beide Steckdosen gespeist werden.

Bei der Installation dieser Steckdosen ist folgendes zu beachten:

- Die Abdeckung der von der automatischen Netzfreischaltung nicht betroffenen Steckdosen sollte sich im Interesse einer besseren Erkennung farbig (zum Beispiel rot) von den übrigen Steckdosen und Installationsmaterialien innerhalb des Raumes unterscheiden. Die vielfältigen Programme der verschiedenen Hersteller bieten dazu eine reichliche Auswahl.

- Die Zuleitung zu diesen Steckdosen sollte als Stichleitung ausgeführt sein, von der keine weiteren Leitungen abgezweigt werden, um zu verhindern, daß von ihr durch die Ströme weiterer Verbraucher (zum Beispiel von solchen außerhalb des freischaltbaren Raumes) H-Felder ausgehen.
- Zur Verminderung des (in diesem Fall ständig vorhandenen) E-Feldes ist die Stichleitung geschirmt auszuführen. Auch eine geschirmte Schalterdose zur Aufnahme des Steckdoseneinsatzes ist sinnvoll.
- Aus Gründen der Sicherheit für später in der Anlage tätig werdende Elektroinstallateure sollten diese Steckdosen und die übrige freizuschaltende Rauminstallation über ein gemeinsames Überstromschutzorgan betrieben werden. Die Schaltung könnte dann nach dem im *Bild 18.6* dargestellten Prinzip von Stromkreis 1 aufgebaut werden.

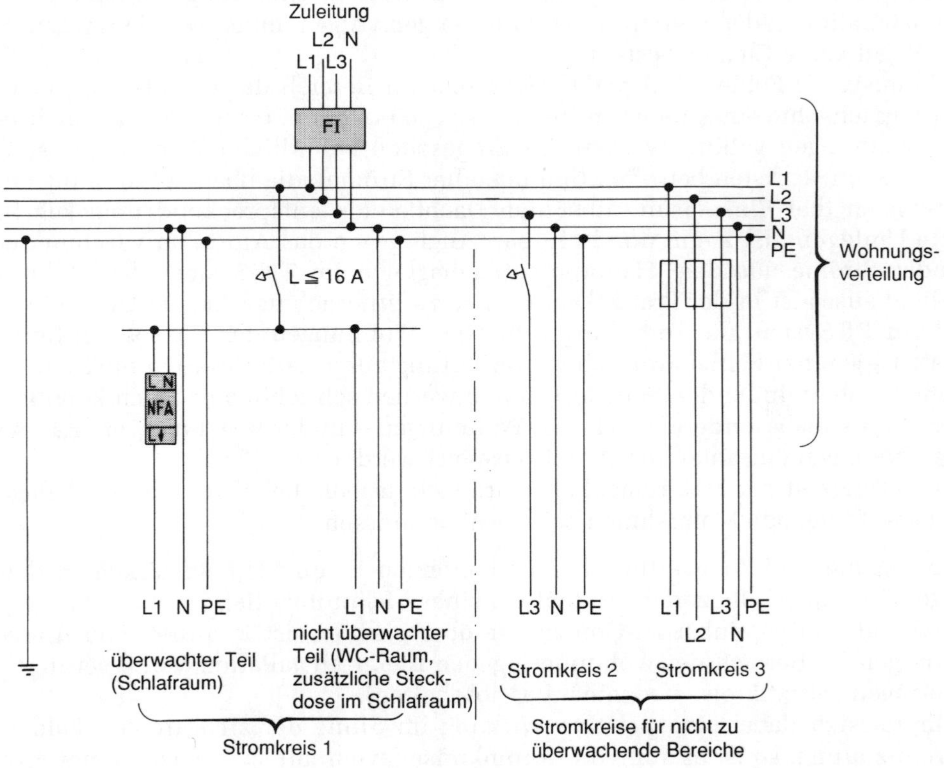

NFA = Netzfreischaltautomat

Bild 18.6 Anschlußschema im Stromkreisverteiler beim Einsatz eines Netzfreischalters für eine Ruhezone. Vom Stromkreis 1 ist eine überwachte und eine nichtüberwachte Installationsleitung abgezweigt

19 Mehrfamilienwohnhäuser

Den Möglichkeiten zur Einführung einer biologisch orientierten Elektroinstallation innerhalb einer Wohnung eines Mehrfamilienwohnhauses sind enge Grenzen gesetzt. Insbesondere H-Felder können leicht aus den darunter- und/oder darüberliegenden Wohnungen oder aus Nachbarwohnungen hereinstreuen. Eine typische Quelle ist dabei z. B. der Lichtstromkreis einer Unterwohnung, dessen Leitungen ja entlang der Unterseite des Fußbodens der darüberliegenden Wohnung verläuft. Hier müßten gegebenenfalls erhebliche Änderungen an den Elektroinstallationen der angrenzenden Wohnungen vorgenommen werden, wozu in der Regel keine Chance besteht.

Intensive H-Felder sind praktisch immer im Bereich der Haupt- und Steigleitungsschächte eines Mehrfamilienhauses zu erwarten, wo die Ströme mehrerer Wohnungen geführt werden. Im Erdgeschoß befindliche Wohnungen sind hiervon am stärksten betroffen (Summe aller Ströme), die oberste Wohnung am geringsten (bei Einspeisung über den Dachbereich entsprechend umgekehrt). Eine Umlegung ist kaum durchführbar. Auch gegen das Auftreten vagabundierender Ströme aus dem Hauptpotentialausgleich im TN-System des Mehrfamilienhauses ist in der Praxis kaum etwas zu unternehmen, da bei Umstellung auf ein TT-System die Verteilungen in *allen* Wohnungen des Hauses mit (mindestens) je einer Fehlerstromschutzeinrichtung ausgestattet werden müßten.

Die zu überwindenden Schwierigkeiten werden schließlich dadurch komplettiert, daß – insbesondere bei älteren Wohnungen – in der Regel mehrere Räume aus einem gemeinsamen Stromkreis gespeist werden.

Die Tätigkeit der Elektrofachkraft wird sich deshalb bei einer solchen Anlage meist auf folgende Maßnahmen beschränken müssen:

- Erfassung und Auswertung der vorhandenen E- und H-Feldstärken in den gewünschten Ruhezonen (Aufnahme eines Meßprotokolls).
- Werden die vereinbarten Grenzwerte überschritten, ist zu prüfen, ob Änderungen im Bereich der wohnungseigenen Elektroinstallation Verbesserungen bringen (Stromkreise nacheinander abschalten).
- Ergibt sich dabei eine positive Wirkung im Sinne der angestrebten Felderreduzierung, so ist es sinnvoll, Stromkreise (eventuell später nach einer Probezeit) mit Hilfe automatisch schaltender Netzfreischalter zu überwachen.
- Überprüfung, ob das Umlegen und/oder das Außerbetriebnehmen von Leitungen trotz der meist sehr beschränkten Installationsanlage durchführbar ist.
- Hat dagegen das unter Punkt 2 vorgeschlagene Abschalten der Stromkreise keine Wirkung erbracht, sollte die Elektrofachkraft bemüht sein, zusammen mit den Wohnungsbesitzern günstigere Standorte für die Einrichtung der Ruhezonen innerhalb der Wohnungen zu finden.

20 Schlußwort

Bei der elektrischen 50-Hz-Energieversorgung tritt in Räumen, die solche Anlagen beinhalten, durch die elektrische Spannung und den elektrischen Strom eine Strahlung auf, die technisch-physikalisch mit Hilfe des sogenannten Feldes beschrieben wird. Dabei muß unterschieden werden zwischen dem elektrischen Feld, das ausschließlich durch die Betriebsspannung solcher Anlagen entsteht, und dem magnetischen Feld, das nur vom fließenden elektrischen Strom abhängt. Von besonderer Bedeutung ist hierbei, daß die Feldlinien des elektrischen Feldes einen Anfang und ein Ende haben. Metallflächen, auf denen beispielsweise diese Feldlinien enden, machen den dahinter liegenden Raum praktisch feldfrei, sie haben also eine schirmende Wirkung.

Magnetischen Feldlinien ist demgegenüber kein Anfang und kein Ende zuzuordnen, sie sind in sich geschlossen und können durch keinerlei Maßnahmen unterbrochen werden. Eine Möglichkeit zur Schirmung, wie sie vergleichweise beim elektrischen Feld besteht, existiert darum für das magnetische Feld nicht. Es durchdringt praktisch völlig ungehindert jegliche Materie in unserem Lebensraum wie Pflanzen, Erde, Wasser, Hauswände, Stahlbetondecken usw. und natürlich auch die Körper aller Lebewesen. Wichtige Möglichkeiten, ein an einer bestimmten Stelle vorhandenes Magnetfeld zu schwächen, sind das Abschalten oder zumindest das Reduzieren des dieses Magnetfeld erzeugenden elektrischen Stroms und das Prinzip, einen identischen, aber räumlich entgegengesetzt orientierten Strom fließen zu lassen, um das Feld zu kompensieren. Das ist gleichermaßen auch durch entsprechend phasenverschoben fließende Ströme, wie sie beim Drehstromsystem auftreten, möglich. Darüber hinaus kommt dabei dem Abstand vom stromführenden Leiter eine besondere Rolle zu. Schließlich gibt es noch die sehr aufwendige Möglichkeit, innerhalb eines begrenzten Raumes (der beispielsweise sogar einem Einfamilienhaus entsprechen kann) ein Kompensationsfeld zu erzeugen, das im zeitlichen Verlauf phasenoppositionell zum Störfeld verlaufen muß. Messungen zeigen, daß mit diesem teuren, technisch aufwendigen und anspruchsvollen Verfahren ein Magnetfeld im Bereich zwischen 10 Hz und 1 kHz auf Werte unter 10 % seiner ursprünglichen Stärke zu reduzieren ist.

Im zunehmenden Maß steigt das Interesse daran, zu wissen, welche Bedeutung der biologischen Wirksamkeit von elektrischen und magnetischen Feldern zukommt, die durch energietechnische Anlagen entstehen. Bislang kann wissenschaftlich nicht als eindeutig und im vollen Umfang als bewiesen gelten, daß Felder eine gesundheitsschädigende Wirkung haben, jedoch verdichten sich derartige Befürchtungen immer mehr. Eine Vielzahl bislang vorliegender epidemiologischer Studien zeigt nämlich im Zusammenhang mit verschiedenen

Krebsarten Risikofaktoren auf, die – im Falle der Einwirkung insbesondere des Magnetfeldes – den Bereich zwischen 1 bis fast 10 überdecken. Untersuchungsergebnisse mit Risikofaktoren deutlich kleiner als 1 fehlen, sie aber wären die Voraussetzung dafür, das gesamte Problem als irrelevant ansehen zu können. Obwohl die bisher vorliegenden Resultate der verschiedenen Studien nicht miteinander vergleichbar sind, sich also nicht gegenseitig bestätigen können, und obwohl unter streng wissenschaftlichen Maßstäben gesehen den einzelnen Studien gewisse Mängel anhaften, haben sogar bislang extrem konträr eingestellte Wissenschaftler aus dem medizinischen Bereich neuerdings zugestanden, daß aufgrund der inzwischen vorliegenden Fakten und Informationen keine Zweifel mehr bestehen können, daß zumindest mit einem kleinen Krebsrisiko im Zusammenhang mit Strahlungen zu rechnen sei, die von elektrischen Anlagen ausgehen.

Da vom gesunden Menschenverstand her gesehen nicht davon auszugehen ist, daß es nur die Alternativen „völlig wirkungslos" oder „krebserzeugend" gibt, wird auch mit Möglichkeiten zwischen diesen beiden Extremzuständen zu rechnen sein. Darunter fallen Beschwerden des Allgemeinbefindens ohne erkennbare organische Ursachen, wie beispielsweise Kopfweh, Nervosität, Kreislaufbeschwerden, Schlafstörungen, Konzentrationsschwäche und vor allem bei Kindern viele anormale Vorkommnisse. Große Schwierigkeiten bereitet bei derartigen Problemen oft dem hiermit nicht vertrauten Personenkreis das Denken in statistischen Größen: Alle auf statistischer Basis gewonnenen Erkenntnisse sind niemals auf die Einzelperson zu übertragen – und hierzu zählt auch das Krebsrisiko im Zusammenhang mit dem elektrischen Strom. Das Risiko bzw. die Gefahr, welche in derartigen statistischen Aussagen zum Ausdruck kommt, wirkt sich individuell unterschiedlich aus. Die bei einer bestimmten Person gemachten Erfahrungen lassen sich deswegen nicht beliebig auf andere übertragen. Eine Einzelperson hat vielleicht in besonderen Fällen durch Selbstbeobachtung eine gewisse Chance, festzustellen, wie sie an unterschiedlichen Orten mit unterschiedlicher Magnetfeldbelastung körperlich reagiert. Hieraus können jedoch keine allgemein gültigen Schlüsse gezogen werden.

Niemand wird jetzt erwarten oder gar hoffen, daß deswegen der elektische Strom abgeschafft werden muß, aber es ist leicht zu erkennen, welch gründliches Umdenken solche Erkenntnisse zukünftig erfordern werden, wenn sich der abzeichnende Trend weiter verstärken sollte. Im Rahmen einer modernen Umweltpolitik steht damit der elektrische Strom nicht mehr nur wegen seiner beeinträchtigenden Folgen im ökologischen Bereich in der allgemeinen Diskussion, insbesondere was die für die Verteilung der elektrischen Energie erforderlichen Anlagen (Hochspannungsleitungen usw.) betrifft. Jetzt ist der in der unmittelbaren Nähe solcher Anlagen lebende Mensch offensichtlich selbst direkt betroffen. In diese Betrachtungen ist sogar der elektrische Strom mit einzubeziehen, wie er in den Wohnungen zur Anwendung kommt oder wie er sich durch die eigentliche Stromversorgung der Wohnbereiche ergibt. Die sich hier anbahnenden Konsequenzen sind für eine hochindustrialisierte Gesellschaft von fundamentaler Art. Letztlich wird – und muß wohl auch – der Bürger über seine Stromrechnung zur Kasse gebeten werden, denn Umweltschutz jeder Art läßt sich nicht kostenlos durchführen, schon gar nicht in den hier bevorstehenden Dimensionen.

Noch zeichnen sich diese Ereignisse in völlig unscharfen Konturen ab, aber sie stellen keine Fata Morgana mehr dar. Viele Studien auf internationaler Ebene laufen derzeit; sie werden weitere Klarheit und präzisere Auskünfte erbringen, welcher Stellenwert dem Problem letztlich zuzuordnen ist.

Der Bürger erwartet eine umfassende Aufklärung, damit er – unabhängig von der allgemeinen Umweltproblematik und wie in einer freien Gesellschaft nicht anders denkbar – selbst für seinen unmittelbaren Lebensbereich entscheiden kann, wie sich ein ihm letztlich bekanntes Risiko mit seinen persönlichen Vorstellungen des Lebens in Einklang bringen läßt.

Im zweiten Teil dieses Buches, der sich mit der Praxis der Elektroinstallation beim „biologisch orientierten“ Wohnungsbau befaßt, wurden der Elektrofachkraft eine Reihe von Möglichkeiten gezeigt, wie innerhalb eines Hauses/einer Wohnung E- und H-feldarme Ruhezonen einzurichten sind, wenn aus den neuen Erkenntnissen die entsprechenden Konsequenzen gezogen werden sollen. Auch der elektrotechnisch nicht vorgebildete aber dennoch interessierte Laie wird hier sicherlich Informationen vorfinden, die für ihn bei seinem künftigen Umgang mit der elektrischen Energie Anlaß zum Umdenken und zum Handeln sein dürften. Es sollte auch deutlich hervorgehoben werden, daß eine völlige Schirmung gegen elektrische und magnetische Felder, wie sie von allen Anlagenteilen der elektrischen Hausinstallation ausgehen, nicht möglich ist. Ob und in welchem Umfang eine Schirmung sinnvoll oder notwendig erscheint, muß – zumindest aus heutiger Sicht – aber immer noch der Entscheidung des einzelnen überlassen bleiben.

Die vorgeschlagenen Ausführungsbeispiele sind jedenfalls nur als Richtlinien und Hilfestellung zu betrachten. Die Elektrofachkraft wird aus diesen Ausführungen aber sicherlich eine Reihe von Ideen entnehmen und vorgeschlagene Maßnahmen entsprechend miteinander verknüpfen können.

Deutlich ist wohl auch geworden, daß vor Änderungsmaßnahmen in einer elektrischen Anlage umfangreiche Vorarbeiten (Beratung, Messung, Aufnahme eines Meßprotokolls, Testen von Möglichkeiten usw.) erforderlich sind. Schon alleine deswegen erfordert eine biologisch orientierte Elektroinstallation stets einen höheren Aufwand als sonst üblich. Die damit verbundenen Mehrkosten für den Kunden lassen sich jedoch meist durch sinnvolle Beschränkung der zu treffenden Maßnahmen in einem noch akzeptablen Rahmen halten.

Literaturverzeichnis

Das Literaturverzeichnis ist nach Autoren alphabetisch geordnet.

[53] *Ad Hoc Working Group*: Extremely Low-Frequency Electric and Magnetic Fields and Risk of Human Cancer. Bioelectromagnetics 11: 91-99, 1990;

[6] *Ahlbom, A., E. N. Albert, A. C. Fraser-Smith, A. J. Grodinsky, M. T. Maron, A. N. Martin, M. A. Persinger, M. L. Shelanski and E. R. Wolpow:* Biological Effects of Powerline Fields, New York State Power Lines Project, Final Report, 1 July 1987;

[64] *Badescu, L. u. I. Grigoriu:* Der Einfluß elektrischer Felder auf das Personal in 400-kV-Anlagen. Int. Sektion d. IVSS für d. Verhütung v. Arbeitsunfällen und Berufskrankheiten durch Elektrizität. Berufsgenossenschaften d. Feinmechanik und Elektrotechnik, Gustav-Heinemann-Ufer 140, D-50968 Köln; ISSA Prevention Series No. 1004, 10. Int. Koll. d. Sektion Elektrizität der IVSS, 21-23.11.1990, Wien, S. 168-169; ISBN 92-843-0044-4, ISSN 105-0822, 1991;

[15] *Barnes, F. S., H. Wachtel, D. Savitz, J. Fuller and van Feldt*: Magnetic field and wiring configurations (Abstract), 8th Annual Meeting, BEMS, p. 6, 1986;

[9] *Becker, R. O.*: Microwave Radiation, N. Y. State J. Med. 77: 2172, 1977;

[58] *Brandes, W.*: Berührungsspannungen und -ströme an stationären und mobilen Empfangsgebilden in Niederfrequenzfeldern. Sicherheit im elektromagnetischen Umfeld, Hans-Jürgen-Haubrich; VDE-Verlag GmbH, Berlin, Offenbach, S. 95-112, 1990, ISBN 3-8007-1700-x;

[77] *Braun-von Gladiss, Dr. Karlheinz*: Das biologische System Mensch; Eigenverlag, 1995; Zum Lopautal 13, D 21385, Amelinghausen;

[43] *Brodeur, P.*: Report Electrosmog, Gefahr für unsere Gesundheit, Augustus-Verlag Augsburg, 1990, ISBN 3-8043-0124-X;

[39] *Carstensen, E. L.*: Biological Effects of Transmission Line Fields. Elsevier, New York, Amsterdam, London, 52 Vanderbildt Ave. New York, N. Y. 10017, 1987, ISBN 0-444-01018-1;

[34] *Dutta, S. K. and R. M. Millis*: Biological Effects of Electropollution. Brain Tumours and Experimental Models. B. H. Kleinstein, Information Ventures, Inc., Philadelphia, Pa 19102, USA, 1986, ISBN 0-9617314-1-9;

[68] *Easley, S. P., A. M. Coelho, Jr. and W. R. Rogers*: Effects of Exposure to a 60-kV/m, 60-Hz Electric Field on the Social Behaviour of Baboons. Bioelectromagnetics 12, Nr. 6, p. 361-375, 1991;

[79] *Elektromagnetische Felder, Einwirkungen auf den Menschen*; Bayerisches Staatsministerium für Landesentwicklung und Umweltfragen, Rosenkavalierplatz 2, 81925 München, RB-Nr. 14/ Juli 1994;

[80] *Elektrosmog, Elektrische und magnetische Felder von Stromversorgungsanlagen;* Niedersächsisches Umweltministerium; September 1994;

[78] *Exposition der Bürger in Bayern durch elektromagnetische Felder;* Bayerisches Staatsministerium für Landesentwicklung und Umweltfragen, Rosenkavalierplatz 2, 81925 München; ISBN 3-910088-21-X; August 1994;

[47] *Fitzgerald, K.*: Electromagnetic fields: the jury"s still out. IEEE SPECTRUM, S. 22-35, Aug. 1990;

[12] *Fulton, J. P., S. Copp, L. Preble, L. Leone and E. Forman*: Electrical wiring configurations and childhood leukemia in Rhode Island, Am. J. Epidemiol. 111: 292-296, 1980;

[36] *Goldberg, R. B.*: An Overview of the Electropollution Literature: Selected Abstracts from the BENER Digest, 1986, siehe Information Ventures, Inc. [34], Beitrag in Dutta and Millis [34];178

[28] *Goldhaber, M., M. Polen and R. Hiatt*: VDT use linked to an increased risk of misscariage. Zitiert in Bioelectromagnetics Society, Newsletter, (siehe hierzu Slesin [52]), aus: Microwave News, May/June 1988;

[24] *Graham, C., M. R. Cook and H. D. Cohen*: Immunological and Biomedical Effects of 60-Hz Electric and Magnetic Fields in Humans. Final Report, Rep. No. DOE/CE/76246-T1 (Order No. DE 90006671), US. Dept. of Energy, Office of Scientific and Technical Information, P. O. Box 62, Oak Ridge, 1990;

[65] *Guenel, P., A. Chevalier, J. F. Morcet, E. Imbernon und M. Goldberg*: Krebssterblichkeit bei Elektrizitätsarbeitern. Int. Sektion d. IVSS für d. Verhütung v. Arbeitsunfällen u. Berufskrankheiten durch Elektrizität. Berufsgenossenschaften d. Feinmechanik und Elektrotechnik, Gustav-Heinemann-Ufer 130, D-50968 Köln; ISSA Prevention Series No. 1004, 10. Int. Koll. d. Sektion Elektrizität der IVSS, 21-23.11.1990, Wien, S. 180-181; ISBN 92-843-0044-4, ISSN 1015-8022, 1991;

[42] *Hauf, G.*: Untersuchungen über die Wirkung energietechnischer Felder auf den Menschen. Dissertation a. d. Ludwig-Maximilians-Universität München. Unterstützt u. a. durch die Forschunsstelle f. Elektropathologie, Freiburg (damaliger Leiter Prof. Dr. med. R. Hauf), 1974;

[40] *Hauf, R., M. Bauchinger, R. Karl, R. Krauskopf, H. Sedlmeier, R. Sens, E. Suhr und D. Utmischi*: Untersuchungen zur Wirkung energietechn. Felder auf den Menschen. Beiträge zur Ersten Hilfe u. Behdlg. v. Unfällen durch elektr. Strom. Herausgegeben v. d. Forschungsstelle für Elektropathologie, Freiburg i. Br., 1981;

[41] *Hauf, R.*: Neue Ergebnisse bei Untersuchungen mit Versuchspersonen im elektrischen Feld. Beiträge z. Ersten Hilfe u. Behdlg. v. Unfällen durch elektr. Strom. Bericht über d. wiss. Tagung d. Forschungsstelle f. Elektropathologie, Freiburg, H8, 1977;

[14] *Heorux, P.*: 60-Hz electric and magnetic fields generated by a distribution network. Bioelectromagnetics 8: 135-148, 1987;

[31] *Information Ventures, Inc.*: siehe Information Ventures, Inc. [32], Vol. XII, Nr. 1, Sept. 1988;

[32] *Information Ventures, Inc.*: Biological Effects of Nonionizing Electromagnetic Radiation. A Digest of Current Literature. A Quarterly Publication Produced of Office of Naval Research. Information Ventures, Inc., 1500 Locust Street, Philadelphia, Pa 19102;

[82] *Jenrow, K.H., C,H,Smith and A.R. Liboff*: Bioelectromagnetics 16: 106 – 112, 1995;

[33] *Journal of the Biomagnetic Society*: „Bio Electro Magnetics"", Alan R. Liss, Inc., 41 East, 1th Street, New York, N. Y. 1003 (ISSN 0197-8462);

[83] *Juutilainen, Jukka, Pekka Matilainen, Seppo Saarikoski, Esa-Läärä* und *Sakari Suonio*: Early pregnance loss and exposure to 50 Hz magnetic fields, bioelectromagnetics 14: 229 – 236, 1993;

[85] *Karolinska-Institut Stockholm*: Häusliche Belastung durch Felder; Eigenverlag des Instituts;

[48] *Kieback, D.*: Die Wirkung elektromagnetischer Felder auf den Menschen. Inst. z. Erforschung elektrischer Unfälle d. Berufsgenossenschaft d. Feinmechanik u. Elektrotechnik, 50968 Köln, Information 2/1989;

[8] *König, H. L.*: Unsichtbare Umwelt, Eigenverlag München, 1. Aufl., 1975, ISBN 3-9238195; 5. Aufl., 1986, ISBN 3-923819-9;

[2] *Korobkava, V. P. et al.*: Influence du champ éléctrique dans les postes a 500 et 700 kV sur les équipes entretient les moyens de leur protection; Cigre Bericht 23-06, 1972;179

[60] *Kunsch, B. und N. Leitgeb*: Die Möglichkeit der Beeinflussung der menschlichen Gesundheit durch elektromagnetische Felder mit energietechnischen Frequenzen. Int. Sektion d. IVSS für d. Verhütung v. Arbeitsunfällen u. Berufskrankheiten durch Elektrizität. Berufsgenossenschaften d. Feinmechanik u. Elektrotechnik, Gustav-Heinemann-Ufer 130, D-50968 Köln; ISSA Prevention Series No. 1004, 10. Int. Koll. d. Sektion Elektrizität der IVSS, 21-23.11.1990, Wien, ISBN 92-843-0044-4, ISSN 1015-8022, 1991;

[44] *Lang, S.*: Biologische Wirkungen elektrischer, magnetischer u. elektromagnetischer Felder – Streß oder Therapie? In: H. L. König, Unsichtbare Umwelt. 2. Aufl., Eigenverlag, München 1977, ISBN 3-923819-3;

[70] *Lednev, V. V.*: Possible Mechanism for the Influence of Weak Magnetic Fields on Biological Systems. Bioelectromagnetics 12, Nr. 2, p. 71-75, 1991;

[59] *Leitgeb, N.*: Strahlen, Wellen, Felder. Georg Thieme Verlag, Stuttgart, ISBN 3750601-8, 1990;

[3] *Leuthold, P.*: Beeinflussung der Umwelt durch elektromagnetische Felder, Eidgen. Verkehrs- u. Energiewirtschaftsdepartement, CH-3000 Bern, 1986;

[69] *Leuthold, P. E.*: Biologische Wirkung von Hochfrequenzfeldern. Sicherheit im elektromagnetischen Umfeld, Hans-Jürgen-Haubrich, VDE-Verlag GmbH, Berlin, Offenbach, (ISBN 3-8007-1700-x) S. 65-94, 1990;

[35] *Lin, R. S., P. C. Dischinger and K. P. Farell*: Brain Tumours in electrical Workers. Beitrag in Dutta and Willis [34];

[87] *Lindström, Ewa,* Universität of Umeâ, Schweden: „Biologische Defekte v. niederfrequenten magnetischen Feldern auf menschli che Leukämiezellen. Bioelectromagnetics, News Letter Nr. 126,9,10, Pages 3/4, 1995;

[67] *Lyel, D. B., X. Wang, R. D. Ayotte, A. R. Sheppard and W. R. Adey*: Calcium Uptake by Leukemic and Normal T-Lymphocytes Exposed to Low Frequency Magnetic Fields. Bioelectromagnetics 12, Nr. 3, p. 145-156, 1991;

[62] *Mack, W., S. Preston-Martin and J. M. Peter*: Astrocytoma Risk Related to Job Exposure to Electric and Magnetic Fields. Bioelectromagnetics 10, Nr. 1, p. 57-66, 1991;

[56] *Malboyson Correcher, E.*: Biologische Wirkungen kontinuierlicher Magnetfelder und niederfrequenter Wechselfelder. Vortrag: 10. Int. Kolloquium d. Sektion Elektrizität der IVSS, in Wien. Allg. Unfallversicherungsanstalt, Adalbert-Stifter-Str. 65, A-1200 Wien, 21.-23.11.1990;

[5] *Marino, A.*: Modern Bioelecticity, Marcel Dekker, Inc., 270 Madison Av., New York, N. Y. 10016, 1988, ISBN 0-8247-7788-3;

[72] *Maes, W.*: Ob das Kraftwerk Felder macht? Abschirmung einer Transformatorenstation mit MU-Metall für über 80.000 DM, Wohnung + Gesundheit Nr. 61, S. 47-48, 12/1991;

[84] *Mayer-Tasch, Peter Cornelius* und *Bernd Michael Malunat*: Der Strom des Lebens. Strom des Todes; Fischer Taschenbuch-Verlag GmbH, ISBN 3-596-12483-2; Frankfurt/M., März 1995;

[27] *McDonald, A. D.*: Birth Defect, Spontaneous Abortion and Work with VDU's. Int. Scient. Conf. on Work with Display Units, Stockholm, Sweden, May 12-15, 1986, B. Knave, P.-G. Wideback, Eds. Amsterdam, Elsevier Science Publishers B. V. pp. 94-95, 1987; zitiert in Goldhaber et. al. [28], Vol. XII, Nr. 1, Sept. 1988;

[21] *Milham, S.*: (a) Occupational mortality in Washington State: 1950-1971. Cincinati, Ohio, Nat. Inst. for Occupational Safety and Health Division of Surveillance. Hazard Evaluations and Field Studies, 1976;
(b) Mortality from leukemia in workers exposed to electrical and magnetic fields. New England Journal of Medicine Vol. 307, No. 4: 249, 1982;
(c) Occupational Mortality in Washington State 1950-1979. U. S. Dept. of Health and Human Services, Cincinati, Ohio, October, 1983;

[54] *Morgan, N. G. and I. Nair*: Managing the risks. Part 3, in Fitzgerald [47];

[73] *Murthy, K. et al.*: (Southwest Foundation for Biomedical Research and Southwest Research Institute) Bioelectromagnetic Society Newletter, 120 West Church Str., Frederick, MD 21701, USA, Nr. 103, Nov./Dec. 1991;

[17] *Myers, A., R. A. Cartwright, J. A. Bonnel, C. R. Male and S. C. Cartwright*: Overhead power lines and childhood cancer. Vortrag Int. Konf. über Elektr. u. Magnetische Felder in Medizin und Biologie, London, 1985;

[61] *Myers, A., A. D. Clayden, R. A. Cartwright and S. C. Cartwright*: Childhood Cancer and Overhead Powerlines. A Case-Control Study. Brit. Journ. of Cancer 62 (6), p. 1008-1014, 1990; Zitiert aus „Benner Digest Update"" (ISSN: 1056-9138) Vol. I Nr. 1, p. 47 (5481), june 1991;

[46] *Nair, I. and M. G. Morgan*: Biological Effects, Concern focuses on cancer and endocrine and nervous system disorders. Part 1, in Fitzgerald [47];

[45] *Nair, I., M. G. Morgan and H. K. Florig*: U. S. Congress, Office of Technology Assessment, Biological Effects of Power Frequency Electric and Magnetic

Fields, Background Paper, OTA-BP-E-53, Washington, D. C., USA; US Government Printing Office, Mai 1989 (Zusendung unter: GPO stock number 052-003-01152-2, Kostenbeitrag bei normalem Postversand: US $ 6.00);

[86] *OEM,Office of Energy Management*, US Department of Energy, Washington DC 20585, Winter 1994/95;

[37] *O'Connor, M. E. and R. H. Lovely*: Electromagnetic Fields and Neurobehavioral Function. Alan R. Liss, Inc., New York, NY 10003, 1988, ISBN 0-8451-5107-X;

[74]*Organo offiziale dell' Instituto nationale ... architektura,* Sonderheft Settembre 1995, Genaio 1996, Baubiologisches Institut in Bozen, Hugo Sasso;

[1] *Palm, H.*: Das gesunde Haus, 5. Aufl., Ordo-Verlag, 72581 Dettingen, 1975;

[16] *Perry, F. S., M. Reichmanis, A. Marino, and R. O. Becker*: Environmental powerfrequency magnetic fields and suicide, Health Physics 41: 267-277; 1981;

[4] *Polk, Ch. and E. Postow*: CRC Handbook of Biological Effects of Electromagnetic Fields, p. 7-9. CRC Press., Inc., Boca Raton, Florida 33431, 1986; ISBN 0-8493-3265-6;

[7] *Presman, A. S.*: Electromagnetic Fields and Life; Plenum Press New York London, 1970, SBN 306-30395-7;

[25]*Ross, S. M.*: Combined DC and ELF Magnetic Fields Can Alter Cell Proliferation, Biomagnetics 11: 27-36, 1990;

[19]*Savitz, D. A.*: Case-Control Study of Childhood Cancer and Exposure to Electromagnetic Fields. Techn. Report, Prepared for the New York State Power Lines Project, Albany NY: Health Research Inc., 1987;

[23] *Savitz, D. A. and E. E. Calle*: Leucemia and occupational exposure to electromagnetic fields: Review of epidemiologic survey, J. Occup. Med. 29: 47-51, 1987;

[63] *Savitz, D. A., E. M. John and R. C. Kleckner*: Magnetic Field Exposure from Electric Appliancies and Childhood Cancer. Americ. Journ. of Epidemiol. 131 (5), p. 763-773, 1990; Zitiert aus: „Benner Digest Update" (ISSN 1056-9138) Vol. I, Nr. 1, p. 22-23 (5426), june 1991;

[20] *Savitz, D. A., H. A. Wachtel, F. Barnes, E. M. John and J. G. Tvrdik*: Case-Control-Study of Childhood Cancer and Exposure to 60-Hertz Magnetic Fields. American J. of Epidemiol. 128 (1): 21-38, 1988;

[49 *Schaefer, H.*: Statische u. niederfrequente Felder; Tagungsband „Nichtionisierende Strahlung"; 21. Jgg. d. Fachverbands f. Strahlenschutz e.V., Köln, S. 54-64, Nov. 1988;

[50] *Schaefer, H.*: Bewertung epidemiologischer Studien. Vortrag: 10. Int. Kolloquium d. Sektion Elektrizität der IVSS in Wien. Allg. Unfallversicherungsanstalt, AdalbertStifter-Str. 65, A-1200 Wien, 21.-23.11.1990;

[71] *Schaefer, H.*: Bewertung epidemiologischer Studien. Int. Sektion d. IVSS für d. Verhütung v. Arbeitsunfällen u. Berufskrankheiten durch Elektizität. Berufsgenossenschaften d. Feinmechanik u. Elektrotechnik, Gustav-Heinemann-Ufer 130, D-50968 Köln; ISSA Prevention Series No. 1004, 10. Int.

Koll. d. Sektion Elektrizität der IVSS, 21-23.11.1990, Wien, S. 148-152; ISBN 92-843-0044-4, ISSN 1015-8022, 1991;

[57] *Schneider, K.-H.*: Auswirkungen elektrischer und magnetischer Felder auf Personen, Sonderdruck aus Tagungsbericht 9. Hochschultage Energie, RWE, Hauptverw., Abt. Anwendungst., Kruppstr. 5, 45128 Essen, 1988;

[26] *Seegal, R. F., J. R. Wolpaw and R. Dowman*: Chronic Exposure of Primates to 60-Hz Electric and Magnetic Fields: II. Neurochemical Effects. Bioelectromagnetics 10: 289-301. 1989;

[52] *Slesin, L.*: Microwave Nes. P. O. 1799, Grand Central Station New York, N. Y. 10163, USA; gemäß Information der „Bioelectromagnetic Society“, 120 West Church Street, Frederick, MD 21701, USA, in „Bioelectromagnetic Society Newsletter“, Nr. 92, January/February 1990;

[22] *Speers, M. a., J. G. Dobbins and V. S. Miller*: Occupational Exposures and Brain Cancer Mortality: A Preliminary Study of East Texas Residents. Am. J. Indust. Med. 13(6); 629-38; zitiert in Goldhaber et al. [28], Vol. XII, Nr. 1, Sept. 1988;

[51] *Strahlenschutzkommission*: Nichtionisierende Strahlung. Klausurtagung der Strahlenschutzkommission 7.-9. Dez. 1988, Veröffentlichung der Strahlenschutzkommission, Bd. 16, herausgeg. v. Bundesminister für Umwelt, Naturschutz und Reaktorsicherheit, Gustav Fischer Verlag Stuttgart-New York, 1990, ISBN 3-437-11279-1;

[18] *Tomenius, L.*: 50-Hz Electromagnetic Environment and the Incidence of Childhood tumours in Stockholm County. Bioelectromagnetics 7, 191-207, 1986;

[30] *Tribukait, B., E. Cekan and L.-E. Paulson*: Effects of Pulsed Magnetic Fields on Embryonic Development in Mice. Work with Display Units, B. Knave and P.-G. Wideback, eds. North-Holland; Elsevier Science Publishers B. V. 1987, pp. 129-134; zitiert in Goldhaber et al. [28], Vol. XII, Nr. 1, Sept. 1988;

[75] *Varga, Dr. Andreas*: Elektrosmog; Eigenverlag, Heidelberg 1995;
Varga, Dr. Andreas: Warum Elektrosmog lebensbedrohend werden kann; Eigenverlag, Heidelberg (siehe auch Raum und Zeit);

[29] *Walinder, G.*: Mitteilung von der Schwedischen Universität für Landwirtschaft, Uppsala, zitiert durch Information Ventures, Inc. [31], Vol. XI, No. 2, p. 2, Dec. 1987, aus: Microwave News 7(4): 3-4, 1987;

[55] *Wanser, G, H.-J. Haubrich, H. Lechlein und T. Reissing*: Freileitung oder Kabel? Verlags- und Wirtschaftsgesellschaft der Elektrizitätswerke m.b.H. – VWEW, Stresemann-Allee 23, D-60596 Frankfurt, 1987, ISBN 3-8022-0130-6;

[66] *Wei, L.-X., R. Goodman and A. Anderson*: Changes in Levels of c-myc and histon H2B Following Exposure of Cells to Low-Frequency Sinosiodal Electromagnetic Fields. Evidence for a Window Effect. Bioelectromagnetics 11, Nr. 4, p. 269-277, 1990;

[10] *Wertheimer, N. and E. Leeper*: Electical Wiring Cofigurations and Childhood Cancer. American J. of Epidemiology 109 (3), pp. 293-284. 1979;

[11] *Wertheimer, N. and E. Leeper*: Adult cancer related to electrical wires near the home, Int. J. Epidemiol. 11: 345-355, 1982;

[13] *Wertheimer, N. and E. Leeper*: Re: Electrical Wiring Configurations and Childhood Leukemia in Rhode Island, Am. J. Epidemiol. 112: 461-462, 1981;

[81] *Wertheimer, Nancy, David A. Savitz and Leeper:* Bioelectromagnetics 16: 86 –96, 1995, Child Hood Cancer in relation to indicators of magnetic fields, from ground current sources;

[38] *Wilson, B. W., R. G. Stevens and L. E. Anderson*: Extremly Low Frequency Electromagnetic Fields: The Question of Cancer. Battelle Press, Columbus, Ohio 43201-2693, 1989, ISBN 0-935470-48-4;

[76] *Wohnung und Gesundheit Nr. 77, Winter 1995;*

Weitere Informationen

Zeitschriften, die in loser Folge baubiologische Themen aufgreifen:

Natur Das Umweltmagazin; Ringier Verlag, 81739 München
Raum & Zeit; Ehlers Verlag, 82054 Sauerlach
Wohnung + Gesundheit; Institut für Baubiologie, 83115Neubeuern

Lehrgänge:

Bundesfachlehranstalt für Elektrotechnik e. V., Donnerschweer Straße 184, 26123 Oldenburg, Tel. (0441) 34 09 20: Biologische Elektroinstallation
Technische Akademie Esslingen, Weiterbildungszentrum, Postfach 1265, 73748 Ostfildern, Tel. (0711) 34 00 80: Biologische Wirkungen elektrischer, magnetischer und elektromagnetischer Felder

Anschriften von Meßgeräte-Anbietern:

IME-Jahnke; Breitenbergstr. 4; 87648 Aitrang; Tel.: (08343) 1555.

genitron instruments; Heerstr. 149; 60488 Frankfurt/M.; Tel.: (069) 976514-0.

Telemeter Electronic; Posthof 4; 86609 Donauwörth; Tel.: (0906) 706 93-0.

Sachverzeichnis

R

S

T

Strom von der Sonne

2., überarbeitete Aufl., 210 Seiten, 105 Abbildungen, kartoniert
ISBN 3-7905-0674-5

Aus dem Inhalt:

- Elektrotechnische Grundlagen
- Sonneneinstrahlung
- Solarberechnung
- Die Komponenten der Solaranlage
- Solaranlagentechnik
- Aufstellung und Installation von Solaranlagen
- Fördermaßnahmen

Die Photovoltaik liefert schon jetzt ihren Beitrag in bestimmten Bereichen der Energieversorgung. Dieses Buch beschäftigt sich mit der Anwendungstechnik, die heute bereits im Einsatz ist. Es stellt eine Vielzahl von kleineren und mittleren Anlagen vor, z.B. zur Versorgung von Haus-, Pumpen-, Kommunikations-, Meß- und Fernwirkanlagen. Dabei werden natürlich auch Wirtschaftlichkeitserwägungen nicht außer Acht gelassen. Anhand von Projektbeispielen und Musterauslegungen erhält der Leser Anregungen zur sinnvollen Nutzung dieser Technik.

Ein Hersteller- und Lieferantenverzeichnis bietet dem Anwender wertvolle Hilfestellung bei der Planung.

Richard Pflaum Verlag GmbH & Co. KG
Lazarettstr. 4, 80636 München, Tel. 089/12607-233, Fax 089/12607-200

Bücher für Ihren Erfolg

In diesem Fachbuch wird an Beispielen in leicht verständlicher Form aufgezeigt, wie der Fachbetrieb seinen Service optimieren und damit ein besseres Geschäft machen kann.

140 Seiten mit 55 Abbildungen und 28 Tabellen, kart.,
ISBN 3-7905-0759-8

Das Buch zeigt an zahlreichen Beispielen die vielfältigen Möglichkeiten der neuen Technik auf. Es geht dabei auch ausführlich auf die Vorteile der neuen Bustechnik im Vergleich zur konventionellen Elektroinstallation ein.

160 Seiten mit 62 Abbildungen, kart.,
ISBN 3-7905-0712-1

Das Kaufmännische Handbuch ermöglicht dem Elektrobetrieb die optimale Nutzung des betriebswirtschaftlichen Instrumentariums und hilft so, den Erfolg und das Überleben auch bei problematischer Marktsituation zu sichern.

8., neu bearbeitete Auflage
224 Seiten mit zahlreichen Tabellen, kart.,
ISBN 3-7905-0697-4

Richard Pflaum Verlag GmbH & Co. KG
Lazarettstr. 4, 80636 München, Tel. 089/12607-233, Fax 089/12607-200

Elektro ep Praxis

Die Reihe für den Elektrofachmann

JOSEF EISELT
Fehlersuche in elektrischen Anlagen und Geräten
6., überarbeitete und erweiterte Auflage, 238 Seiten mit 188 Abbildungen und 12 Tabellen, kartoniert,
ISBN 3-7905-0694-X

BODO WOLLNY
Alarmanlagen
Planung, Komponenten, Installation
2., überarbeitete Auflage, 116 Seiten mit 86 Abbildungen, kartoniert,
ISBN 3-7905-0693-1

HEINZ LAPP
Instandhaltung von elektrischen Anlagen
Planung und Durchführung für Handwerk und Industrie
2., völlig neu bearbeitete u. erweiterte Auflage, 208 Seiten mit 148 Abb. und Tabellen, kartoniert,
ISBN 3-7905-0689-3

SIEGFRIED SCHOEDEL
Photovoltaik
Grundlagen und Komponenten für Projektierung und Installation
2., überarbeitete Auflage, 210 Seiten mit 105 Abbildungen, kartoniert,
ISBN 3-7905-0674-5

MARTIN VOIGT
Meßpraxis Schutzmaßnahmen DIN VDE 0100
4., neubearbeitete Auflage, 219 Seiten mit 139 Abbildungen und 41 Tabellen, kartoniert,
ISBN 3-7905-0702-4

MARTIN VOIGT
ElektroMeßpraxis
für Anlagen, Installationen, elektrische Geräte
239 Seiten mit 135 Abbildungen und 20 Tabellen, kartoniert,
ISBN 3-7905-0653-2

WINFRIED HOPPMANN
Die bestimmungsgerechte Elektroinstallationspraxis
Handbuch für Handwerk, Industrie und EVU
422 Seiten mit 164 Abbildungen, kartoniert,
ISBN 3-7905-0519-6

HEINZ-DIETER FRÖSE
Elektrische Heizsysteme
244 Seiten mit 120 Abbildungen und 44 Tabellen, kartoniert,
ISBN 3-7905-0698-2

PETER-LORENZ KÖNEN
Energieverteilung in der Niederspannungstechnik
256 Seiten mit 115 Abbildungen und 17 Tabellen, kartoniert,
ISBN 3-7905-0724-5

Bitte fordern Sie Informationen über unsere Formulare für das Elektrohandwerk an.

Richard Pflaum Verlag GmbH & Co. KG
Lazarettstr. 4, 80636 München, Tel. 089/12607-233, Fax 089/12607-200

Notizen

Notizen

Notizen